Inspire

The Universal Path
for Leading Yourself and Others

不施壓的領導力

哥倫比亞商學院
傳授**凝聚人心的領導技術**

Adam Galinsky
亞當・賈林斯基
著

林曉欽
譯

獻給GO家族（珍、亞瑟，以及亞登）：
你們每天都**啟發**了我！

目次

前言 ……………………………………………… 008

第一部　重新想像啟發

Chapter 01　領導者放大效應 …………… 024

莎士比亞說世界是一座舞臺，對領導者來說尤其如此。這意味著周遭人們隨時留心著你的一舉一動，專注聆聽你的一字一句，縝密解讀你的每個表情。

Chapter 02　普遍的啟發 ………………… 047

讓某個人知道他對我們的正向影響，是我們所能送給他最好的禮物。我們能夠反過來啟發我們的啟發者，回報他們的正向影響，滿足他們對意義的需求。

Chapter 03　啟發人心的遠見 …………… 058

任何能夠讓資訊更易於理解、更流暢的因素，都能讓一個想法顯得更鮮明。如果我們希望人們相信並採納一個想法，便必須讓這個想法盡可能簡單。

Chapter 04　啟發人心的典範 ･･････････ 093

我們領導他人時，我們的冷靜成為他們的冷靜，我們的勇氣也賦予他們勇氣。同樣地，我們的焦慮和懦弱也會成為他們的焦慮和懦弱。

Chapter 05　啟發人心的導師 ･･････････ 119

物體會朝著施力的方向運動，但如果是人，施力會產生反作用力。即使施力並未立即引發反作用力，但這股力量可能會蟄伏潛藏，直到它釋放出來。

Chapter 06　惹怒人心的惡性循環 ･･･････ 151

缺乏安全感的人擔心若分享了功勞，將會以自己的地位作為提高他人地位的代價。不安全感會讓人們在社交上變得吝嗇，引發惹怒人心的惡性循環。

Chapter 07　啟發人心的練習 ･･････････ 178

我們可以從一句真誠的問候或表達「我非常感謝你」來開始練習。當我們投入每日實踐微小的啟發行動，就更有能力在需要時做出更偉大的啟發行動。

第二部　設計啟發

Chapter 08　啟發人心的建築師 206

> 建築一旦啟用，建築師的工作就完成了，但其設計決策每天都會影響與塑造空間中的居住者。領導者等同建築師，即使我們不在場，也會影響並觸動人們。

Chapter 09　啟發人心的協商 236

> 滿足我們自身需求與對方需求的關鍵是觀點取替。當我們取替協商對象的觀點，便會感覺與其連結更緊密。我們被視為好人時，就有資格享有好人折扣。

Chapter 10　啟發人心的睿智決策 260

> 制定睿智的決策很複雜，但它需要的是在根本上非常簡單的事情：將所有資訊擺上檯面。我們必須讓所有的相關資料、事實與數字都隨手可得。

Chapter 11　啟發人心的公平性 279

> 公平性的本質是確保即使是未獲理想結果的人，仍會認為系統合理。公平的流程可以減少偏見，增加更平等的機會。預先確立標準便是第一步。

Chapter 12　啟發人心的多元性和包容性‥304

> 多元團隊同時帶來最好與最差的結果,好消息是我們可以擴展對於多元性的理解,當領導者具備更豐富的多元經驗時,多元團隊可以實現更偉大的成功。

後記　更具啟發性的明日 340
致謝 355
附注 358

INTRODUCTION
前言

顛簸來得如此猛烈且突然，機長譚美·蕎·舒爾茲（Tammie Jo Shults）感覺像是有一輛麥克貨車撞上了飛機。[1]「我的第一個想法是我們**被撞擊**了——我們發生了空中碰撞。」[2] 飛機旋即嚴重左傾，但她和副機長達倫·艾利瑟（Darren Ellisor）立刻控制住機身，將機翼調整至水平。然而就在此時，駕駛艙內響起了一陣轟鳴聲。倏忽間，他們看不見、聽不見，也無法呼吸。

西南航空1380班機的左引擎發生了災難性的故障，爆炸了。情況遠比舒爾茲一開始以為的更加險峻：渦輪的碎片砸破了第14排座位的左側窗戶。從破裂窗戶竄入的氣流造成震耳欲聾的轟鳴聲，機艙失去壓力，而且迫切需要氧氣。更糟糕的是，一位乘客的半個身子被氣流吸出窗外，有致命的危險。舒爾茲當下明白她和副駕駛正面臨「從未演練過的緊急情況組合⋯⋯液壓管線斷了，燃料管線斷了，而且我們還要面對過去不曾練習應對的飛行阻力。」[3]

時間緊迫。以目前的海拔高度，在失去艙壓的飛機中，舒爾茲和艾利瑟在出現缺氧症狀之前，只剩下60秒。舒爾茲採取的第一個行動是保持正軌：現在輪到艾利瑟駕駛飛機，她向他點頭，放開雙手，表示飛機的控制權仍然在他手上。

對於機上的乘客來說，就像他們正在自由落體。乘客馬蒂・馬丁尼茲（Marty Martinez）如此回憶這種可怕的末日感受：「當飛機墜落時，我真的買了機上的無線網路，因為我希望能夠聯繫到我所愛的人……我以為那是我人生最後的時刻。」[4] 坐在他鄰座的同事則開始輸入給家人的道別訊息。馬丁尼茲指出，滿臉驚慌失措的不只是乘客，空服員也是如此。

儘管客艙內充斥著恐慌，舒爾茲和艾利瑟冷靜地掌控了局勢，兩人已經開始縝密計劃路徑並尋求合理的降落方式。一旦飛機下降至安全高度，他們必須盡快找到一個可以降落的地方。艾利瑟注意到他們離費城非常近，舒爾茲立刻表示認同，鑒於跑道的長度以及醫療資源，那裡的機場是理想的降落處。

在這個時刻，舒爾茲拿起機上的廣播說了簡單的12個字，隨即完全改變了乘客的心理狀態：「我們不會墜毀，我們要去費城。」

雖然舒爾茲的訊息很簡單，卻讓人深感安心。她事後指出：「雖然爆炸發生之後只過了幾分鐘，但在生命受到威脅

的情況下,幾分鐘感覺起來可以像是永恆⋯⋯後來,乘客們分享那段簡短的訊息如何改變了一切。那段訊息改變了機艙內的氛圍⋯⋯恐慌開始消退⋯⋯恐懼被機會取代了。」[5]

當飛機接近費城機場的柏油路面跑道時,舒爾茲重新掌控了飛機。然而,問題發生了:她即將進行最後的右轉,試著讓飛機對準跑道,但飛機完全沒有反應。舒爾茲嚇壞了,驚嚇到連駕駛艙的麥克風都錄到她尋求指引的聲音――「天父啊」――當時她絕望地想要知道自己究竟忽略了什麼。隨後,她做出一個大膽的決定,她踩住右方向舵,鬆開了油門。

在為時已晚之前,飛機轉向了。

2018年4月17日上午11點23分,1380航班安全地在費城降落,但舒爾茲駕駛飛機及保護乘客的任務尚未完成。她刻意將飛機停在柏油跑道上的消防車旁,甚至確保消防車位於飛機受損的一側。舒爾茲也本能地意識到,如果乘客急於離開飛機,有可能會跳到機翼上。為了減少受傷的風險,她將襟翼調整為40度,創造了一個小斜坡。

舒爾茲進入客艙後,開始向乘客致意。對舒爾茲來說,這種情況並不罕見,在長時間的延誤或不尋常的情況發生時,她經常會走入客艙走道。這次,她的腳步更緩慢,並刻意注視每位乘客的眼睛,詢問他們是否安然無恙。正如她稍早的簡單廣播,她在走廊的悉心巡視引發了乘客與廣大公眾的共鳴。舒爾茲後來表示:「我覺得有趣的是,報導這件事

的人們更有興趣知道我在降落之後如何對待乘客,而不是如何將受損的飛機安全地降落至地面。」[6]

舒爾茲在稍後接受身體評估時,緊急救護人員問:「你怎麼通過安全檢查的?」她對這樣的提問感到有些驚訝,救護人員接著說:「因為你有鋼鐵般的意志⋯⋯你的心跳甚至沒有加快,你完全處於冷靜狀態。」[7]

西南航空慷慨地向機組人員提供了長期的有薪假,但舒爾茲在迫降事件之後,僅僅三個半星期就回來繼續飛行。除了幫助自己重返正常的每日生活之外,舒爾茲明白,她的行動對他人而言是一個重要訊號:「我也認為這對我的家人和其他關注此事的人很重要,讓他們看見我對飛行、西南航空以及波音飛機依然有信心。」她知道,透過再度飛行,有助於防止「任何有關該事故的錯誤資訊孳生」。[8]

舒爾茲後來回憶起那次成功的降落,她的思緒回到了飛機起飛前的時刻。和大多數航班不同,這架飛機在乘客登機前幾分鐘已完全準備就緒。由於有了額外的時間,舒爾茲在機上廚房召集機組人員。這是組員們第一次合作,舒爾茲希望找到建立連結的契機。她和艾利瑟發現彼此都有即將高中畢業的孩子,於是藉由討論挑選適合的畢業禮物而建立起情誼。舒爾茲提到她想送舊約聖經的《箴言》,三位空服員也開始分享各自與聖經的連結。瑞秋・費恩海默(Rachel Fernheimer)對她買的新版聖經感到興奮,書頁旁還留有空

間可以寫日誌。凱瑟琳・桑多瓦（Kathryn Sandoval）提到她參加了《詩篇》的讀經班，舒爾茲也分享了自己正在參加類似的活動。

舒爾茲認為這次的非正式對話是組員能夠妥善應對事故的關鍵。「當你們討論比天氣更深入的主題——你的家庭、你的信仰——對你而言重要的事，即使彼此的觀點不同，往往還是能建立情誼。我們在起飛前相處的短短幾分鐘裡，討論了對我們很重要的事情，奠定了我們在引擎發生故障之後極為需要的信任基礎。」[9]

*　　*　　*

2012年1月13日，3,206名乘客與1,023名船員在歌詩達協和號上，進行為期七天的地中海之旅。[10]那天晚上，船突然偏離航線，駛向吉廖島。船長弗朗切斯科・史凱提諾（Francesco Schettino）為什麼讓船如此危險地靠近海岸，始終存有爭議。他聲稱自己想向其他水手致意。檢察官後來主張，已婚的史凱提諾想讓他的情婦留下深刻印象，她是摩爾多瓦舞者，當時也在船上。而後來發生的事情則無可爭議：歌詩達協和號撞上當地所稱的「斯寇爾礁」（Scole Rocks），位於海面下八公尺的礁岩。撞擊力道極大，在船身左舷撕開了160英尺的巨大破洞。水流迅速淹沒了發動機和引擎，導致船上停電。

假如史凱提諾立刻採取行動，每位乘客和船員可能都會安全獲救，但實際發生的情況並非如此。相反地，史凱提諾專注於另一種類型的損害控制。與船上的危機處理協調人員交談時，他試圖推卸責任，聲稱事故是由電力問題引起，而非事故造成電力問題。他後來甚至試圖將船難事件完全歸咎於舵手。即使船已經開始下沉，史凱提諾仍在花心思整理自己的說詞。他詢問船上的危機處理協調人員，「我該怎麼告訴媒體？⋯⋯我已經向港務當局表示我們⋯⋯遇到停電問題。」[11]

　　由於專注於挽救自己的名聲，史凱提諾延誤向義大利搜救局通報此事故。即便他確實聯絡了當局，卻也猶豫了20分鐘，才坦承說明這起事故與危急的情況。因此，在船身被礁石撕裂後過了一個多小時，才開始進行疏散。即便如此，許多乘客聲稱他們並未聽見疏散指令。

　　當乘客和其他船員倉皇逃生時，史凱提諾本人已經安全地坐上救生艇。但史凱提諾並未將他登上救生艇的「壯舉」歸功於自己，而是聲稱因為船身傾斜，他不慎才「掉進」救生艇。你可能也難以在救生艇中認出史凱提諾，因為他身上穿的已經不是船長的制服。不知為何，史凱提諾在逃離正在下沉的船之前，居然能夠找到時間換上一套西裝。

　　以下的筆錄揭露了史凱提諾在救生艇上與海岸防衛隊隊員格雷哥里奧・德法爾科（Gregorio De Falco）的對話：[12]

德法爾科：聽著，這裡是來自利弗諾的德法爾科，你是船長嗎？

史凱提諾：長官，我是船長史凱提諾。

德法爾科：聽著，史凱提諾。船上還有人受困。現在，你需要駕駛你的救生艇過去。在船首下方，右側，有一座梯子。你要爬梯子回到船上……告訴我船上還有多少人？明白嗎？

史凱提諾：船現在正在傾斜。

德法爾科：回到船上，告訴我船上還有多少人，船上有沒有小孩、婦女，以及他們需要哪些幫助。你還要告訴我每個類別的受困人數。明白嗎？

史凱提諾：求求你……

德法爾科：沒什麼好求的。快回到船上。向我保證你會回到船上！

史凱提諾：我在救生艇上，我就在船的下方，我哪裡都不會去，我就在這裡。

德法爾科：船長，你在做什麼？

史凱提諾：我在這裡協調救援……

德法爾科：（打斷）你在那裡可以協調什麼！快上船！在船上協調救援！你是在拒絕嗎？

史凱提諾：不，我不是在拒絕。

德法爾科：（吼叫）你給我回到船上！這是命令！你別無選擇。你已經下達「棄船」指令。現在是我下達指令。回到船上，明白嗎？你聽見了嗎？

史凱提諾：我正要上船。

德法爾科：我的救生船在船首，快過去！船上已經有屍體了，史凱提諾，快過去！

史凱提諾：船上有多少屍體？

德法爾科：我不知道！……天啊，這應該是你告訴我才對！

史凱提諾：你知道這裡很黑，我們什麼都看不到嗎……聽著，長官，我想上船，但這裡還有一艘救生艇停下來了，正在漂流。我已經通知……

德法爾科：（打斷）你已經講這件事情講了一個小時！現在，上船！上船，立刻告訴我船上有多少人。

史凱提諾：【無回應】

德法爾科：聽著，史凱提諾，也許你使自己倖免於海難，但我一定會讓你付出代價。他媽的，回到船上！

史凱提諾最終為自己的行為付出了代價。[13] 他因多項罪名被判處16年監禁；其中10年是因為多起過失殺人罪，5年是因為導致船難，還有1年是因為在沉船時拋棄乘客。

＊　＊　＊

舒爾茲和史凱提諾都是各自運輸工具的指揮者，他們都面臨了相似的危機，需要應對載具上的巨大破洞，但他們之間的差異猶如天壤之別。除了性別和國籍的明顯差異，真正區別兩位隊長的，是他們在危機中的表現。

舒爾茲啟發人心，史凱提諾則是惹怒人心。

啟發人心的領導者，例如舒爾茲，會將危機轉化為例行且平凡的行動過程。舒爾茲並未預見飛機會發生爆炸以及後來的損害，但她承擔完全的責任，並在隨後的危機中完全掌握局面。

對照之下，惹怒人心的領導者，例如史凱提諾，則是破壞和扭曲例行運作，直到演變為危機。史凱提諾應該要知道，他讓船如此靠近海岸可能導致嚴重受損。隨後，他又拒絕為自己所造成的危機承擔任何責任。

啟發人心的領導者和惹怒人心的領導者並非只存在於危機時刻，他們是我們日常生活結構的一部分，因為他們可以將平凡的時刻轉變為在心理上極具意義的一刻。

我希望你思考你人生中的舒爾茲，反思某個啟發你的人

物。你的啟發人物可能來自生活的任何層面：親戚、宗教領袖、老師、教練、老闆或同儕。這種受到啟發的感覺有什麼特徵？我在全球各地請人們描述受到啟發的感覺時，他們通常會用「鮮明」、「光亮」及「溫暖」等詞語形容。還有一些人則描述這種感覺結合了「敬畏」、「仰慕」以及「驚奇」。許多人將其視為「希望」和「可能性」的泉源。

現在，我希望你準確地找到那種感覺的**起因**。**這些人身上**有什麼特質讓你覺得受到啟發？試著找出他們啟發你的確切特質。

我將這些人稱為啟發型領導者。作為名詞，啟發型領導者代表在生活中激勵並指引我們成為更好自我的那些人。作為動詞，這個詞描述了我們每個人如何透過自身的行為、言語及存在來啟發他人。這兩種意義是在全球各地培育和散播啟發種子的導引。

此刻，我希望你想想自己生命中的史凱提諾，我們生活中的史凱提諾也有能力足以改變我們的內在。人們通常會使用「熱」、「紅」、「灼燒」及「沸騰」等詞語描述生活中的激怒型領導者，這些領導者創造了憤怒與怨恨的沸騰鍋爐。我希望你可以真正感受那種怒意，並察覺它是多麼令人難以承受又耗費心力。現在，找出那種憤怒的根源。**那個人身上**到底有什麼特質，能真正讓你怒火中燒？

我已經和全球各地的數千人進行過這個練習——反思我們生活中的啟發型領導者和激怒型領導者。我的研究帶來了關於領導的三個洞見，以及更廣義的人性見解。

乍看之下，舒爾茲和史凱提諾之間的差異有如天壤之別。但他們的關聯超乎我們的想像，事實上，舒爾茲和史凱提諾是鏡中的彼此，站在光譜*的對立兩端。這就是我的研究帶來的第一個關鍵洞見：**啟發型領導者和激怒型領導者都存在於一個恆久的光譜上。**

第二個洞見是我在全球各地蒐集的數千個案例，可以歸納為這個啟發－惹怒光譜上的三個關鍵因素。舒爾茲和史凱提諾各自在其危機中揭示了這三個面向。

舒爾茲具有**遠見**。她能夠看見大局，在飛機驟降時，向乘客提出一個令人寬慰的**理由**：「我們不會墜毀，我們要去費城。」作為對照，史凱提諾目光短淺，只在意讓自己的責任最小化並推卸責任。

舒爾茲是**令人期待的行為典範**。她是冷靜、勇敢且稱職的守護者，她鋼鐵般的堅強意志從未動搖，相反地，史凱提諾懦弱地拋棄了自己的船。

舒爾茲是**偉大的導師**。她賦予了副機長艾利瑟力量，讓

---

* 編按：原文為 continuum，是哲學與數學中的概念詞，意指「連續體」，有長期演變的連續發展之意。本書為方便理解，統一翻譯為「光譜」。

他繼續駕駛飛機,並且在安全降落之後,迅速肯定他提議降落至費城的決定。她花時間認識她的機組空服人員。她甚至在這次險峻的考驗結束之後,確認乘客的情緒無恙。反過來說,史凱提諾自私地將自身安全置於旅客和船員之上。他甚至從未表達過悔恨或同情,而是在法庭上主張「我無法認為自己有責任」。

這三個要素——遠見、典範、導師——代表了我們如何看待這個世界、我們如何身處這個世界,以及我們如何與世界上的其他人互動。我們可以藉由言語、行動及互動來啟發他人。

第三個洞見是構成這個恆久的「啟發—惹怒光譜」的三個面向具有普遍性。全球各地的每一種文化與每一個國家都存在著完全相同的特質,沒有任何一個啟發或惹怒的特質是特定國家或地區所獨有的。當然,每種元素的表達可能因國家或文化而異,但特質本身與其代表的光譜是普世織錦的一部分。被他人所啟發或惹怒,深植於人類大腦的基礎架構之中。

啟發型領導者的三個面向是具有普遍性的,因為每個面向都實現了一組基礎人性需求。遠見實現了人性對於意義和目標的需求;典範實現了人性對於保護和熱情的需求;導師實現了人性對於支持和地位(status)的需求。

* * *

我的發現——啟發型領導者和激怒型領導者共存於一個恆久的光譜上，而這個光譜由三項普遍因素所構成——具備一個深刻的意義：我們每個人都有啟發人心的潛力。因為存在著一組具有普遍性、系統性的啟發特質，所以能夠教導、培養及發展這些技巧。

具普遍性的光譜在哲學上饒富興味，在實務上也極為重要。從理論上來說，這個光譜回答了那個恆久的問題：啟發型領導者是天生的，還是後天的？我的研究顯示，我們並非生而為啟發型或激怒型人物，反而是我們當前的行為決定了我們是啟發他人，還是惹怒他人。我們的言詞、行為以及與他人的互動，若不是在他人心中創造希望和可能性的泉源，就是創造憤怒與怨恨的沸騰鍋爐。舒爾茲令人寬慰的話語當下帶來了希望，而她的關懷也留駐在乘客的心上；作為對照，史凱提諾激起德法爾科內心極為強烈的憤怒，使得德法爾科亟欲懲罰他。

儘管有一套普遍的工具組可以啟發他人，但這個過程並不容易；人生往往會讓我們偏向光譜的惹怒端，我們太常成為史凱提諾。但光譜也會帶來希望。當我們發現自己正在偏向惹怒端，一條明晰的道路就已顯現，能夠引領我們回到另一端。我們可以——用正確的反思、正確的準備，以及正確的意念——從史凱提諾變成舒爾茲。

＊　＊　＊

　　我將在後續的篇幅裡說明，這條啟發他人的普世之道，如何協助我們因應每日面對的最急迫問題及困境：我該如何與他人協商，才能為自己和他人創造更多價值？我如何做出睿智的決策以產生創新的觀念？我如何公平分配稀缺資源？我如何在日益多元化的世界中游刃有餘？

　　為了回答這些問題，並引導你走向光譜的啟發端，我整合了科學與個人觀點。本書深具科學性，基於我四分之一個世紀的研究與數百篇的科學文章，我揭示了何謂啟發的實證基礎、引發惹怒惡性循環的系統開關，以及在光譜上保持於啟發端的科學路徑。這些以數據資料為基礎的原則，將引導你對他人產生更正向的影響，並建構一個更具啟發性的世界。

　　這本書也深具個人意義。我不僅呈現了來自全球各地令人信服的例子，也分享了我個人生活中的具體故事。我期盼這對你來說也是一本個人化的書籍，能夠協助你展開一場穿越過去與現在的旅程，為自己和周遭人們打造更明亮美好的未來。

　　這本書談的不僅僅是領導力，更明確攸關人生。我很驚訝有這麼多人已經運用書中的原則，建構並轉變了人際關係。一位執行長告訴我，這本書讓他成為更好的配偶。一位《財星》雜誌百大董事會的成員分享，這本書讓她成為更能

激勵人心的家長。一位學生坦言，這本書協助他成為更可靠的朋友。

在我們開始之前，我想強調這場共同旅程中極為重要的兩個觀念。首先，身為領導者，我們無法選擇自己有沒有影響力——中立不是一個選項；我們如果不是啟發他人，就是惹怒他人。然而，我們確實可以控制影響力的**類型**。我們永遠都能選擇要啟發他人或惹怒他人。

其次，領導者並非天生，而是後天養成的。由於啟發他人有著科學基礎，我們每個人都可以學習、培養及發展啟發人心的能力。這意味著我們每個人都有啟發他人的潛力。

你可以成為舒爾茲，也可以成為更啟發人心的自己。讓我們一起學習如何做到吧。

第一部

重新想像啟發

Chapter 01

領導者放大效應

第一次坐在普林斯頓大學博士班課程的教室裡時，我非常緊張。心理學系只有11名博士班新生，我因為同學們的聰明才智而感到害怕，但我也迫切地想要證明自己確實屬於這裡。

丹尼爾・康納曼（Daniel Kahneman）是我第一堂課的教授，他後來成為唯一獲得諾貝爾經濟學獎的心理學家。三小時的課程進行大約一個小時後，我看見了發表高見的機會，於是迫不及待地舉手。

30年之後，我依然記得在我表達見解時，丹尼確切轉變的態度。他皺起臉，用力搖頭，雙手交叉在胸前，厲聲說道：「完全不對。」

丹尼和其他同學繼續上課，但我沒有。我僅在原地，幾乎無法呼吸，感到徹底的屈辱。他那句「完全不對！」不斷縈繞在我心頭，我花了好幾個星期，才能再次在丹尼的課堂上發言，更別提其他課程。

約莫是學期開始六個星期後，丹尼在走廊上和我擦肩而

過,隨口說道:「亞當,我真的很喜歡讀你的反思論文。你是一位很出色的作家。」在我有辦法回應之前,丹尼已經走過轉角。他的評語讓我欣喜若狂,我真的一路蹦蹦跳跳地穿過走廊。

丹尼‧康納曼截然不同的兩種互動方式,分別代表了啟發與惹怒光譜的對立兩端。丹尼短暫卻強烈的輕視令人極為不滿;作為對照,他隨興的讚美則啟發了我,促使我成為一位更出色的作家。

然而,這兩種互動也展現了另一個關鍵現象,我稱之為「領導者放大效應」。我們處於領導地位時,所有的言語和表達——無論正面或負面——都會被放大。由於康納曼的地位,他的輕視評論變成了**羞辱的批評**,而他的讚美則成為**光榮的表揚**。在每種情況下,他的評語都會被他的權威放大,導致影響效果倍增。雖然丹尼的評論對他本人而言既漫不經心又無足輕重,對我而言卻是影響深遠,以致在30多年之後,我仍鮮明地記得他對我的兩次評語。

當我們擁有權力或權威時,我們的言語和行為會變得更重要。而如果它們的意義顯得模糊不清,甚至會更加重要。

「我需要和你談談。」

想像你因為朋友傳來的這則訊息而醒來。這七個字很直

接,但訊息本身的意義很模糊。光從字面上看不出會是好消息還是壞消息,也不確定是否與你有關。它可能會讓你感到擔心,也許只是稍微擔心。

現在,想像這則訊息是來自你的老闆。突然間,這七個字——**我需要和你談談**——透過你的手機螢幕大聲咆哮,充滿不祥的預兆。你確信這是個壞消息,而且是針對**你**而來。這則訊息也許意義含糊,但你的反應一清二楚:你被憂慮徹底吞沒。

還是一位年輕的助理教授時,我曾親身感受了這七個字以及領導者放大效應。作為助理教授,我身處權力最中間的位置:比起仰賴我以獲得資源和推薦信的博士生,我擁有更多權力;但我的權力少於有朝一日將投票表決我能否升等的資深教職員。

某天早上9點鐘,電梯門打開後,我看見博士生蓋兒・博格(Gail Berger),便說:「蓋兒,我需要和你談談。下午3點到我辦公室。」當天下午稍晚,我詫異地看見蓋兒瑟縮著身體,懷著恐懼走進我的辦公室。我大為不解,因為我只是想要和蓋兒討論她的研究資料。蓋兒接下來的舉動更是讓我極為困惑,她握拳往桌面用力一捶,大聲喊道:「永遠不可以再對我這樣!」「永遠不可以怎麼樣?」我結結巴巴地問。「永遠不可以在沒有告訴我原因的情況下,要我和你會面。你知道我在過去六小時內完成多少工作嗎?什麼都沒

有！我滿腦子想的都是『亞當在生我的氣嗎？還是其他人在生我的氣？我是不是要失去重要的資源了？』」

一開始，我以為蓋兒只是神經質（事實證明，蓋兒**確實**有些神經質 ☺）。但就在隔天，我收到來自系上最有權力的人寄來的電子郵件，表示她需要和**我**談談，於是我用和蓋兒一樣的驚懼畏縮姿勢，走進她的辦公室。

讓人們嚇得手足無措的，不只是「我需要和你談談」這句話。有時候，僅僅是收到來自領導者的任何訊息，都會讓人不安。思考一下維多利亞升任為領導職位之後的發現。由於她的新職位，她忙於開會，直到一天結束之前，都沒有時間撰寫或回覆電子郵件。為了妥善管理收件匣，她會在晚上發送大量電郵，因為這段時間對她來說很方便，可以回覆一整天累積下來的所有訊息。她不期待、甚至不希望任何人在當天晚上回信。但事情並非如此。收到剛掌握大權的維多利亞發來的電郵，她的部屬會**立刻**回信。在晚上收到她的電子郵件時，人們認為他們必須**現在**回覆。

當我們身為領導者時，我們的批評、讚美以及意義含糊的命令都會被放大。我們的沉默也是如此。

震耳欲聾的沉默

2014年2月17日，聯合航空1676航班從丹佛飛往蒙大

| 第 1 章 | 領導者放大效應　27

拿時，突然在12秒內劇烈下降了1,000英尺。[1]那感覺宛如從艾菲爾鐵塔一躍而下。一名嬰兒從母親的懷抱中飛出，落在鄰座，奇蹟般地毫髮無傷。但有一位空服員就沒這麼幸運了，她被拋飛後猛烈撞擊天花板，失去意識，在後續的飛行中持續昏迷。

接下來發生的事情非常值得注意，因為……什麼都沒有發生。機師們一語不發，所有乘客聽見的，只有沉默。

我的雙胞胎兄弟搭乘了那架班機，隨後的幾天，他告訴我，那份沉默讓他多麼害怕，以及他多麼渴望聽見來自機師們的訊息：

缺乏來自駕駛艙的資訊，讓我的恐懼急速上升。我的思緒開始嘗試填補資訊的空白。我揣想也許機師在亂流中受傷了。我臆測機翼或引擎是否因為飛機的劇烈晃動而受損。我急迫地想要知道究竟是怎麼一回事。沒有來自駕駛艙的任何訊息，我感到不安，被迫自行尋找可能的答案，以消除機師原本可以且應該緩和的恐懼。

他將缺乏更新訊息稱為**震耳欲聾的沉默**。

原來這種情況不只發生過一次。我向來自歐洲的顧問業聽眾分享這個故事時，他們立刻非常熱切地討論起來。顯然，在他們飛往紐約的班機上發生了相似的事件，而且細節

也驚人地相似。飛機陡然下降數百英尺時，一名嬰兒飛向後排的座位，被其中一位顧問聽眾安全地接住，一位空服員受了傷，機師同樣**一語不發**。因此，所有乘客都陷入了恐懼。

我們完全可以理解，為了應對突如其來的陡然下降所產生的問題，機師很有可能已經不堪負荷。但沉默與「我需要和你談談」一樣**模糊不清**，沉默會將人們帶往山的陰暗面，不祥的那側。當我們的領導者保持沉默時，我們會用最糟糕的情況填補訊息的空白。這就是為什麼沉默往往如此惹怒人心。

現在，請將這種沉默，對比引擎爆炸、在飛機客艙造成一個大洞之後的舒爾茲，以及她撫慰人心的訊息：「我們不會墜落，我們要去費城。」這些簡單文字充滿改變的力量，讓人們從極度恐懼中脫身，轉而懷抱希望和可能性。

賦予偶然事件重要性

邵思博（Barry Salzberg）成為擁有超過33萬名員工的勤業眾信（Deloitte Global）執行長後，對於每場重要會議上總是提供香蕉一事感到困惑。即使他已經在勤業眾信服務超過30年，仍然好奇香蕉是不是勤業眾信的一個重要象徵，然而他不知道為什麼忽略了這件事。或者，某位重要人士真的非常喜歡香蕉？當他終於詢問助理，為什麼每場會議

| 第 1 章 | 領導者放大效應　　29

都提供香蕉時,她回答:「因為**你**喜歡香蕉!」顯然,在他擔任執行長的第一場高層會議上,他進入會議室看見香蕉時似乎非常振奮,並且在會議開始前吃了一根。由於助理非常仔細地觀察他的行為,因而將這個行為視為一種訊號,解讀成他對香蕉有一種至死不渝的恆久熱愛。之後,她便煞費苦心地確保他參加的每場會議都備有香蕉。

　　邵思博的香蕉冒險突顯了我們身為領導者時,無論行為看似何其隨機巧合,都會被賦予意義與目的。值得注意的是,邵思博什麼都沒說,只是拿起一根香蕉,帶著些許熱情吃下去。我們身為領導者時,即使是細微的臉部表情,都有可能讓人手忙腳亂。幾年前,當時還是哥倫比亞大學博士生的艾希莉・馬丁(Ashley Martin)正在練習即將於哈佛大學及史丹佛大學提出的研究簡報。由於她正在申請教職,這件事因此極為重要,她的焦慮程度也不遑多讓。她在為研究計畫做簡報時,留意到我露出的不悅表情,使她的焦慮更為嚴重。無論她做的是什麼,我的表情似乎都只傳達了不認可。我的皺眉說服艾希莉相信她的簡報非常糟糕。她錯了。我認為她的表現非常好!當然,我確實提出了改進的建議,但我認為她走在正軌上。那麼,情況究竟是怎麼一回事?因為我當時是兩個未滿兩歲男孩的家長,我不悅的表情只是疲勞造成的結果。但我的教職地位讓艾希莉鉅細靡遺地觀察我的表情,將我的皺眉解讀為她的簡報所**造成**。

30　Inspire

　　　　　＊　＊　＊

　　領導者放大效應的一個必然結果就是**家長放大效應**。身為家長，我們的言行，甚至是不經意的言行，都會被我們的孩子放大。即使我們不知道自己隨意評論的影響力之效果，可能會影響我們孩子的一生。請思考我過去一位博士班學生艾瑞卡・貝利（Erica Bailey）媽媽一句不經意的評論，是如何讓她放棄了兒時的熱忱。艾瑞卡和姊姊小時候都會彈鋼琴，大約在12歲時，她無意間聽到母親對朋友說：「兩個女孩都擅長彈鋼琴，但愛比真的很有天賦。」因為媽媽認為姊姊更具天生的鋼琴才能，艾瑞卡為此相當憤怒，從此再也不彈鋼琴了！

　　因為不了解家長放大效應，也讓我差點失去最大的喜悅。自從我的兒子亞瑟（Asher）學會走路以來，每天早上他都會爬上我們的床，緊緊抱著我。在他七歲時的某一天，我發現他爬上我們的床後不願靠近我。幾天之後，我問他原因，他說：「因為**你**不想和我抱抱！」我試著說服他那不是真的，但他不肯聽。我非常困惑，直到我想起幾天前，亞瑟比平常更早爬上我們的床，而前一晚我恰好比平常更晚睡。由於他的晨間抱抱打擾了我迫切需要的睡眠，我驟然起身離開臥室，去其他地方好好睡覺。他將我離開臥室的行為解讀為徹底全面拒絕他的抱抱！我向他解釋我為什麼突然離開臥

室並向他道歉,才得以找回我們的晨間儀式,以及這個儀式帶給我們的共同喜悅。

領導者放大效應的驅動因素

領導者放大效應的第一個驅動因素是一項簡單的事實:領導者會吸引注意力。

莎士比亞的名言「世界是一座舞臺」,對領導者來說尤其如此。身為領導者,你時刻都在舞臺上。這意味著周遭人們隨時留心著你的一舉一動,專注聆聽你的一字一句,縝密解讀你的每個表情,分析你所有的互動。我們的言詞、表情以及行為,通常都會傳遞意義和意圖的訊號。而注意力會放大這些訊號,使其更響亮、更醒目、更強烈。[2]注意力會將希望放大為「**希望**」,也將恐懼放大為「**恐懼**」。

領導者放大效應的第二個驅動因素,部分是源於領導者掌握的**權力**。因為領導者通常掌控其他人想要的資源,所以其他人覺得自己必須仰賴領導者,[3]這種依賴會驅使權力較小者密切關注領導者的一言一行。當你擁有權力的時候,人們會在你所有的言語中,甚至在你的沉默中,尋找正面或負面的意圖。這就是我和丹尼·康納曼之間所發生的事情;因為我的成績仰賴於他,導致我對他的批評和讚美非常敏感。這同樣發生在蓋兒身上;因為她仰賴我取得資源,無論是物

質資源或學術名聲資源,使得她對於任何不祥的可能性非常敏感。這也是邵思博的助理包下香蕉市場時發生的事情;因為他是她的老闆,她得仔細留意他的喜好。

權力不只源於領導者的地位,也來自於其所掌控的珍貴資源。請思考一下,在絕大多數的大學中,教授的權力地位通常高於電腦技術人員。但教授的電腦出現問題時,技術人員掌控了珍貴資源,教職員必須仰賴技術人員修電腦。在我之前任職的大學,當我的電腦需要送修時,通常會陷入一段黑洞時期,然後才在未來某個隨機的日子重新出現。這件事讓我非常不悅,並不是因為電腦技術人員的速度緩慢,而是因為我完全不知道相關進度。我擔心他們忘了我的電腦,或者我的電腦被弄丟了,又或是無法維修。這個經驗讓我意識到,被沉默以對的本質就是剝奪力量。一旦我們送出訊息──電話、電郵、簡訊──我們就進入了權力較低的地位,只能仰賴另一個人的回應。

領導者放大效應的第三個驅動因素,是身為**受眾**的一分子。我和田納西大學的蓋瑞利・薛丁伯格(Garriy Shteynberg)進行的研究發現,相較於獨自觀察的刺激,光是和受眾共同觀察相同的刺激,就會放大我們的反應。[4]我們用「共享注意力」(shared attention)一詞描述超過一個人觀看相同目標的情況。在我們的實驗中,只要與團體成員共享注意力,就會讓恐怖圖片變得更恐怖,快樂資訊也會變得

更愉悅。在一項研究中，我們使用旨在引發悲傷的公益廣告。由於共享注意力會強化悲傷，我們發現，相同的廣告在共同觀看的情況下，獲得的捐款多過於單獨觀看。

注意力，以及領導者始終處於聚光燈下的事實，就是領導者放大效應的核心。**權力**是注意力的第二個驅動因素。**身為受眾的一分子**是注意力的第三個因素。處於聚光燈下、擁有權力，以及在受眾面前展現自己的言行，三者的結合放大了我們的言行舉止對他人的影響力。

我某一次的顧問參與經驗，突顯了注意力、權力及受眾的結合是如何強化反應。我受僱為一家公司，在為期不到十天的時間內，於三個不同的洲，為該公司的資深領導者和年輕同仁舉辦一系列的工作坊。

是什麼原因促成了我這次令人喘不過氣的全球旅行？答案是該公司某一次災難性的全員大會。在那次全員參與的活動中，發生了兩件震驚全公司的事件。第一，人們提出想法時，大多只得到輕蔑的客套話，例如「很有趣」。人們希望自己的想法得到認真回應，卻反遭忽略。更糟糕的是，有些評論完全沒有獲得回應；在一陣尷尬但震耳欲聾的沉默之後，全員大會繼續進行。

第二，一位資深高層因為某個觀點而變得充滿防備性，並公開輕蔑那位表達觀點的員工。他的輕蔑反應不只被其權力地位放大，還包含了全體員工參與會議的共享注意力。

目睹這位資深高層在全公司面前失控發怒，不僅羞辱了被怒火針對的員工，也對在場的每位聽眾造成心理創傷。全員大會結束之後，再也沒有人能夠自在地分享自己的觀點——現在，輪到員工的沉默震耳欲聾。公司必須介入處理，於是請我搭機前往世界各地，分享關於心理安全感的觀點，以及如何協助員工自在地暢所欲言。

身處聚光燈下，卻感覺自己變得無形

由於領導者掌握了注意力、擁有權力，並向受眾傳達訊息；他們的行為、言詞及表情都會被放大。但關鍵在於，我們身為領導者時，往往沒有意識到自己站在一座隱喻的舞臺上。雖然領導地位讓我們處於聚光燈下，弔詭的是，它可能也會讓我們感覺自己變得無形。[5]因此，領導者往往沒有意識到自己對他人造成的深刻影響。

丹尼・康納曼完全沒有意識到他的言語對我有如此強烈的影響。20年之後，我在《紐約時報》分享我的課堂經驗時，丹尼寫了封電子郵件給我，「關於權力的問題，我其實是在過去幾年才開始理解。在我擔任顧問時，由於我相信（也許我是錯的）自己願意接受他人的批評，因而肆無忌憚地評論起他人的工作，正如我記憶中對你的作為。」對丹尼來說，他的評論只是隨興的，不具其他意義。但對於我和許

多人而言，丹尼的評論具有改變的力量。同樣地，艾瑞卡的母親完全不知道她隨口說出的話讓艾瑞卡決定放棄彈鋼琴，直到我在艾瑞卡的畢業典禮上分享了這個故事。

我也常常忽略領導者放大效應，儘管我自己研究過這個現象。我完全不知道我的一句「我需要和你談談」會讓蓋兒陷入憂慮風暴中。我也沒有意識到，在艾希莉練習簡報時，我的表情會令她憂心如焚。即便是那些我**正在**教導領導者放大效應的日子，我依然盲目地看不見其影響。2022年秋季，我成為哥倫比亞大學商學院副院長之後首次授課。當我走進第一堂課的教室時，發生了一個問題：投影機發出尖銳的雜音。多媒體技術人員告訴我，他們在課堂開始之前找不到任何處理方法，我嚴厲地告訴他們，我認為他們的回應令人無法接受。雖然當天的課程受到噪音干擾，但我在傍晚時收到好消息：在多媒體技術團隊努力一整天處理這個問題後，已經找到解決方法！我非常感激，寫了一張紙條讚揚他們的努力，並深表感謝。

幾個星期之後，商學院的營運長凱蒂‧康威（Katie Conway）來到我的辦公室，提醒我留意自己總是戴著「院長的帽子」，即使我只是在授課。我反駁道：「嗯，當然，拜託，我當然知道。」她說：「是嗎？你真的知道嗎？」隨後她告訴我，在我授課的第一天，我嚴厲的言詞讓多媒體協助團隊的一位成員哭了。在我批評那位成員的當下，我並不是

某位單純感到失望的教授,而是一位**對她怒吼**的**院長**。我對於自己造成如此嚴重的情緒波動感到震驚與羞愧。我現在才明白,真正令人無法接受的,其實是**我的行為**!而救贖我的是,在投影機問題解決後,我的稱讚與感謝紙條也同樣被放大了。

這個例子極為諷刺:我當時**正在**教導領導者放大效應,卻完全沒有意識到其存在。我忘記的是,身為副院長,我始終處於聚光燈之下,而我的行為有更強烈的影響力。無論我願不願意,我都已經不再只是一位教授。

這個例子也突顯了身為領導者時,我們行為所產生的放大迴響。聽眾會帶走他們的互動與觀察,和他人分享他們自己的反應。我在教室發怒的消息一路傳到了我的上司們那裡,這也是在那家公司災難性的全員大會上發生的事;每個人都知道那個故事,即使他們不在場。身為領導者,我們是流言蜚語的主角,因此,我們行為的放大影響甚至會擴散至沒有親眼看見我們行為的人身上。

觀點取替的失敗

讓我們回到我讓蓋兒陷入的六小時恐懼事件,當時我說:「我需要和你談談。」我為什麼不直接告訴蓋兒我需要和她談談的原因?因為**我知道**主題不是壞事,也不恐怖,我

認為這對蓋兒來說顯而易見。但我受到了知識的詛咒*，無法理解從蓋兒的視角來說，她毫不知情。一旦我們知道某個資訊，就難以接受其他人可能不知道相同知識的事實。[6]知識的詛咒與低估領導者放大效應，都是同一種心理運作過程的失敗：「觀點取替」（perspective-taking）。

以下是一個突顯觀點取替之複雜性的簡單問題。桌上的數字是什麼？[7]這是一個陷阱題，因為答案取決於觀點。從**你的**角度來看，那是16，但從我的前研究助理羅莎琳・瑞瑟（Roslyn Raser）的角度來看，那個數字是91。

---

* 譯注：知識的詛咒，又稱專家盲點，是一種認知偏差，意指與他人交流時假設他人已具備所需要的背景知識。

觀點取替的失敗是一種普遍的問題,但我和喬‧馬基（Joe Magee）的研究顯示,當我們處於領導職位時,這種問題特別顯著。[8] 觀點取替失敗的部分原因是純粹的認知問題。因為身為領導者時,我們的注意力需求往往會增加,用於考慮所有追隨者觀點的時間和資源就會減少。但觀點取替的失敗也受到權力的影響:因為領導者對**他人的仰賴**較少,考量**他人觀點**的動機就會減少。

我和喬‧馬基的研究發現,權力會**導致**失去觀點取替的能力。[9] 當我們隨機讓幾位受試者擔任擁有權力的職位,其他受試者擔任下屬時,有權力的領導者會突然變得無法察覺其他人的觀點。我們的研究顯示,權力和觀點取替失敗之間的關聯,純粹是由擁有權力所引起,而非因為觀點取替能力較差者最終可能會獲得具權力的職位。

解決領導者放大效應

那麼,我們應該如何解決領導者放大效應問題?這需要領導者通常因權力而缺乏的兩件事:覺察與觀點取替。

覺察的內容包括,體認我們身為領導者時,始終處於注意力的聚光燈之下,所以我們的一言一行**必然會**產生影響。時刻覺察我們的言語、表情及行為將深刻影響他人,有助於我們取替他人的觀點。覺察和觀點取替可以解決我們在本章

討論的每種困境。

丹尼・康納曼嚴厲駁斥我的見解「完全不對」，迄今仍是揮之不去的陰影。反思那次的經驗，致使我開始克制自己在公開場合提出批評，取而代之的是尋找私下的時機分享我的想法。這也讓我不會在研究生公開提出研究報告的當天，當場給予建設性的批評。我知道，無論我著重於未來發展的評論多麼有建設性，都會立刻減少他們因為完成這個充滿壓力的任務而獲得的喜悅。現在，他們完成簡報之後，我只會立刻給予讚美，嘉許他們的成就，等到一兩天後，再提出改進建議。

還有其他時候，我們身為領導者，需要將自己的想法保留在心裡。在我任教的第二年，一位學生告訴我，他對我經常插入的政治議題感到非常惱怒，以及這些政治議題是如何減少他的投入與學習。自那之後，我不再於課堂中發表政治評論，因為我意識到政治評論的本質必定會引起爭論。同樣地，我的院長柯斯提斯・馬格拉瑞斯（Costis Maglaras）也向我透露，擔任院長的其中一個令人失望之處，就是再也不能調侃同事或開玩笑。在擔任院長之前，柯斯提斯一直都是教職員的一分子，喜歡分享略帶諷刺但令人愉快的評論。但現在，他所說的每句話都會被放大解讀成聖經的篇章，即使在他的朋友圈亦然。他發現自己不能再像過去那樣喜愛隨意發表評論；身為院長，他體認到沒有任何事情是隨意的。

讓我們回到我和蓋兒當時的互動，以及她建議我應該告訴她，我希望和她見面的**原因**。我一開始說：「蓋兒，我需要和你談談。下午3點到我辦公室。」其實我應該說：「蓋兒，我們碰個面討論一下你的研究題材。下午3點到我辦公室。」值得注意的是，這樣的措辭並不會造成我的任何負擔──一樣都是三句話。為了讓她感到安心，我需要克服我的知識詛咒，理解她沒有辦法知道我的想法，並讓她了解我的意圖並不可怕。

哥倫比亞商學院的參與事務副院長麥可・羅賓森（Michael Robinson）在理解領導者放大效應後，改變了他寄給企業管理碩士申請人的電子郵件，以避免引起他們的恐慌。麥可經常和申請人溝通討論他們的申請情況，他意識到基於他在入學申請中的角色，就算只是寄出一封簡單的電郵，例如「我需要和你聯繫，請致電給我」，都可能會讓申請人感到驚慌。現在，麥可在寄出電子郵件時，都會告知他需要與申請人聯繫的具體理由，或者向申請人保證他們沒有問題。

掌握了領導者放大效應的知識之後，當我們希望與人們會面時，我們每個人都可以先提出**原因**，尤其是理由並不可怕時。即使我們過於繁忙而無法做到，也可以用其他方式讓對方安心。某間跨國企業的員工詢問總裁是否願意簡單說明他要求會面的**原因**，卻遭到總裁拒絕，表示他既沒有時間，也沒有意願解釋自己的每個要求。經過來回協商之後，他終

於同意,假如要求會面的原因不是重大問題,便在訊息中輸入兩個額外的符號,一個冒號與一個括號,也就是 ☺。這個笑臉符號解決了模糊不清的問題,也防止了領導者放大效應的蔓延。

對於領導者放大效應的覺察提醒了我們,必須邀請人們了解我們內心的想法。這是我與艾希莉·馬丁相處時學到的經驗。她不知道我皺眉的原因是睡眠不足,而非她的簡報。藉由察覺我曾經讓艾希莉感到恐慌,我便能在未來避免造成類似的恐懼發生。兩年之後,我參加另一次的練習簡報,這次的主角是喬恩·雅次莫維茲(Jon Jachimowicz),他正在準備極為重要的哈佛大學求職演講。雖然我再次成為睡眠不足的殭屍,但我有意識地保持微笑或中性的表情,並且**在喬恩練習演講之前**讓他知道,我如果露出任何痛苦的表情,那是因為睡眠不足,而不是他的演講內容。我的提醒讓他非常安心。

覺察我們的行為可能傳遞非本意的訊息,有助於我們使用日常生活小技巧,避免造成他人的恐慌。讓我們回到維多利亞和導致團隊成員慌忙回覆的晚間電郵。在意識到晚間電郵對員工造成的影響之後,她改變了寄出電子郵件的**時間**。她仍然在晚間寫信,因為那是她方便的時間,但她將信件排程至隔天早上寄出,對於收到電郵的員工來說,這個時間的壓力立刻變得比較小。

還記得我的雙胞胎兄弟搭機時、機長令人恐懼的沉默，以及舒爾茲保證她的飛機不會墜毀而是會前往費城，兩者之間的差別嗎？覺察和觀點取替有助於我們提供支持，而非保持沉默。當我們理解了延遲回覆必然造成的焦慮，便能在不確定的時刻讓人們知情，使其安心。這正是哥倫比亞大學電腦支援部門從滿意度最低的部門轉變為滿意度最高的部門時的作為。他們最大的創新是每日更新。教職員將電腦送修後，每天下午都會收到目前情況的更新，即使沒有任何新進度。這些每日更新也能讓人們知道，他們的電腦既未遺失，也沒有被遺忘，或者無法修復。我個人認為這些每日回報非常安撫人心，理由顯而易見：每日回報有助於控制不確定性和焦慮。

每日更新簡單但強大的優雅之處不只在於頻率，也與觸及範圍有關。許多領導者都能妥善地讓最親近的同僚與直屬下屬保持在消息圈內；但他們讓組織的其他成員一無所知、對領導者的決策或想法毫無頭緒。藉由確保我們向更廣泛的社群更新情況，可以消除因為被排除在消息圈外而導致攀升的焦慮。

💡 善用領導者放大效應來啟發他人

覺察和觀點取替可以減輕領導者放大效應的負面結果，

也能幫助我們啟發他人。

請思考一下,當丹尼隨興讚美我的寫作時,我的喜出望外。由於他的地位,他的簡單恭維搖身一變成了桂冠。當我們更有意識且頻繁地表達讚美和感謝,就能讓他人充滿信心與動力。下次,當你發現權力地位較低的同仁出色地完成任務,要讓他知道你的讚美和感謝!或者,下一次當有人付出超乎預期的努力時,請務必表達你的欣賞。你所表達的讚美和感謝,甚至可能在未來數年裡持續啟發他人。丹尼隨興誇讚我的寫作那句話,已經滋養我超過30年。

進行這本書的簡報時,我會請觀眾承諾要善用領導者放大效應。我請他們聯絡三位權力較低的人,根據對方最近完成的某件事,對他們表達讚美或感謝。我請他們要具體表達,因為籠統的陳腔濫調可能會顯得不真誠,甚至有些惹怒人心。我們的讚美或感謝愈精確,影響力就愈強。

某天早上,我對著一群執行長和總裁演講。10點15分,我請他們做出這種善用領導者放大效應的承諾。我們在10點30分進入咖啡休息時間,其中一位執行長舉手說:「我已經寄出三封電子郵件,也收到三封非常高興的回覆。他們都滔滔不絕地表示我讓他們整個星期都很快樂,其中一位甚至立刻開始和伴侶計劃吃頓慶祝晚餐。」這個案例突顯了兩個重點。第一,這個例子確認了我的一項研究發現,具權力的領導者往往很衝動——這位執行長甚至沒辦法等到休息時間

就寄出電子郵件！[10] 但更重要的是，這個例子證明，表達讚美或感謝其實不需要太多時間。

這就是喬瑟夫・史塔利亞諾（Joseph Stagliano）成為NBT銀行零售社區業務總裁時的發現。他將認可員工轉變成一個迅速且有效率的習慣。喬瑟夫的每一天都會以一杯咖啡以及幾封祝賀當天生日員工的電郵開始。聽起來很簡單，對吧？但是，喬瑟夫管理超過1,200名員工。這代表他每天要寄出近五封祝賀生日的電子郵件！喬瑟夫不只是說「生日快樂」，還會花時間寫一些關於壽星的獨特細節。看到這裡，你一定認為這似乎不可能做得到，對嗎？但這裡有一個例子：「生日快樂！希望你的週末愉快！田徑和保齡球進行得如何了？」正如你所見，這封電子郵件非常簡單明瞭。但他收到的回信既詳盡又充滿情感，洋溢著感謝，員工對自己的熱忱分享了更深入的細節。藉由明確展現對壽星的認識，這個簡單的生日祝福訊息帶來了巨大影響。喬瑟夫表示，每天做這些事只需要不到十分鐘的時間。如同我們稍後會討論到的，只要一個簡單的架構，加上些許的努力和練習，就可以設計出有助於更有效率啟發周圍人們的日常習慣。

這是最後一個建議：放大你的啟發性放大效應。但要怎麼做？你可以向對方的領導者分享你對他人的讚美。當你和某個工作表現傑出的人合作時，可以讓對方的老闆知道你多麼欣賞對方的付出。花時間寫一張讚美或感謝的便條，送給

那個人的主管，能夠進一步放大其貢獻的價值。我媽媽經常放大她的感謝，方法是讓某位業務代表的經理知道，該業務為她提供非常美好的客戶服務。也許這就是我當初被我太太珍（Jenn）吸引的原因——她也經常聯絡對方的主管，告訴他們某位員工的傑出努力。

＊　＊　＊

為了解決領導者放大效應的問題，以及最小化其負面結果，我們需要明白，身為領導者，我們始終處於舞臺上與聚光燈的關注下。只要我們身處權威乃至權力職位，或是受到高度敬重，其他人就會密切注意我們的一舉一動，我們的任何行為都不會被視為隨興。此外，我們以領導者身分獲得的關注，會放大我們所有的行為及表情——從皺眉與批評，到微笑和讚美，甚至是沉默。因此，我們需要時時刻刻留意自己的表達，包括言語和非言語的表達，也需要從受眾的視角理解我們的表達可能對他們產生的影響。

好消息是我們可以駕馭領導者放大效應，以追求好的結果。藉由刻意讚美或滿懷感激地感謝他人的付出，我們能夠為他人提供強大的動力。善用領導者放大效應，我們就能成為真正**啟發人心**的領導者。

Chapter 02

普遍的啟發

2006年1月25日，我飛往洛杉磯參加研討會。我的班機在午夜過後不久降落，我將行動電話開機，它立刻充滿活力，嗡嗡作響。一則又一則的語音信箱留言，以疲憊的聲音告訴我，「無論多晚」都要回電給他們，我感覺不太對勁。

我回電給我的雙胞胎兄弟，他告訴我一個噩耗：我爸爸步行去看籃球賽的途中，被一輛汽車撞死了。

正如你能想像的，我的情況一團糟。當飛機緩緩地駛至登機門時，我感覺被困住了。我的身體不由自主地顫抖，急迫地想要逃離這座金屬牢籠與其他人的存在。

那天晚上有兩個拯救我的恩典。第一個是我的好友兼同事羅德利克·史瓦伯（Roderick Swaab），他不斷安撫著座位上的我，並引導我下飛機。他取消了自己的研討會計畫，隔天和我一起飛回芝加哥，甚至確保我順利轉機前往北卡羅來納。他的善意迄今依然啟發著我。

第二個拯救我的恩典是我爸爸唯一的手足，我住在洛杉磯的姑姑。瑞瑪（Rayma）姑姑在凌晨1點打開家門時，我

們在悲傷與安慰中相擁，我哀戚地說：「我無法相信我失去了爸爸。」她回答我：「我們所有人都失去了一位爸爸。我是他的姊姊，但對我來說，他就是一位爸爸。」

她的那句話——「我們所有人都失去了一位爸爸」——在接下來的幾天裡一直盤踞在我心中。我無法停止思考，**為什麼那句話聽起來如此真實？**

一個星期之後，我終於明白了。我的姑姑說「他就是我的爸爸」時，她真正的意思是他曾指引她走過人生。有這種想法的，不只是我的姑姑。在爸爸的追思會上，許多人分享了關於他的故事，這讓我想到了丹尼‧康納曼和領導者放大效應。他們描述我爸爸偶爾的尖銳評論如何持續影響他們，以及爸爸的熱情與經常的鼓勵如何滋養他們。我爸爸不僅啟發了我和我的姑姑，還有許多在他的人生中曾經與他交會的人們。

我以姑姑的那句話為主軸，撰寫爸爸追思會上的講詞。我說道：「我的爸爸，我們的顧問。」

* * *

這本書源自於我爸爸過世的兩個月後。我正在為聯邦調查局的成員舉辦領導工作坊，探討高風險決策。在某一刻，一位調查員開始描述他的前主管是非常傑出的決策者，我立刻被他故事中的兩個層面打動。第一個層面是外在的。講述

主管的敏銳決策能力時,他的肢體語言有了即刻的變化:他正襟危坐,眼神閃著光芒,彷彿帶著敬畏,聲音充滿能量。第二個層面則是內在的,他如此總結對前主管的評論:「他的決策能力迄今仍然啟發著我。」

他的故事如此有影響力,以致我暫停課程計畫,脫稿演出。我看著現場60位調查人員,詢問其他人能不能想到啟發自己的領導者。所有人都可以。這些調查員能夠如此簡單地想到人生中的啟發人物,讓我非常驚訝。對我來說,更具啟發意義的是,許多調查人員都希望分享啟發者的故事,他們似乎覺得自己必須分享。

那個簡單的時刻為我帶來了轉變,那次的工作坊讓我重新思考自己用於理解領導力與人性本質的所有方法。我開始請全球各地的人們向我講述啟發他們的領導者,而他們的答案進一步成為我的教學與研究基礎。正如我在本書開頭請你做的,我邀請每個人描述受到啟發的感覺,並且準確找到那種感覺的來源。

我撰寫了「我的啟發型領導者反思」一文,協助人們在心靈上連結至改變其人生的人物。

請思考你人生中的一位啟發型領導者。這個人——透過行為、言語或存在——啟發你,改變你的人生。

你的啟發人物可能來自任何地方。他們可能與你有深刻

的個人關係，例如家長或配偶、手足或近親。他們也可能出現在你的童年：老師、教練或輔導老師。或許，他們來自歷史，例如宗教人物、政治人物、運動員或藝術家。他們可能是你認識的當代人物，老闆、工作同仁、牧師、拉比（猶太領袖）或教會成員。雖然這些啟發人心的人物通常擔任領導職位，但不一定比你資深；事實上，小孩也可以啟發家長，學生能夠啟發老師，學徒也能啟發導師。我們仰望的任何人，無論何其微小，都有機會啟發我們。

一旦你找到了自己的啟發型領導者，我希望你深刻體會那種啟發的**感覺**。被啟發的經驗有什麼特徵？人們通常將這種感覺描述為一種正向的能量，其特徵是溫暖與光亮、敬畏與仰慕，也是希望與可能性的泉源。

現在，我希望你準確找出這個人對你來說如此具有啟發性的一種或多種特質。這個人身上的**什麼特質**啟發了你？試著找到他具備的準確特徵，讓你充滿被啟發的感覺。

你的啟發型領導者可能完美示範了你也擁有的特質，但他們更成功地駕馭了它。他們可能喚醒你的某個部分，或者賦予那個部分力量，但你不知道自己擁有那個部分，或者不期望擁有。又或者，他們可能體現出你並不期望的特質，但你欣賞他們的獨特能力。

* * *

第二項重要的討論發生在一年後，當時，我再度為聯邦調查局授課。這次，有一位調查員並不想談論啟發人心的領導者。相反地，他希望討論另一種類型的領導者，這種領導者也改變了他內心的感受。這位調查員描述的不是希望與可能性的泉源，而是憤怒與怨恨的鍋爐。我發現他描述的原型與啟發人心的領導者完全相反：那是惹怒人心的領導者。不只是他，所有調查員都能立刻想到讓他們怒火中燒的領導者。

與聯邦調查局的第二次意外機緣同樣非常深刻。我開始請全球各地的人們向我述說一位惹怒他們的領導者：

現在，請思考另一位同樣改變你內心感受的領導者，但這個人創造的不是希望與可能性的泉源，而是憤怒與怨恨的沸騰鍋爐。請找出那種激怒你的來源。這個人身上有什麼特質讓你怒火中燒？我希望你準確找出他對你來說**如此惹怒人心**的一種或多種特質。試著找出讓你覺得惱怒的具體特質。

邀請全球各地的人們反思啟發型領導者與激怒型領導者，讓我獲得在本書開頭提到的三個洞見。啟發型與激怒型的領導者是彼此的鏡中對立，存在於一個**光譜**上。這個光譜由**三個面向**所構成，這三個面向皆具有**普遍性**，完全相同的特徵在全球每個國家都會出現。我從澳洲、中國、薩爾瓦多、泰國、沙烏地阿拉伯、以色列、墨西哥及德國等地蒐集

了許多資料,沒有任何一個啟發型或激怒型的特徵具備了文化特殊性,這個光譜及其面向是普世皆然的。

這三個因素——遠見、典範、導師——彰顯了我們如何透過自身言語、行為及互動來啟發他人。啟發型領導者具有**遠見**:他們看見大局,提供樂觀且有意義的未來願景。啟發型領導者是期望行為的**典範**:他們是冷靜勇敢的守護者,真誠熱情,能力出眾,但也保持謙卑。啟發型領導者是偉大的**導師**:他們賦予他人權力並鼓勵他們,對他人懷抱同理心,但也會挑戰其他人,要求他們展現最佳的自我。

我將這三個普遍因素稱為啟發型領導者的VEM圖。正如文氏圖(Venn Diagram),啟發型領導者的VEM圖也有一

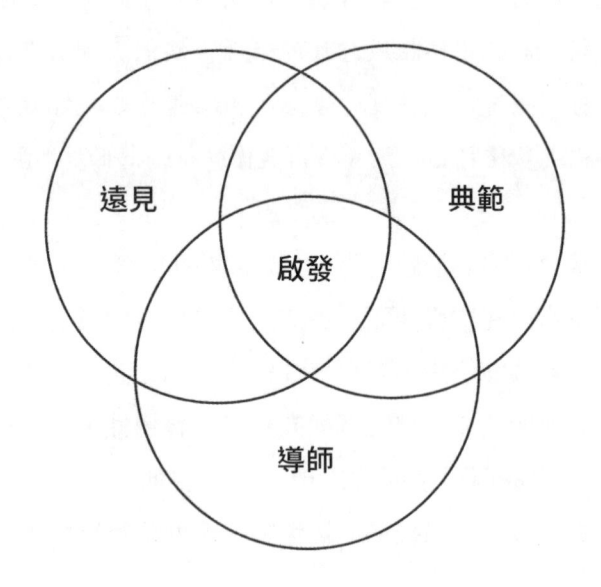

組交疊的圓形——V代表遠見，E是期望行為的典範，M則是導師——「啟發」則位於中央。

VEM圖的普遍性在於啟發型領導者的三個面向各自滿足人類的一種基礎需求。**遠見**滿足人類追求意義和理解的需求。**典範**滿足人類對於保護、熱情，以及追求完美的需求。**導師**滿足人類希望感到被支持，以及被珍惜和被讚美的需要。

啟發型領導者和激怒型領導者代表彼此的鏡像，存在於光譜上的對立兩端，這個事實在教學上和實務上都很重要。從教學的角度來說，研究顯示，人們藉由比較分析進行學習，會比單一個案分析還要更深入。比較分析的科學術語是「類比編碼」（analogical encoding），這是一種華麗的表達方式，意指比較分析讓人們更容易辨識、更深入地內化原則與洞見。[1] **同時**反思啟發型領導者和激怒型領導者，有助我們真正理解與領略這個普遍存在的光譜。

從實務的角度來說，激怒型領導者和啟發型領導者共存於光譜上的事實，發出了一個警訊：這代表我們很容易滑向光譜上惹怒人心的那一端。但光譜也帶來了希望，提供回到啟發人心那端的道路。正如我們稍後將學習的，只要有正確的練習、投入及習慣，我們將能在更多時刻更具啟發性。

* * *

我爸爸在我人生中的每一天都啟發了我，因此，我的

悼詞無意間捕捉到啟發人心的三個普遍特質，這點絲毫不令人意外。我特別驚訝的是，我的悼詞竟是以 VEM 圖作為架構，即使這些想法是在我爸爸與美好的天使同在之後才出現的。

我爸爸具有**遠見**，我的悼詞強調他是如何受到一組核心價值的激勵：

我爸爸相信，這個世界是一個可以臻於完美的地方，透過有效且進步的政策便得以實現，正義得以長存，歧視與貪腐得以削減。

我爸爸是期望行為的**典範**。在我的悼詞中，我提到爸爸真誠、熱情且謙遜。

我一直很好奇，一個人說了這麼多不得體的話，挑戰了這麼多人，爲什麼還能長久擔任系主任，而且擁有如此龐大的影響力。也許是因爲，身爲教授和系主任，他是完全「反政治」的人──眾所皆知，他時時刻刻都忠於自我。或許是因爲即使身處權威地位，他也往往不設防，而是用開放心態傾聽批評者的觀點。又或者是因爲，他顯而易見的熱情與幽默，緩和了他的稜角，讓他深受他人的喜愛。

我爸爸是出色的**導師**。他樂於鼓勵與挑戰他人,協助他們找到在這個世界安身立命的方法。

在家中與校園中,作為顧問和導師,他皆鼎力支持且鼓勵他人,激勵人們追求自己的夢想,希望每個曾與他交會的人都能獲取最好的結果。但他也會挑戰別人,秉持高標準,期望每個人都能追求卓越,拒絕平庸。

* * *

在詳細描述啟發型領導者的VEM圖之前,我想分享最後一個突顯**啟發**本質的聯邦調查局時刻。兩年後,在另一次教學期間,一位調查員問我,她是否應該聯絡她的啟發型領導者,讓他知道他對她人生的影響。但她非常猶豫,由於她已經與這個人失聯,因而對於多年來的沉默感到愧疚。我鼓勵她聯絡這位啟發導師,不要因為罪惡感而退縮。我告訴她,我也會做一樣的事情,我會聯絡我的一位啟發人物,也就是我的博士論文指導教授之一,喬爾・庫柏(Joel Cooper),他改變了我的人生,即使我已經好幾年沒有與他聯絡。

我寫信給喬爾,讓他知道他對我生命帶來的深遠影響,我會在本書第5章更詳細討論這個影響。以下是信件的其中一個段落:

親愛的喬爾，我一直沒有充分表達此事，但你在我職業生涯早期帶來了非常正向的影響。我想要表達你正向影響我的三個具體方式⋯⋯我想感謝你這些年來對我投入的所有關懷。如果沒有你，我無法成就今天的自己。

兩天後，我收到回信時，便知道我的電子郵件已經引發了正向共鳴，尤其是考慮到喬爾不是全世界最熱情外露的人：

真是一封令人感動的信！這是我收過最好的禮物。你永遠不會知道自己是否曾經真的觸動過任何人，或者對任何人的人生帶來絲毫影響。

他的反應讓我意識到，讓某個人知道他對我們的正向影響，可能是我們所能送給生命中的啟發者最好的禮物。正如我們將在下一章討論的，每個人都有追求意義與目的感的基礎需求。沒有什麼比知道我們對某人的生命帶來正向影響更有意義。

我的第一個聯邦調查局時刻，引導我探究啟發的意義是什麼。我的第二個聯邦調查局時刻，教會我理解領導者會改變我們的內心感受，但往往是激怒，而不是啟發我們。我的第三個聯邦調查局時刻，讓我明白我們能夠反過來啟發我們

的啟發者。藉由主動聯繫他們，我們可以回報他們的正向影響，滿足他們對於意義的需求。我們的感激能夠讓他們更為啟發人心。

我與聯邦調查局的經驗，有助我發現啟發的正面循環和激怒的負面循環。讓我們一起更深入地探索這些循環吧。

Chapter 03

啟發人心的遠見

你的人生在有了孩子之後愈來愈糟，[1]你幾乎沒有睡覺，你幾乎沒有洗澡，你很少吃東西，你再也沒有性生活……好吧，幾乎沒有。你的家一團糟，你的身體一團糟，你的思緒一團糟。

但我們這個物種還沒有滅絕，為什麼？

第一次為人父母，我經歷了上述所有的匱乏。但我也經歷了一種改變，這種改變席捲了許多新手家長。這種感覺比我曾體驗過的所有感覺都更為深刻，我的雙胞胎兄弟麥可如此描述，那是一種愛，超過了他所能想像的強烈程度。

我的生命突然有了一個更大的**目的**，我的生命有了一種嶄新的**意義**感。

初為人父以及尋找意義之間的關聯，讓我們明白了人性本質的某些深刻面向。我們所有人都因為生物本能而渴望意義，無論我們是否為人父母，這都是真確的。人類心智的情感架構是為了找尋一種目的感，在核心深處，我們是意義的製造者。

尼采完美地描述了意義的重要性，他說人們「知道為什麼要活下去時，幾乎就能夠承受任何情況」。[2] 我們渴望一個**為什麼**（why），但不是隨便一個為什麼。我們渴望一個樂觀的**為什麼**，一個充滿希望與可能性的為什麼。這正是舒爾茲在飛機急速下墜時提供給乘客的：「我們不會墜毀，我們要去費城。」當我們擁有樂觀與充滿意義的為什麼，甚至可以忍受命運狂暴的矢石。

對於意義的深刻渴望，也體現在我們想要被啟發的期待。這解釋了為什麼具有遠見是啟發他人的三項基礎之一。

具啟發性的標題

我們沒有願景時，就會感到迷失。請思考這個簡單但深刻的實驗，它是我的博士論文指導教授之一瑪希亞・強森（Marcia Johnson），在半個世紀前所進行的。[3] 瑪希亞請受試者閱讀以下段落，並回答段落的主題是什麼：

程序其實相當簡單。首先，你將物品分為不同類別。當然，取決於要處理的數量，也許放成一堆就夠了。如果你因為缺少了某個設備，必須去其他地方，那就是下一步，否則你已經差不多完成準備。不要做過頭很重要。也就是說，一次處理太少會比一次處理太多更好。犯錯也可能會導致高昂

的代價。程序完成之後，你必須將物品再次分為不同類別，就能將物品放在各自合適的位置。

我將這個情境提供給全球各地的數千人，從學生到執行長都有，只有不到5％的人能夠釐清這段文字的主題。

但這段描述只呈現了瑪希亞實驗的其中一個情境。在另一個情境中，她給了受試者標題：「洗衣服」。請注意，一旦我們知道標題，一切都改變了：每個句子都變得有意義，每個句子都相互聯繫、協調一致。沒有標題，我們感到困惑又迷茫。有了標題，一切都開始有意義。

當然，有了標題之後，那段文字變得更容易理解，也不會令人太驚訝。後來發生的事情更有趣，瑪希亞讓每個人進行記憶測試，知道標題的人表現得非常好。當然，他們無法逐字記住那個段落，但他們記得相當多的細節。然而，不知道標題的人，幾乎記不得自己讀過的內容。

這個簡單的實驗傳達了一個關於願景價值的強力重點。願景就像標題，能夠為每句話語賦予意義，為每個行動帶來目的感。沒有願景，人們無法處理資訊，也沒辦法協調行動。沒有願景，我們便迷失。一旦有了願景，我們便找到方向。

具備一種理解感，對人類的生命境遇來說是如此重要，甚至擁有治癒的力量。光是理解即將進行的醫療程序細節，

就能減緩焦慮,還能預期更快的復原時間。[4] 了解進行醫療程序的**原因**與**過程**,實際上能幫助身體更快康復。

沒有願景,世界變得令人困惑。世界變得令人困惑時,我們就會在任何地方尋找意義。

虛幻的願景

歐杜莉亞・戴爾賈多(Obdulia Delgado)是第一個見證者。「我驚訝得無法動彈。人們在按喇叭。那就像一場夢。我甚至不知道自己是怎麼回家的。」[5]

2005年春天,歐杜莉亞在開車時向聖母瑪利亞祈禱,希望能順利通過即將到來的烹飪測驗。突然間,她出現了,聖母瑪利亞本人清清楚楚地顯現了,就在芝加哥甘迺迪高速公路地下道的水泥牆上,閃閃發光。

歐杜莉亞目睹的景象引發全國轟動,許多人都看見了歐杜莉亞看見的景象,聖母披著斗篷的臉龐輪廓,被一輪聖潔的白光環繞著。一名高中生回憶道:「如果你仔細看,可以看見她的臉、她的面紗與雙手立體浮現。那就是聖經中描繪的形象。」[6]

我教過的博士生珍妮佛・惠特森(Jennifer Whitson)對這位「地下道的聖母瑪利亞」深深著迷。然而,她並非受到宗教熱情的驅使,而是出於科學好奇心。她走進我的辦公室

| 第3章 | 啟發人心的遠見

說:「我知道我想研究什麼了。我想了解為什麼人們會認為自己在水漬中看見聖母瑪利亞。」

惠特森其實提出了兩個問題:人類的心智**在什麼時候**會將隨機事物視為呈現重要意義的事物?**為什麼**有些人在什麼都沒有的地方,看見了某個事物?

巧合的是,我曾研究過相關主題——心理學家稱之為「因果推論」(causal reasoning)——那是十年前我還在念研究所的時候。我經由這項研究發現,相較於經歷好運,人們在不好的結果發生時,會更頻繁地尋找並提出解釋。我們會接受好的結果,不需要額外解釋,卻瘋狂地試圖理解**為什麼**壞事會發生,迫切地嘗試彌補傷害,或者避免它在未來再度發生。

更為有趣的是,人們甚至也希望解釋**超乎預期**(unexpected)的事件。[7]事實上,超乎預期所造成的影響,往往超過負面事件本身的影響。超乎預期的事件沒有「標題」;它們挑戰了我們的意義感與掌控感。當這個世界不再合理的時候,人們會自行建立因果解釋,嘗試理解究竟發生了什麼事情。

以因果推論的研究為基礎,惠特森指出,缺乏意義感和掌控感是如此令人厭惡,所以人類的心智會竭盡所能地找回這些感覺。但她更進一步提出,即使是看見虛幻或錯誤的圖形,也能幫助人們找回缺乏的意義感。她和我將**圖形**

認知（pattern perception）定義為在一組刺激中，辨識連貫且有意義的相互關係。[8]為了定義「虛幻的圖形認知」（illusory pattern perception），我們只簡單加上一個詞：在一組不相關（unrelated）的刺激中，辨識連貫且有意義的相互關係。有了這個定義後，我們發現許多各自不同的現象，其實都以各自的方式呈現完全相同的現象：虛幻的圖形認知。

迷信是虛幻圖形認知的一種形式。踩在裂縫上，你就會弄斷母親的背。＊這個迷信在裂縫（crack）和背部（back）之間，建立起一種連貫且有意義的相互關係。

陰謀論是虛幻圖形認知的一種形式，例如，美國政府官員策劃了911攻擊事件，或祕密製造了新冠肺炎病毒等想法。這種陰謀論在政府官員與悲劇事件之間，建立了一種連貫且有意義的相互關係。

看見水漬中的人像，是虛幻圖形認知的一種形式。在隨機數據中看見關聯性，也是虛幻圖形認知的形式之一。

每個看似截然不同的現象，都提供了相同的心理藥方：意義感和連貫感。在歐杜莉亞看見聖母瑪利亞之前，她感到不確定，也擔憂即將到來的烹飪考試。在那個時刻看見聖母瑪利亞，讓她感受到一股神聖的連結，預示著正面、有意義

＊ 譯注：此為美國俚語，常見於孩童的團體遊戲。團體成員在路上行走時，如果有人踩到裂縫，就會說出這句話。

的未來。

惠特森主張，往往正是「不確定性」驅動我們尋找掌控感。因此，比起淺水域的漁夫，在不明深度海域捕魚的特羅布里恩群島部落，會舉行更細緻縝密的儀式。[9]這也是為什麼跳傘者在跳傘前，會於視覺雜訊中看見不存在的人物，但在地面時不會如此。[10]企業管理碩士班新生也是因此比二年級生更容易相信陰謀論。[11]基於這些現實觀察，惠特森和我著手證明，缺乏理解感會**導致**人們看見圖像，甚至是根本不存在的圖像。

在實驗中，我們用各種方式操控不確定感與困惑感。在一些研究中，我們讓受試者執行一項不可能完成的任務。其他時候，我們讓受試者回想自己缺乏掌控感的時期。此外，在另一些情況中，我們觸發與不確定性有關的情緒，例如恐懼和擔憂。在對照情境中，我們讓受試者面對可以完成的任務，並回想自己能夠掌控的時候，或者感受與確定感相關的情緒，例如憤怒或厭惡。值得注意的是，憤怒與厭惡都是負面情緒；在實驗中使用這種情緒，有助於我們證明是不確定感驅使看見圖像的需求，而不只是負面情感的單獨效果。

改變不確定感和確定感之後，惠特森與我用各種不同的方式詢問受試者是否看見了圖像。在某些實驗中，我們讓受試者觀看視覺雜訊圖，詢問他們能不能在雜訊中看見圖像。

經歷不可能完成的任務之後，人們更有可能在視覺雜訊

圖中看見圖像。[12] 經歷擔憂或恐懼（相較於厭惡或憤怒）之後，人們更有可能認為同事之間正在策劃陰謀。[13] 在回憶自己缺乏掌控感的時期之後，人們會更強烈渴望在參加一場重要會議前，用儀式性的方式敲打木頭或跺腳。我們將投資人放在反覆無常且不確定的市場中，他們會錯誤地看見根本不存在的市場模式，進而影響其投資結果。[14] 社會層面的不確定性，甚至也會驅使人們看見不存在的圖像，例如，在經濟不穩定的時期，迷信就會增加。[15]

當我們感到迷失的時候，也會被強大的領導者吸引，即使他們令人惱怒。杜克大學的亞倫・凱（Aaron Kay）和我發現，無論是不確定的情緒，還是面對反覆無常的金融市場，不確定性都會增加對於專制政府體制的支持。[16] 人們在經歷高度的不確定性時，甚至更有可能相信一位非常具體的

| 第 3 章 | 啟發人心的遠見　65

神祇,一位掌控世間一切、主動決定地球上發生哪些事件的神;例如,我們發現,相較於選舉結果底定之後,人們在選舉之前,也就是不確定性較高的時候,更有可能相信有一位掌管一切的神祇存在。

在所有實驗中,我們發現,只要我們感到不確定、沒有方向、流離失所,或者焦慮時,就會迫切需要一個有意義且明確的願景。正如我們在2020年3月的發現,沒有任何事情能夠像全球疫情一樣,引發這種不確定、擔憂與流離失所的感覺。

舉世皆然的中年危機

有鑑於人性對掌控度的追求,毫不意外地,新冠疫情引發了廣泛的陰謀論。有些陰謀論推測,新冠病毒是富人所創造,藉此鞏固權力;其他陰謀論聲稱,新冠肺炎是5G行動電話基地臺造成的結果。[17]許多人則是完全將疫情視為一場騙局。人們迫切地四處尋找預防或治療方法,從廚房的常見食材,如大蒜、辣椒、茴香茶,到可能有毒的藥物。

在新冠疫情期間,最引人注目的趨勢之一就是離職的人數。離職成為極大規模的現象,甚至有了自己的名字:「大離職潮」。光是在2021年的六個月之間,就有超過3,000萬名美國勞工離職,包括白領和藍領,這個數字等同於德州的

全體人口一起宣布:「我辭職!」

加州大學柏克萊分校的羅菈・克雷(Laura Kray)和我在大離職潮中看見了更深刻的問題。疫情不僅迫使我們重新思考在哪裡工作,也引發許多人開始思考我們**為什麼**工作。羅菈和我共同提出了一個觀點,新冠疫情之所以導致大規模的辭職,是因為它創造了我們所謂的「舉世皆然的中年危機」。[18]

請思考傳統的中年危機代表什麼。那是一種情感上的動盪不安,發生在我們突然意識到自己在世的時間正在迅速銳減時。死亡是終極的不確定狀態,也是決定性的失去掌控。體會到死亡正在逼近,會導致身分認同的危機(我是誰?)以及人生軌跡的危機(我將前往何方?)。

新冠疫情在全球造成超過600萬人死亡,讓所有人深刻地覺察到自己的生命終將消逝。我的研究已經指出,關於死亡的提醒,會讓我們開始重視自己留下的傳承,讓我們更渴望被銘記為啟發人心者,而不是惹怒他人者,例如,杜克大學的金伯莉・韋德−班佐尼(Kimberly Wade-Benzoni)和我,請人們思考全球暖化或全球疫情等生存危機的負擔時,人們更希望對世界產生正向且恆久的影響,讓自己的生命即使在結束之後也能留下意義。[19]

正如中年危機,全球疫情讓我們感受到一股強烈的渴望,希望孕育一種更有意義的身分認同,鍛造更有意義的人

生軌跡。這就是為什麼大離職潮並非只攸關金錢。

生命的開始與結束，都深植於相同的本能驅動中，也就是對意義的追求。孩子的出生**賦予**我們的生命一種嶄新的目的感，而對於死亡的認識，激發了對意義的**需求**，引導我們尋求並連結至一個更偉大的目的，這個目的超越了我們在世時間的限制。這就是為什麼具有遠見如此啟發人心，因為它滿足了人類對於意義的需求。

如何具備遠見：提供一個輝煌的未來

但願人們會這樣形容我們，在幽暗的時光與明亮的日子裡，用我的兄弟引述且熱愛的丁尼生（Tennyson）詩句，那些詩句如今對我也有了特殊的意義：

> 我是我所經歷的一部分……
> 縱然多有失去，仍然多有延續……
> ……我們是，我們所以是
> 相同性情的英雄之心……
> ……堅強的意志
> 奮鬥、尋找、發現，永不屈服

對我來說，幾個小時之前，這場選戰已經結束。對於那

些我們所關心的人來說,我們的使命會繼續,我們的志業會堅持,希望仍然長存,夢想永不消逝。

這是泰德·甘迺迪(Ted Kennedy)於1980年在民主黨全國代表大會上的演說結尾詞。這段文字有兩個值得注意之處:首先,這段文字是樂觀的,指向更為璀璨的未來。第二,這段文字突顯了信仰、勇氣與連結的價值。這段演說對我而言非常重要,在我大學畢業之後,對人生未來的方向感到迷失與不確定時,甘迺迪這段演說中的樂觀精神與價值,為我人生那段較為晦暗的時期提供了慰藉。

樂觀的感受深植於新手家長所獲得的目標感之中。嬰兒純真的雙眼散發了希望與可能性,預示著更為美好的明日。這正是為什麼具有遠見代表著看見璀璨樂觀的未來。

樂觀很重要,因為樂觀可以啟發能量。在我和倫敦商學院的湯瑪斯·馬斯懷勒(Thomas Mussweiler)的共同研究中,我們發現,讓人們思考他們希望在協商中實現的目標,能夠引導他們取得更好的成果。[20] 樂觀帶來的能量,讓我們在最低潮的時候能持續前進,正如甘迺迪的演說在我大學畢業後對我的幫助。樂觀的願景也更有可能被分享與銘記。賓州大學的約拿·博格(Jonah Berger)分析了《紐約時報》中最多人轉寄的文章,他發現,樂觀且啟發人心的文章最有可能被分享給其他人。[21]

因此,即使我們身處最黑暗的時刻,在美國歷史上最被銘記的政治修辭,都是以更璀璨的明日、山巒的日出側為焦點,也就不足為奇了。羅斯福(Franklin Delano Roosevelt)首次就職演說的名言是「我們唯一需要恐懼的就是恐懼本身」,在美國面臨經濟大蕭條之際,強調了勇氣和堅忍的價值。[22] 約翰‧甘迺迪(John F. Kennedy)的就職演說,強調了犧牲和團體奉獻的價值,他懇請美國人民「不要問你的國家能為你做什麼——要問你能夠為你的國家做什麼」。[23] 林肯(Abraham Lincoln)第二次就職演說則是在內戰即將結束時,提到同情與原諒的價值,「不要對任何人有惡意,對所有人懷抱善意……包紮這個國家的傷口……珍惜在我們與所有國家之間正義且恆久的和平。」[24]

為了啟發他人,我們需要提供一種樂觀且以價值為基礎的願景。我們也需要確保我們的願景易於理解。

全面啟動法則:保持簡單

柯布:你以前做過植入(inception)嗎?

伊姆斯:我們試過。有把想法放進去,但對方沒有接納。

柯布:你們放得不夠深嗎?

伊姆斯:重點不只是深度。你需要最簡單的想法,才能讓它在目標的腦中自然生長。

在電影《全面啟動》(Inception)中，李奧納多·狄卡皮歐(Leonardo DiCaprio)飾演的角色柯布被賦予一項任務：在目標人物做夢時，將一個想法植入他的腦中。問題在於，柯布過去只會從別人的夢中竊取資訊。於是，他尋求伊姆斯的指引，伊姆斯曾經嘗試過將想法植入目標的腦中。但伊姆斯解釋，重點不在於你進入對方夢境的層數——也就是夢中夢。重要的是，植入的想法有多簡單。

我將這稱為「全面啟動」法則，我們永遠都要追求、創造並分享最簡單的想法。這也是為什麼丹佐·華盛頓(Denzel Washington)在電影《費城》(Philadelphia)中飾演的角色如此請求其證人：「好了，聽著，我希望你將我當成六歲小孩一樣解釋，可以嗎？」在研究的領域中，我們稱之為「簡約法」(parsimony)，意思是找出最簡單的解釋，並使用最少的假設，準確描述一個現象。

研究顯示，「簡單」確實是植入想法的關鍵。簡單的想法會深植於我們心中，因為更容易理解，認知心理學家稱之為「流暢性原則」(principle of fluency)，流暢性是指「輕鬆且不費力地理解一段資訊」的心理經驗。正因如此，「洗衣服」這個標題才會讓那段文字更容易閱讀，也就是說，變得更流暢了。

流暢性也會讓一個想法變得更有意義，因為流暢性會賦予想法有效性(validity)。[25]當一個想法容易理解，看起來

就會更真實,且更有可能成真。簡單性提高了流暢性,而流暢性增加了事實價值。如果我們希望人們相信並採納一個想法,就必須讓這個想法盡可能簡單。

賓州大學的德魯・卡頓(Drew Carton)已經證明,簡化願景的一種方法就是只聚焦於少數價值。[26]當我們用過多的價值過度填充願景,其他人會覺得自己淹沒在想法之中。但當我們聚焦於少數價值——德魯發現少於四個價值是最理想的數字——就能創造一個提供流暢性與掌控感的願景。

簡單的願景是如此珍貴,因為會讓決策變得更容易。請思考視訊會議軟體公司Zoom的例子,在新冠疫情期間,Zoom成為許多人的虛擬生命線。Zoom的願景是「傳遞幸福」,[27]非常簡單。「傳遞幸福」不只容易理解,而且在該公司面對新冠疫情所引發的前所未有混亂時期中,成為其決策指引。這個願景讓Zoom公司的每個人都能迅速做出複雜且時間緊迫的決策,因為每個決策只需要回答一個問題:**這件事情可以傳遞幸福嗎?** 這個願景特別有助於科技設計及客戶服務決策。在設計產品時,「傳遞幸福」引導他們聚焦於提高正向參與並減少挫折。因此,Zoom的設計不只是功能強大,也易於使用。在實務上,這意味著必須謹慎選擇要包含的功能:功能太多會讓使用者覺得負擔過重,但功能太少則會引發另一種類型的不滿。「傳遞幸福」也塑造了Zoom的客戶服務設計:Zoom公司知道漫長的客服等候時間會導致

極度不悅,因此,客戶有問題時,Zoom公司將處理速度視為首要任務,並聘用大量經驗豐富的客服人員。

讓願景鮮明

流暢性與意義感不只來自於簡單。流暢性也來自於鮮明的細節,可以讓我們的簡單願景栩栩如生。請思考以下情境:洛杉磯明年發生大規模水災,造成1,000人死亡的機率是多少?現在,請思考這個情境:洛杉磯明年因地震引發大規模水災,導致1,000人死亡的機率是多少?

每年,我都會向我的學生提出這個由丹尼・康納曼設計的情境。[28]班上半數學生拿到第一個情境,另一半學生拿到第二個情境。平均而言,地震引發水災的預測機率,比單純發生水災的機率高出**一倍**。但我的學生理解錯誤了。從定義上來說,第一個情境的發生機率比第二個情境更高。那究竟是怎麼一回事?

因為加入地震細節讓第二個情境更為流暢。在第一個情境中,我們很難想像水災發生的具體原因,但我們很容易在腦海中模擬地震引發水災,特別是在洛杉磯。因此,第二個情境讓人**覺得**更有可能發生。

值得注意的是,當我們在任何情境中加入更多細節時,就會在數學上降低其客觀的可能性。細節會讓任何情境成為

一組更廣泛情境中的一個具體案例,而詳細描述的情境其實是更普遍情境中的一個分類。在這個例子中,地震只是導致洛杉磯發生千人死亡水災的其中一個可能因素:豪雨、巨浪或水庫潰堤都有可能造成水災。但細節會使一個情境看起來更容易發生,因為細節讓情境更容易視覺化。也因為細節讓情境變得更流暢,會增加情境的主觀可能性,即使實際上減少了客觀可能性。

鮮明性的關鍵不只是隨機的細節,而是具相關性、能長存於腦海的細節。請思考德魯・卡頓進行的另一項實驗。[29]他建立了多個三人團隊,任務是設計一個新玩具。德魯向玩具創作者提出不同的願景主張,強調產品的品質與消費者的幸福。

其中一個願景缺乏鮮明的意象:「我們的願景是,我們的玩具——所有玩具都由我們的員工精心製作,臻於完美——將受到所有顧客深深喜愛。」

另一個願景使用強烈的意象:「我們的願景是,我們的玩具——所有玩具都是我們員工的無瑕作品——讓純真的孩子開懷大笑,讓自豪的家長展露微笑。」

隨後,德魯邀請了「專家」,一群7歲到12歲的孩子,評估自己想玩玩具的程度。收到鮮明意象願景的團隊,製造出來的玩具更吸引人。特別有趣的是,意象鮮明的願景也帶來更高品質的玩具,因為這些團隊會更有效地協調彼此的行

為。鮮明的意象讓「洗衣服」達到另一個新高度。

德魯也證明，保持**簡單**與**鮮明**都是真正具備遠見的關鍵。他分析了332間提供急性短期照護的醫院的願景主張，發現只強調少數幾種價值並使用鮮明意象的醫院，患者再度住院的機率最低。

使用鮮明的意象會讓你的願景栩栩如生，甚至可以幫助你當選美國總統。[30] 立陶宛ISM大學的薇塔・阿克史奈德（Vita Akstinaitė）和我分析了自二戰以來，美國民主黨與共和黨總統提名人在全國大會上的所有演講，發現最終獲勝者的提名演講都更為鮮明、更具視覺效果。相較於即將敗選者，未來勝選者使用超過兩倍的比喻與充滿意象的文字。更重要的是，提名演說的鮮明性對選戰帶來的正向影響，不只超越經濟因素（例如失業率和通貨膨脹），也超越了政治因素（例如現任者優勢）。勝選者的演講讓人看見他想像的世界，使演講者顯得更有遠見且啟發人心。

任何能夠讓資訊更易於理解、更流暢的因素——即使是押韻——都能讓一個情境看起來更可信，或者讓一個想法顯得更鮮明。請思考聲名狼藉的辛普森（OJ Simpson）謀殺案審判。辛普森被指控謀殺前妻與前妻友人，一項關鍵證據是在前妻家中發現的染血手套。審判期間，檢察官團隊要求辛普森戴上手套，這個原本看似高明的法庭計策，卻成為檢察官的災難。辛普森費了很大的力氣才戴上那雙手套，臉部表

情都扭曲了。手套太緊了！

辛普森的律師強尼・柯克倫（Johnnie Cochran）甚至讓合理的懷疑變得更為流暢，他在結案陳詞期間，將合理的懷疑化為琅琅上口的押韻詞：「如果手套不對（fit），你們必須宣告無罪（acquit）。」這正是陪審團的決定，一致投票判決辛普森無罪。

強尼・柯克倫不只在押韻詞中提到手套，他在結案陳詞中也提到手套十幾次。事實證明，重複提及也是啟發願景的關鍵。

重複、重複，再重複

請問以下說法是真是假？18隻剛出生的負鼠可以放在一支茶匙上。這個說法又如何呢？一棵普通的雪松樹可以製作30萬支鉛筆。

我們認為以上言論是真是假，取決於許多因素，但其中最重要的因素之一，是我們閱讀的次數。我們看見一個主張愈多次，愈有可能認為那是真的。[31]重複的影響力如此強大，能夠產生所謂的「虛幻真相」（the illusion of truth）。重複會增加流暢性，而流暢性可以增加一個說法的事實價值。即使某個主張明顯是錯的，只要我們聽見這個主張重複足夠多次，我們甚至會相信那是真的。重複與真相之間的連

結，就是強尼・柯克倫為什麼在結案陳詞中，如此多次提起手套以及手套大小不符合辛普森的事實。

要讓我們的想法被認可，重複是很重要的，而重複也有助於我們本身獲得注目。我的學生布蘭・霍頓（Blaine Horton）和我檢驗了重複提到一個人的名字或產品的名稱，是否能提升我們在競爭市場中的表現。[32] 為了驗證我們的理論，我們分析在 2,452 場 TED 演講中重複出現的人名；在 Apple 手機遊戲商店 17,007 個 app 描述中重複出現的產品名稱；以及在天使投資人使用的數位平臺上，14,766 個投資描述中重複出現的新創公司名字。在這些不同的情境中，重複提到名字都有顯著的效果：提升了 TED 演講的觀看次數、app 商店遊戲的評分，以及新創公司獲得的投資人數量。

為了證明說出你的名字能夠直接**產生**吸引力，布蘭設計了非常巧妙的實驗。他為了一場創投競賽，組織了一個模擬評審團，並撰寫一家時尚新創公司的描述，加上另一間家具新創公司的描述。他唯一改變的因素是創辦人是否提到自己的名字。

（我是海登・湯普森，）我是 Fashion.com 的創辦人。我們運用時尚產業的創新，為所有消費者提供客製化的量身設計。藉由連結高品質織物與專業設計師的國際網絡，本公司

結合了高品質裁縫師的量身訂製體驗，以及您在喜愛的零售商店才會見到的折扣。

半數評審會看見「我是海登・湯普森」，另外一半則否。雖然兩種版本的差異很小，產生的影響卻很巨大。納入海登的名字時，Fashion.com獲得投資的機率提高了將近20%！光是重複說出自己的名字，就可能是未來成功的關鍵。

如同擁有願景，重複不只是理解的關鍵，也是採取適當行動的關鍵。我在課堂上帶著學生練習時，發現必須重複指示至少三次，否則學生會感到困惑，不知道該做什麼。行銷專家常提到七次法則：消費者需要聽見一段訊息七次，才會購買新的產品。這就是為什麼一位執行長曾經告訴我，他採用「嘔吐法則」。「嘔吐法則，那是什麼？」我問。他說，當員工已經厭倦聽到願景，只要執行長再度提到願景就會稍微作嘔時，他就知道已經重複夠多次了！

恐懼聽不見

重複永遠都很管用。當我們處於危機之中或驚慌害怕時，重複尤其必要。因為事實證明，**恐懼聽不見**（fear doesn't hear）。

請思考看看，當婦產科醫師蘇菲雅・多希諾斯（Sophia

Dorsinos）為我們的第二個孩子進行第三孕期的超音波產檢時，說道：「小孩子的體重可能有問題。」我和我太太珍隨即被焦慮席捲，這時會發生什麼事？為了尋找解決方法，珍自然地將注意力轉向她的飲食：「我應該要再吃多少？有沒有食物可以幫助我們的寶寶長得更快？」

多希諾斯醫師向我們保證，珍的飲食不是問題。她解釋，這個情況可能只是檢查錯誤，我們可以重新做一次超音波來確認。況且，如果真的有問題，很有可能是因為臍帶受壓所導致，只需要調整嬰兒的位置。她再度向我們保證：「不要擔心，你的寶寶體重非常有可能在正常範圍內。」

過了幾分鐘，珍問：「所以我應該怎麼改變飲食？」多希諾斯醫師再次強調，倘若真的有問題，也不會與她的飲食或熱量攝取有關係。離開診所幾個小時後，我接到珍的電話。她正在營養品商店，問我應該買哪些蛋白質飲品，以幫助胎兒增加體重！

這個例子突顯了焦慮是如何改變我們的注意力。當我們感到焦慮時，注意力會變得狹隘，無法看見更大的全貌。我們的認知也會因此僵化，固著於一個特定觀念或反覆出現的想法。我們的注意力只專注於自我，這就是發生在珍身上的情況：她的注意力變得狹隘，侷限在改變飲食的想法上，專注於思考自己能做些什麼。

由於恐懼，珍聽不見。解決的方法就是重複。她需要多

次聽見保證,在這個例子當中需要重複三次,珍最後才能接受。然而,在焦慮時刻尤其需要重複保證,這個現象並不限於懷孕的母親。這是一個普遍的問題。事實上,對於具備遠見來說,重複和流暢性的地位如此根深蒂固,甚至是獲選為美國總統的必要條件。

啟發人心的口號

無論你對川普(Donald Trump)這個人有何感覺——而他確實在支持者和反對者中都激起了強烈的情感——他在2016年美國總統大選時的口號「讓美國再度偉大」(Make America Great Again),確實具備了啟發願景的諸多要素。這句口號既簡單又樂觀,精妙地捕捉了一個想法:曾經偉大的美國可以再度偉大,但唯有選出正確的領導者才能實現。這句口號很容易重複、重複,再重複。讓美國再度偉大不只容易理解,甚至可以簡化為琅琅上口的縮寫「MAGA」。川普甚至將重複的力量結合資本主義的力量,將MAGA印在帽子、T恤,以及他可以販賣的任何物品上。

有時候,呈現樂觀精神的不只是口號,還有圖片。我一直以為歐巴馬(Barack Obama)在2008年的競選口號是「希望」。結果他的官方正式口號是「我們可以相信改變」(Change We Can Believe In)。不過我也沒有記錯。我記得

的是街頭藝術家謝帕德・費爾雷（Shepard Fairey）創作的海報，他是用美聯社拍攝的一幀照片，再運用高對比的印刷模板技術來轉換，並加上「希望」一詞。這張草根性海報迅速成為選戰的官方形象圖，我們可以看出原因，因為它完美描繪了歐巴馬提出的願景：希望明日更美好。比起歐巴馬實際的選戰口號，這張海報更鮮明、更有效。

讓我們用川普和歐巴馬的勝利，比對鮑伯・杜爾（Bob Dole）在1996年挑戰時任總統比爾・柯林頓（Bill Clinton）時的失利。杜爾的口號「**更好的人選，更好的美國**」（A Better Man for a Better America）非常巧妙，不只樂觀，而且優雅地用自身的道德正直來對照柯林頓被指控的性醜聞。問題在於杜爾幾乎從未重複這個口號，而當他提及時，他總是隨意拆解句子並忽視它，「更好的計畫，更好的人選，更好的美國──總之就是他們正在構思的口號」。[33]他對自己競選口號的詮釋，反而讓這個口號變得不流暢！杜爾原本更有可能勝選，倘若他當初一再重複這個簡單且樂觀的願景，就能有效地對照出他的優點與對手的缺點。

＊　＊　＊

「炸──彈！」

「我會回來。」

「我有一種預感，我們已經不在堪薩斯了。」

| 第 3 章 | 啟發人心的遠見　　81

「那是我做的嗎？」

「中計了吧！」（Bazinga!）

「我要點和她一樣的餐點。」

「和我的小朋友打招呼吧。」*

　　以上引述的句子都是來自影集和電影的金句名言。金句名言就像小型的願景，可以激起情感，並連結彼此有關係或屬於相同團體的人們。金句名言的功能與行話（jargon）非常相似，我在與香港大學的札克萊亞・布朗（Zachariah Brown）共同進行的研究中，將行話定義為「**特別的文字或表達方式，由特定的團體所使用，對其他人來說難以理解**」。[34]因為擁有共同歷史的人們通常會理解與欣賞金句名言，有助於創造更深刻的連結與意義感。

　　「我的行李已經為你準備好了。」只要我們夫妻倆其中一個正在經歷難關，我或我太太珍就會跟對方說這句話。這是我們生死與共的信念，強調我們永遠都會支持彼此。這句

---

* 譯注：這七個句子皆為大眾文化的經典名句。第一句來自影集《好時光》，劇中角色會刻意拉長音。第二句出自《魔鬼終結者》中的阿諾・史瓦辛格。第三句出自《綠野仙蹤》的桃樂絲。第四句來自影集《凡人瑣事》。第五句出自《宅男行不行》，原文沒有意涵，為劇中角色開玩笑時的專用語。第六句是電影《當哈利碰上莎莉》中，莎莉在餐廳假裝高潮時，另一位女客人對服務生說她也要點一樣的餐點。第七句則是電影《疤面煞星》中男主角拿出武器時的台詞。

話是出自籃球教練吉姆‧瓦爾瓦諾（Jim Valvano）的演講，我和珍都熱愛大學籃球，所以這個典故讓我們兩人緊緊相連。在我費力完成這本書的那段時間裡，珍經常告訴我，她的行李已經為我準備好了！

金句名言可以來自任何地方，只要它對於和我們一起使用的人是有意義的。在我舉辦的工作坊中，一位企業高層將「洗衣服」變成自己的金句名言。在我簡報的隔天，她將「洗衣服」寫在便利貼上，貼在電腦螢幕前。幾週後，一名員工問她：「你**到底**要不要洗衣服？」她笑著解釋那句話的意義。後來，只要他們發現自己偏離共同的願景時，就會用這句話作為內部笑話。「洗衣服」成為他們提醒自己永遠與團隊共享願景的方式。

進入有遠見的心智狀態

具有遠見是啟發他人的三個普遍面向之一，因為具有遠見滿足了人類的一種基礎需求。作為人類，我們渴望意義。我們渴望一個簡單、鮮明、樂觀及基於價值的「為什麼」，而且能夠一再重複。

那麼，我們要如何進入有遠見的心智狀態？[35] 起點是我們的價值，終點則是搭乘時光機回到未來。

尋找並反思我們的價值，是進入有遠見心智狀態的關

鍵。以下是我讓哥倫比亞大學所有企業管理碩士班學生在第一個星期進行的練習。

請列出五個對你重要的價值。請挑戰你初次的直覺選擇，並且更深入探索你的個人價值意義。如果你需要額外的啟發，這裡有一張詳盡的價值字詞表（請參考本書附注中的連結）。[36]現在，將你的價值按照階層排序，先列出最重要的價值，其他價值則是支持並流向這個最高價值。這就是你的「價值階層」（Values Hierarchy）。

所有學生都會得到一張鍍膜的價值卡，其中一面寫著他們的名字和價值階層，另一面則是文字雲，由該學年度的每個學生選擇的價值所組成。

我們為什麼要給學生價值階層卡？因為反思我們的價值是留在光譜上啟發端的關鍵，特別是在生活中壓力更大的時刻。

亞當・賈林斯基的價值	遠見　典範　導師
慷慨 正向能量（幽默／熱情） 勇氣 創意 改善	INSPIRE

請思考失業的壓力。失業是我們在人生中可能經歷的五大壓力事件之一。失業不只造成財務上的緊張，也會危及兩項基礎需求：對意義的需求，以及對地位的需求（被他人尊重與珍惜）。毫不意外地，失業可能會導致動機減少、憂鬱、焦慮，甚至增加自殺的風險。

我非常熟悉這種痛苦，我大學畢業後的第一份工作是在麻省總醫院擔任研究助理，三個月之後我就被開除了。被解僱讓我感到羞愧，我甚至花了好幾個月的時間才重新找回動力與勇氣，申請另一份相似的工作。正是在這段期間，我在稍早引述的泰德・甘迺迪演講中找到了慰藉。

事實證明，與其讓自己沉浸於甘迺迪啟發人心的文字中，假使我可以單純地反思自己的價值，就能更快找到新工作。這正是朱利安・弗蘭貝克（Julian Pfrombeck）和我、與瑞士政府就業機構合作進行的一項實驗所發現的結果。[37] 瑞士公民必須向就業機構登記，才能領取失業補助。我們隨機指定剛失業的公民，請他們進行以下的價值反思：

請用一段時間（10至15分鐘）反思你所選擇的價值。請描述這些價值對你來說為何重要，以及你如何在生活中展現這些價值。

以下是受試者撰寫的兩個價值反思的例子：

62歲女性：對我來說最重要的是我的家庭，我的先生與小孩。我永遠可以依靠他們。我們有一種深刻的信任羈絆，也保持密切的聯繫。除了工作之外，擁有充滿活力的私生活對我來說極為重要。在私生活中，我可以放鬆、休閒並得到靈感。有了幽默感，許多情況都可以變得輕鬆。有幽默感的人通常心胸更開放且善於社交。沒有幽默感的人往往反應僵固，比較沒有彈性，也比較不願意接納新事物。創意對我來說也很重要。我畫畫，也喜歡各種手工藝品。透過這些活動，我可以將時間全部用在自己身上。這就像冥想。時間變得無關緊要，我自己可以決定步調。很棒的是完成之後還能得到具體的成果。

47歲男性：運動和健身讓我擁有力量，在體能和心智上保持強健。就像在面對壓力時，可以獲得一些釋放。運動完之後，我感覺自己變得更好，也充滿自信。我對上帝和耶穌的信仰，在實現和諧生活方面也很有幫助。朋友同樣非常重要，我個人認為朋友不需要太多，但要有正確的朋友，能夠一起做事或交換想法。我也享受並珍惜和母親共度的時光，她已經80多歲了。很遺憾的是我父親九年前已經過世，所以我母親需要我的支持，我非常樂於支持她。

這種價值反思任務看似簡單，是吧？但它的效果非常強

大。與基礎情境組相比,價值反思組找到工作的機會躍升為三倍。此外,由於我們的價值介入減少了領取失業補助的天數,也為政府節省了數萬美元。這項效果非常強大,所以我們在研究計畫進行了兩個月之後,也讓基礎情境組的受試者進行價值反思,確保他們可以獲得和實驗組相同的益處!

好消息是無論面臨何種困境,價值反思任務不只能幫助失業者,還能幫助任何人。史丹佛大學的傑夫‧柯恩(Geoff Cohen)發現,價值反思可以提升高風險中學生的GPA學業表現。[38] 舉例來說,價值反思協助了獲得及格成績的黑人學生人數倍增。這個效果甚至持續到數年之後,影響至學生進入高中之後。以下是傑夫研究其中一位中學生的價值反思:

> 舞蹈對我來說很重要,因為那是我的熱忱,我的生命。我的第二個家是舞蹈工作室,我的第二個家庭是我的舞蹈團。而我的家人和朋友對我來說非常重要,甚至比舞蹈更重要。要是沒有我的家人,我活不下去。我的朋友,在他們(還有我的姊姊)身邊,我才是真正的自己。我可以傻氣、滑稽、怪異,他們不在意。他們接納我的本性……為了追求創意,我熱愛在舞蹈中發揮創意。在跳舞或編舞時,能讓我進入另一個世界。

在朱利安和我進行的失業研究中,價值反思只進行了一

次。在傑夫・柯恩的實驗中,價值反思平均兩年進行八次(或一年四次)。這是一個關鍵重點,因為研究顯示,當反思練習重複進行但不過度頻繁時,效果更強大。過於頻繁地進行價值反思,使其成為機械式的練習,會扼殺情感能量。例如,一項為期六週的研究發現,每週進行一次感恩反思,可以增加幸福感,但每週進行三次相同的感恩反思,可能會**減少**幸福感。[39]

為了進入有遠見的心智狀態,我們需要反思自己的價值,也要反思自己的過去,以及通往現在的曲折道路。

請想想看一位親密的朋友。你們兩人是如何相識的?

這是加州大學柏克萊分校的羅拉・克雷和我在研究中提出的一個問題,[40]但我們接著提出的問題才是真正有趣之處。對於半數的受試者,我們請他們「描述關於你們相識的其他細節,這些細節最終決定了後續的結果」,我們將此稱為「**事實情境**」(factual condition)。但在另一個實驗組中,受試者被要求「描述你們可能並未相識的所有情況,以及事情發展會有何不同」。在這個情境中,人們思考所有可能出現的「**反事實**」(counterfactual)世界。

在進行反事實與事實反思之後,我們的受試者同意以下對於其友誼的陳述:「我的友誼定義了我是誰」、「交到這個

朋友為我的生活增添意義」以及「決定交這個朋友是我人生中最有意義的選擇之一」。

值得注意的是，在事實情境與反事實情境中，每個人都會思考生活中的一位親密朋友，我們只會改變友誼的建構方式是否直線前進，還是有許多相連的未行之路。這種建構方式改變了一切。受試者在反思未行之路時，認為他們之間親密的友誼更有意義、更重要，甚至是他們人生中更顯著的一部分。反思可能踏上、但並未踏上的道路時，會使得我們現在的道路具有更重要的意義。

反事實的反思不只能強化我們人生中的正向事件，甚至有助於從創傷經驗中復原。羅拉和我發現，即使人們在人生中經歷負面的轉捩點（如失去摯親、遭到解僱），用反事實的方式反思（「描述在這個轉捩點並未發生的世界中，你的人生會是什麼樣子」），對比以事實的方式反思（「描述這個轉捩點是如何發生的」），更會改變人們對於該事件與人生的體驗。反事實的反思不僅讓他們的人生更有意義，也引導人們認為轉捩點更像是命中注定與必然發生之事；反事實反思讓該次經驗彷彿被織入命運的紋理之中。即使那個轉捩點令人痛苦，思索未行之路仍有助於人們發現在其獨特路徑上的隱藏益處。反事實的反思在創造意義方面極為強大，甚至比邀請人們思考轉捩點的重要性與意義，更能產生更強大的意義感！

這裡的討論重點是什麼？藉由思考生命中可能發展的所有不同**轉變**，讓我們生命中**確實**出現的轉變更顯特別。我們的心智很自然地將「可能如此」轉變為「**必定如此**」。

我生命中最大的轉捩點之一是轉任哥倫比亞大學，並移居至紐約，因為我正是在那裡認識我的太太珍。我過去在西北大學任教超過十年，多次拒絕前往其他城市的機會。我在芝加哥停留這麼多年的事實，讓「未行之路」的反事實思考效果變得格外強烈。每當我反思那些年仍留在西北大學、沒有遇見珍的平行世界，我就會真切地感受到我們婚姻的美好，我對她的情感也變得更深厚。

身為領導者，我們可以善用反事實反思的力量思考未竟之路，啟發更深刻的投入。在加州大學洛杉磯分校的哈爾·赫許菲爾德（Hal Hershfield）主持的計畫中，羅菈和我請全職員工以事實（「描述你公司是如何成立的」）或反事實（「描述你公司可能並未成立的所有情況」）的方式，來想像其公司的起源。[41] 用反事實方式來反思公司起源，使得員工認為自己與組織之間更為緊密相連。在另一項研究中，我們甚至發現，對國家起源進行反事實反思，會使公民感到更為愛國。

重新想像我們的過去與現在，可以協助我們進入有遠見的心智狀態，也能讓我們的想像力躍向未來。

我以前的博士生布萊恩·魯卡斯（Brian Lucas），現任

教於康乃爾大學,他進行了非常有趣的實驗,幫助人們進入有遠見的心智狀態。他與德魯·卡頓邀請英國的政府官員打造政府機構的願景。在其中一種實驗條件下,他們具體要求政府官員在願景中使用鮮明的意象。這應該會增加願景的吸引程度,對吧?但讓我們看看實驗的另一個條件,他們要求受試者在心中進行一場穿越到未來的旅行:

想像你在實現自己的願景之後,立刻進入一臺時光機,置身於未來。這個未來看起來是什麼樣子?用你的相機拍一張照片。思考如何讓你的願景體現你在照片中的所見。

德魯和布萊恩發現,比起被具體告知要使用鮮明的意象,在進行時空之旅的實驗條件下,政府官員使用的意象更加鮮明。德魯和布萊恩也在全球各地企業高層身上重現了完全相同的效果(包括中國、宏都拉斯、印度、荷蘭、菲律賓、新加坡、烏克蘭及美國)。

在心中旅行至未來,為何能如此有效地讓人們進入有遠見的心智狀態?在心理上想像自己置身未來,可以協助人們在心中觸摸建築的形狀、聞到氣味、聽見雜亂的聲音,並且觀察人們臉上的表情。藉由啟動大腦的體驗區域,在心中躍向未來,能夠將未來轉變為具體的經驗。

心智的時間旅行,無論是回到過去還是前往未來,都提

供了一條進入有遠見心智狀態的穩固途徑。這就是為什麼比起直接反思我們人生的意義，用反事實方式反思我們的過去，反而能創造更多意義；這也是為什麼相較於直接要求人們創造鮮明的意象，躍向未來反而能創造出更鮮明的意象。當我們在心中進行時間旅行時，意義與鮮明性就會自然且真實地顯現。

具有遠見是啟發人心的三個面向之一。啟發人心的願景可以滿足人類對於意義感和掌控感的需求，方法是提供簡單、鮮明、樂觀、以價值為基礎的「為什麼」，並且重複進行與廣泛分享。我們可以透過反思自己的核心價值、想像未行之路，以及在心理上躍向未來，啟動我們的願景動力。

一旦確立自己的願景，我們就踏上了真正啟發人心的道路。但首先，我們需要透過自己的行為來實現我們的願景。

Chapter 04

啟發人心的典範

「跟我談談你的一種熱情吧。」

這是開啟一段對話的絕佳方式,也是一種簡單的方法,可以理解為什麼熱情對於啟發他人來說如此根本且重要。

我請全球各地的人們和我談談他們的一種熱情,但我對他們所說的**內容**比較不感興趣,我更有興趣的是他們**怎麼**說的。我使用了已故同仁凱西・菲利普斯(Kathy Phillips)首創的方法,隨機將聽眾配對,請他們每個人用兩分鐘的時間描述自己的一種熱情。這種熱情可以來自生活中的任何地方:嗜好、家庭或工作等等。當一個人在分享自己的熱情時,另一個人就負責傾聽,然後交換角色。

對話結束之後,我請他們告訴我,在夥伴開始描述自己的熱情時,他們注意到了什麼。他們的回應遵循一種常見的模式,首先,他們提到夥伴的眼睛如何亮起,閃爍著光芒。其次,他們描述夥伴的笑容非常燦爛耀眼。隨後,有人會提到夥伴講述的內容,他們說話的速度有多快,或者音調稍微提高了。許多人留意到夥伴生動的肢體動作。通常也

會有人提到,他們的夥伴開始身體前傾,彷彿正在分享一個祕密。

我和哈佛大學的喬恩・雅次莫維茲共同進行的研究證實了這些轉變效果:熱情會透過身體的眾多窗口閃耀發光——在我們的眼睛、嘴巴、聲音、手以及身體上展現。[1]

這種練習方法揭示了兩個額外的見解。第一個見解出現於我詢問聽眾在傾聽夥伴的熱情時,自己有什麼改變。他們立刻察覺夥伴的能量和行為有強烈的感染力。「**我**的眼睛睜大,**我**開始微笑,**我**也跟著傾身。」他們幾乎可以感覺到夥伴的熱情逐漸滲透到自己體內。

第二,這種熱情練習展現了熱情與真誠之間的深刻連結。真誠的熱情幾乎不可能偽裝。你必須強迫自己的眼睛發亮,露出笑容,用適當的節奏說話,還要運用雙手——而且你必須完全準確地同時做出這些行為。但只要我們的熱情是真誠的,這些行為就會自然而然同時發生。

真誠不只與熱情有關,真誠也攸關發掘我們獨有的處世風格。請思考看看,卡拉・哈里斯(Carla Harris)如何協助物流服務公司UPS在1999年從私人公司轉變為公開交易公司。UPS的首次公開發行(IPO)成為史上規模最大的IPO案件,其後市值達55億美元,幾乎是先前紀錄的兩倍,使UPS的市值超過通用汽車,達到最大競爭對手聯邦快遞(FedEx)的五倍。卡拉不只幫助公司高層變得富有,還惠

及66,000名在UPS擔任計時人員的持股人。

她是如何做到的？

成功的IPO始於一場成功的「路演」（road show），也就是公司高層與交易團隊合作，向潛在投資人推銷自己的公司。聽起來非常簡單明瞭，你讓投資人看見公司的內部運作，向他們展示各項數據。但真正的運作方式並非如此，路演的關鍵在於提出啟發人心的願景。正如卡拉所說：「這不只關於公司的表現，而是關於……用令人信服的方式，講述這個故事……並創造一種『我現在必須入股』的感覺。」[2]

基於卡拉的優良聲譽，你可能會以為她是天生的說故事高手。其實她早期的路演簡報並不成功，效果平平。問題出在哪裡呢？因為那時她還沒找到自己的「聲音」，也就是她獨特的風格。

我採訪她時，她告訴我：「我的簡報被批評，因為我在模仿同事的風格。他們各自的風格只適合他們；我必須找到屬於我的風格，適合我的風格。在我和自己產生共鳴之前，我無法和其他人產生共鳴。」直到找出且有效地運用自己最真誠的風格之後，卡拉・哈里斯才成為一位IPO傳奇人物。

如同卡拉，我必須在課堂上找到自己真誠的聲音。剛開始在西北大學教授領導學時，學校為我指派了一位導師，布萊恩・烏濟（Brian Uzzi）。布萊恩是相當出色的老師，他因為有能力吸引聽眾的注意而屢獲表揚。布萊恩的教學方式

極具個人風格,既嚴肅又戲劇化。由於我過去從沒有教學經驗,於是複製了布萊恩的風格,模仿他的肢體行為、語調和習慣動作。縱然我的模仿非常完美,但我的表現並非如此。因為我感覺自己像個冒牌貨,我的授課內容跟我沒有共鳴,也無法與學生產生共鳴。隨著時間經過,我開始嘗試不同的風格,尋找適合我、也適合課堂學生的風格。最後,我找到一種風格,既能呈現我對課程內容的熱情,也讓我得以闡述其中的基礎研究,同時融入少許的幽默感與個人故事。它不僅大幅提升我對教學的熱情,更重要的是,學生的學習成果也變好了。

卡拉和我的故事揭示了一個關鍵洞見:若我們自身沒有獲得啟發,就難以啟發他人。請回想那個關於熱情的練習:我們的熱情有感染力,可以持續滲透至別人的內心。為了啟發他人,我們必須確保自己也有受到啟發。

熱情和真誠是啟發他人第二個普遍面向的一部分:成為期望行為的典範。典範是通用的,不只因為能夠滿足人類對熱情與活力的基本需求,也因為可以滿足人類對安全、保障及保護的需求。

英勇的守護者

希臘女英雄拉斯卡莉娜・波波利斯(Laskarina Bouboulis），又名波波莉娜（Bouboulina），與美國英雄喬治・華盛頓（George Washington）之間有著天壤之別。然而，華盛頓在知名畫作《華盛頓橫渡德拉瓦河》（*Washington Crossing the Delaware*）的形象，與波波莉娜在畫作《波波莉娜進攻納夫普利翁》（*Bouboulina Attacking Nafplion*）的形象，卻驚人地相似。他們的船都是領航船。他們都站在船上，承擔最大的風險。正如舒爾茲，即使面對逆境，他們仍是冷靜且英勇的守護者。這些畫作之所以如此經典，是因為它們觸動了人類渴望感到安全與受到保護的基礎需求。我們會被那些像是守護者的領導者所吸引，是因為他們滿足了這種根深蒂

固的渴望。

我爸爸是我的守護者。他過世後,我們將他的骨灰撒在他最喜歡的地方之一:北卡羅來納的托普塞爾海灘。當我和站在身後的弟弟妹妹在海浪中載浮載沉,進行了簡單的儀式之後,我提到自己最珍惜的童年回憶,就是在海洋中被爸爸環抱著。海浪在我們周圍翻騰,我處在他的懷中感覺既刺激卻又安全。原來,這個經驗同樣也是手足們最珍貴的記憶!在爸爸懷裡的海洋時光,滿足了我們在這個紛亂世界中得到保護的深切渴望。

不只是人類渴望英勇的守護者,我們演化史上的祖先也同樣渴望。

* * *

猴子為什麼要穿越道路?為了帶領牠的猴群走到對面。

為了充分理解「成為英勇的守護者」是多麼根深蒂固地植入我們的演化基因內,讓我們跟著一隻領袖猿帶領牠的猿群穿越道路。在我經常播放的一段影片中,一隻猿猴試探性地獨自從隱密的樹林中現身,小心翼翼地保持隱蔽,同時環顧周圍環境。牠察覺到一個潛在的威脅:在大約50公尺處,一群人類正走在平時空曠的叢林道路上。牠冒險稍微前進,始終提防著那群人,警戒留意任何對牠構成威脅的動作。

感覺安全以後,牠冒了更大的風險:牠走出樹林,毫無

防護地站在道路中央，視線始終不曾從那群人類身上移開。確認那群人沒有任何威脅性舉動後，牠向牠的猿群示意，要牠們離開森林的保護，開始穿越道路。

猿猴一隻接著一隻從領袖猿身旁走過，領袖猿依然佇立在道路中央守護牠們，保護牠們免於承受突如其來的危險。乍看之下，領袖猿似乎仍在道路上徘徊，即便最後一隻猿猴已經穿過道路。這時候，突然又有三隻猿猴從灌木叢中竄出。領袖猿等待著那幾隻速度較慢的成員安全穿越道路。在牠們行進時，領袖猿做出最後一個動作，牠前後擺動身體，催促那三位慢條斯理的成員加快腳步。

唯有在每個猿群成員都穿越道路後，領袖猿自己的路程才告終。牠一進入森林，便開始向前疾馳，再次取得領頭地位，並承擔最大的風險。

領袖猿是第一個走出森林，也是最後一個回到森林。讓其他成員穿越道路前，牠會先確保情況安全，並監督牠們越過道路，提供持續的保護。牠甚至會等待團體中最弱小的成員們都安全通過。

一隻猿猴引領牠的猿群穿越道路，這個簡單行徑揭示了成為冷靜且英勇的守護者，是如此根深蒂固地植入我們的演化基因。在危機之中保持冷靜與英勇是如此強大，甚至能讓一位小國的總統成為世界領袖。

颶風眼

「這表示克拉克現在可以在後院蓋一間儲物間嗎?」節目主持人問。「不、不,不是這樣。因為他已經有一間儲物間,而我們最不需要的就是再蓋一間⋯⋯他已經有兩間了。」紐西蘭首相潔辛達・阿爾登(Jacinda Ardern)回答。[3]

2020年5月24日,一位新聞主播和一位政治人物間的上述對話既不特別,也無值得注意之處。他們在討論首相的未婚夫能否在後院蓋第三間儲物間這類瑣碎的話題。場景同樣平凡無奇:主持人在電視臺的攝影棚內,而首相身處另一地點連線受訪。

然而,隨後發生的事情卻是超乎尋常。在首相還沒來得及就後院儲物間這個令人興奮的話題提出更多見解前,她所在位置的地板開始震動。燈光前後搖晃,攝影機也在抖動,焦點時而清晰,時而模糊。房間裡的一切都在移位。所有物品都在移動,除了首相本人。

阿爾登禮貌地提醒主持人時,臉上的笑容幾乎沒有改變。「我們這裡發生了一場小地震,對嗎?這裡的震度不小。如果你看見我身後的東西移動了,那是因為這個建築物的搖晃程度稍微超過大多數的建築。」

首相是對的,這確實是一次不小的地震,準確地說,那是一次芮氏規模5.8的地震。作為參考,2011年,美國維吉尼

亞州發生過芮氏規模5.8的地震，造成三億美元的損失，超過十幾個州都可以感覺到這次地震，範圍甚至遠及加拿大。

當採訪者問「您認為自己安全無恙，可以繼續接受採訪嗎？」時，首相向主持人、工作人員以及在家收看的觀眾保證：「我們沒事，萊恩！我頭上沒有吊燈，我所在地點的結構看起來很安全。」

首相阿爾登的冷靜反應引發了熱烈的公共讚譽，有人在YouTube上評論：「她對地震的反應比我的一生還要穩定。」另一則YouTube評論則讚許她不只是一位政治人物，更是一位啟發人心的領導者。「這個女人有鋼鐵般的堅強意志。她不是政治人物，她是領導者。」[4]在危機之中保持冷靜，能夠引發深刻的共鳴。

一年多之後，2021年10月21日，阿爾登站在臺上舉行全國記者會。[5]當她正要回答記者的問題時，阿爾登停頓了一下，抬起頭，彷彿察覺一種熟悉的感覺。在那一瞬間，芮氏規模5.9的強震猛烈搖晃起這棟建築，在家收看的觀眾甚至可以聽見建築物的結構正在移位。但經歷過大地震的首相，只是簡單地用心領神會的微笑回應：「抱歉，剛剛稍微分心了。你介意重複一次那個問題嗎？」

我經常將啟發型領導者的冷靜比喻為颶風眼。颶風眼位於中央，風暴圍繞著颶風眼旋轉，但颶風眼也是任何颶風最寧靜的位置，上方是清澈的天空，四周圍繞著微風。在危機

之中成為颶風眼,可以深刻地安撫他人,就像一團混沌之中的寧靜燈塔。舒爾茲是颶風眼,在她冷靜宣布急速下降的西南航空飛機不會墜毀,而是要飛往費城時,她就是颶風眼。

情緒通常具有感染力,我們汲取他人的熱情,也從他人的冷靜之中得到安慰,而領導者放大效應會讓情緒和心理狀態具備真正的傳染力。我們領導他人時,我們的冷靜成為他們的冷靜,我們的熱情也成為他們的熱情,我們的勇氣也賦予他們勇氣。同樣地,我們的焦慮和懦弱也會成為他們的焦慮和懦弱。這正是為什麼成為期待行為的典範,是啟發他人的其中一個普遍面向。領導力的放大及感染特質,讓我們的行為更有影響力。

啟發人心的領導者具備真誠的熱情,他們是冷靜英勇的守護者,也是有創意的問題解決者。

啟發人心的創意

我爸爸是我所認識最有創意的人,面對任何問題時,他總是能提出巧妙聰明的解決方法,一直都讓我驚嘆不已。

關於他尋找巧妙解決方法的能力,我最喜歡的例子是他在1992年的一個溫暖夏夜購買機票的方式。西北航空宣布了夏季五折促銷活動,時機再完美不過。我妹妹即將在那年夏天結婚,所以我爸決定購買多張機票,總共22張。由於

那是在網路時代之前，必須透過電話買機票。但問題來了：銷售活動在午夜截止，而我爸爸每次撥打訂票專線時，總是聽到嘟嘟的忙線聲。在那個年代，如果沒有任何訂票人員有空接聽，電話並不會被轉為保留等待。你唯一能做的就是掛斷電話，重新撥打，直到真人接聽。到了11點45分，我爸爸開始慌張起來。他來回踱步、撥號、掛斷，再撥號。他顫抖的手中拿著西北航空的小冊子，就在這個時候，他突然發現小冊子背面用小字印著另一個以800開頭的電話號碼，那是提供給西班牙語客戶的專線號碼。他立刻撥打那個號碼，竟奇蹟般地接通了。票務人員接起電話說：「您好，晚安，我能為您做什麼？」（Hola, buenas noches. ¿Cómo puedo ayudar?）我爸爸回答：「您會說英語嗎？」（¿Habla inglés?）票務人員笑著說：「我會，但沒有人問過我這個問題。」我爸爸詢問那位票務能否幫忙非西班牙語客戶訂票，得到的答案是可以。於是我爸在最後一刻買到了22張機票！

這個故事還有一個隱藏的關鍵。為了理解原因，請想像你有10分鐘的時間，盡你所能地多想出一些感恩節晚餐的原創料理或飲品。

好的，10分鐘到了。現在，我希望你再用10分鐘進行相同的任務。但在你開始之前，我要你預測一下你可以提出幾個想法。

如果你和大多數人一樣，你可能會認為自己在第二個10

分鐘提出的想法數量會遠遠少於第一個10分鐘。你可能是對的，但僅限於某種程度。我教過的博士生布萊恩‧魯卡斯，現任教於康乃爾大學，他在進行這項研究時，受試者在第一個10分鐘提出了大約20個想法。[6]他們也預測自己在第二階段只能提出8到9個想法；然而，他們最後提出大約15個想法。但還有一個甚至更為有趣的結果：第二階段產生的想法，顯然比第一階段產生的想法更具原創性。人們嚴重低估了「**堅持**」對於創意的價值。在另一項研究中，布萊恩發現，人們預測創意會隨著時間經過而逐漸衰退，最終墜入創意的懸崖。但實際的情況是，創意懸崖從來不曾出現，而堅持會讓創意持續增長。

堅持是我爸爸之所以想出巧妙解決方法的隱藏關鍵。他找到了他的創意洞見，是因為他不放棄。他不停地撥打電話，持續數個小時，與此同時，他也花心思不斷尋找解決方法。事實證明，堅持是創意洞見最重要、卻最不被重視的動力之一。

戴森（James Dyson）和愛迪生（Thomas Edison）都明白創新需要堅持。戴森不滿於傳統吸塵器集滿灰塵與碎屑後，必定會耗損吸力。從最初用一張紙板設計開始，經歷了5,127個原型機種之後，戴森才創造出其知名設計的最終版本。[7]同樣地，愛迪生在測試過2,000種不同的材質後，才發現碳化竹是燈泡的完美燈絲。當他的其中一位助理感嘆經

歷了如此驚人的連續燈絲失敗，愛迪生回答：「噢，我們已經走過漫長的旅程，學到了許多寶貴的經驗。我們現在知道有2,000種元素不能用於製造良好的燈泡。」記者詢問：「失敗1,000次的感覺如何？」愛迪生回答：「我並非失敗1,000次。燈泡是用1,000個步驟誕生的發明。」[8]

2019年12月，我在俯瞰拉斯維加斯大道時，發現了堅持的創意價值，並在心中呼喚了我爸爸。我站在人行天橋上，一籌莫展。我不知道如何讓太太的家人前往內華達沙漠。

我的太太珍非常希望她的大家庭可以一起去參觀烏戈‧羅迪諾納（Ugo Rondinone）位於拉斯維加斯南方十英里處的「七魔山」裝置藝術。因此，我打算預定一部小廂型車接送他們。我抵達租車公司時發現一個問題，所有小廂型車都租出去了。事實上，他們已經沒有任何車子了。於是，我轉向另一家租車公司預定另一部車，但我抵達時又被告知我的預約毫無用處；他們說拉斯維加斯已經完完全全沒有任何車子可供租用。我束手無策。

我發誓在找到解決方法之前，絕不回飯店。我看著來來往往的車輛駛過拉斯維加斯大道，突然靈光一閃：豪華禮車！我打電話到禮車公司時，情況迅速變得明朗，豪華禮車就是理想的選擇。我們可以讓所有人搭上同一部車，還能優雅地駛入沙漠，費用只略為高於全天租賃一輛普通汽車。禮車的司機也是一位真正的好人，他幫忙照顧我的三歲兒子，

還在回程路上載我們去一家舒適的熱巧克力店。

💡 典範的結合

　　啟發人心的典範人物往往充滿熱情與勇氣，他們有創意，堅持不懈。但這些特質不會單獨存在，它們的結合尤其啟發人心。想要具有遠見，我們需要看見大局，**並且**賦予其樂觀與意義，**還要**使其簡單與鮮明，**更要**一再重複。同樣地，當我們結合啟發人心的典範特質，才能發揮最大的啟發力量，正如我們在堅持與創意的討論中所見。

　　為了理解典範特質結合的真正重要性，讓我們檢視一個非常受歡迎的概念「恆毅力」（grit），這個概念體現了追求並實現長期目標的堅持不懈能力。恆毅力因為安琪拉・達克沃斯（Angela Duckworth）而廣為人知，被認為可以提高練習的投入程度，促使人們在任務中更為努力。[9] 基於這些大有可為的發現，許多學校重新設計課程，希望讓學生「更有恆毅力」。但是，能夠證明恆毅力與長期成果有關的科學文獻，充其量也只是未有定論。雖有大規模整合完整科學文獻的統合分析，卻幾乎找不到證據顯示恆毅力與多個成功指標呈現正相關。因此，恆毅力一直被評為「過譽」或「過度吹捧」。[10]

　　哈佛大學的喬恩・雅次莫維茲和我發現，恆毅力其實包

含兩個啟發人心的典範特質，我們因而解開這道科學難題。[11] 儘管恆毅力常被視為堅毅的同義詞，但我們發現恆毅力預測成功的關鍵，是**堅毅**與**熱情**的結合。我們與科技公司合作，評估422位員工的堅毅與熱情，並將其回應連結至績效評估。我們得到的結果是，堅毅與績效表現之間呈現正相關，**但**前提是員工也擁有高度熱情。想要成功，員工必須同時具備**熱情**和**堅毅**的特質。

啟發人心的典範人物確實是超人，但他們依然是凡人。

超人，也是凡人

琳達‧羅騰堡（Linda Rottenberg）就像超人。她是勉力公司（Endeavor）的共同創辦人與執行長，勉力是非營利企業，致力於在全球超過30個國家的新興經濟體系培養創業家精神。《美國新聞與世界報導》將羅騰堡評選為「全美最優秀的領袖」之一，而《時代》雜誌將她列為「21世紀百大創新人物」。

「太多超人，太少克拉克‧肯特。」[12] 琳達的丈夫、《紐約時報》專欄作家布魯斯‧費勒（Bruce Feiler）如此評論她所寫的一篇演講稿。琳達知道自己只是在扮演冷峻威嚴的執行長，那是在她腦海中不斷浮現的領導者形象。事實證明，她的先生不只觀察入微，也有先見之明。直到琳達不再扮演

超人,開始展現更多人性之後,她才成為一位啟發人心的領導者。

正當勉力公司即將實現全球規模的擴展時,琳達的先生被診斷罹患一種罕見癌症。她驚慌失措,卻又害怕向團隊成員透露自己的恐懼。她最終聽從丈夫的建議,「因為我別無選擇——我無法向同事與員工隱藏自己的情緒,所以我毫無保留地說出來。」[13] 以下是隨後發生的事情:

我的脆弱並未嚇壞團隊成員,也沒有導致他們疏遠我,反而拉近了我們的距離……令我意想不到的是,他們因此更加敬重我。這件事情改變了身為領導者的我。藉由展現真實的自我,藉由表明我需要其他人,藉由在每次會議、電子郵件,沒錯,還有偶爾流下的眼淚,我表達了自己並非無堅不摧,我讓人們——特別是員工——用以前從未有過的方式與我感同身受。透過表明我需要幫助,我獲得了原本無法獲得的幫助。

接受我採訪的時候,琳達告訴我:「他們以前將我視為**超人**,但直到他們也將我看作**凡人**時,才真正與我產生連結。」

分享我們的脆弱,不僅讓我們更有人性,也傳達了啟發人心的訊息:懷疑是**正常的**,恐懼是**常見的**,**沒有人**是完美的,我們**所有人**都會經歷不安全感。

分享自身的脆弱故事，不只能讓生活中的困境變得正常化，往往也包含能夠幫助他人更妥善應對自身挑戰的道路。我們描述自己過去的失敗時，也可以詳細敘述我們是如何克服的。

　　我的研究生在博士班期間遇到常見的障礙時，我會告訴他們這個故事：我差點就被踢出博士班。

　　在普林斯頓求學期間，我們會在第二學年開始時收到一封評估信，信中列出三種評估結果之一，內容可以翻譯如下：（一）你表現得很好，（二）你有麻煩了，或者（三）你被開除了。「表現得很好」代表你走在正確的道路上，可以通過碩士階段門檻，進入博士階段。「你被開除了」是讓學生知道，在這個學年結束之後，他們繼續留在博士班的希望渺茫，應該要開始準備人生的下一個篇章。「你有麻煩了」則是提醒學生，他們走在錯誤的道路上，但仍有時間改變方向，重回正軌。

　　即使我在各個課程中取得近乎完美的成績，我依然被列為第二類──我被告知自己有麻煩了。到底是怎麼一回事？在博士班，課程成績其實不重要。當然，你不希望獲得C或者不及格的分數，但連續獲得A不一定是加分。你的任務是開始進行原創性研究，那正是我的弱點。我有想法，但缺乏付諸實踐的執行能力。我迷失了方向，因為讓我順利進入研究所的能力──取得良好的成績──已經不再重要。事實

上,花太多時間在課程上反而有害,因為這會使我偏離研究。

所以,我該怎麼做?我開始與喬爾·庫柏合作,我將在下一章仔細描述他啟發人心的指導。我與他的博士後研究員傑夫·史東(Jeff Stone)成立了團隊,史東擁有驚人的執行能力。到了我的第二學年結束時,我已經完成水準足以發表的原創研究。喬爾和傑夫拯救了我,讓我免於淪落至被淘汰的博士生廢墟。

當研究生在攻讀博士學位時遇到很容易預見的阻礙,我會向他們分享這個故事。我也分享我在找到自己的真誠風格之前,作為教師的失敗故事。學生將我視為一個完成品,並推論我**一直都是**優秀的研究者與迷人的教師。除非我主動向他們分享這些故事,否則他們不會看見我在這段旅程中經歷的掙扎,以及我克服困難的方式通常是藉由他人的鼎力協助。我的脆弱讓他們有信心,相信自己也能克服掙扎。

但學生不該只聽我的想法和故事。他們也應該聽聽其他教職員的故事;其中蘊藏的智慧在於看到其他人克服試煉與磨難時,所採取的不同道路,因為你永遠不知道哪條道路適合你。

洛蘭·諾格倫(Loran Nordgren)來到西北大學時,我被指派擔任他的教學導師。洛蘭來自荷蘭,從未在美國任教,更不用說面對要求極高的企業管理碩士學生。正如我對布萊恩·烏濟所做的,洛蘭每天早上都會旁聽我的領

導課程,但我鼓勵洛蘭也旁聽另外三位教授在下午開授的領導相關課程。關於決策,他看見薇琪・梅德維奇(Vicky Medvec)從豐富的顧問經驗中編織故事。關於社交網絡,他觀察布萊恩・烏濟用獨特的風格讓學生目眩神迷。關於團隊,他看到凱西・菲利普斯發自內心的教學、分享個人故事,並詳細闡述相關主題的開創性科學研究。

那次的經驗帶來了轉變。如果洛蘭只看過我授課,很有可能會本能地模仿我的風格,正如我當初模仿烏濟。看見四位教授各自使用截然不同的方式都能成功吸引學生,有助於洛蘭發掘自己的獨特風格。洛蘭在下個學期執教領導課程時,打破了新任教師的最佳教學評鑑紀錄。

進入典範的心智狀態

成為典範人物是啟發型領導的三個普遍面向之一,因為成為典範能滿足我們對於保護、活力與熱情的需求,還有對於完美可能性的追求。

那麼,我們要如何更長久頻繁地感到更加超凡卓越、更冷靜、更勇敢,以及更為真誠?我們要如何進入典範的心智狀態?

我的博士生吉莉安・古(Gillian Ku)用下列這種方法,為自己在倫敦商學院的重要求職面試做好準備。在向全體教

職員進行研究演講之前，吉莉安有30分鐘的獨處時間可以調整自己的狀態。坐在倫敦商學院一隅時，她決定撰寫一篇短文。她撰寫的短文並非隨機決定，而是有一個特定的提示語，是我為了當時剛開始進行的實驗所創造的提示語。[14]

請回想一個特定的事件，在那個事件中，你對另一個人或一群人擁有權力。所謂的權力是指在這個情況中，你控制了那個人或那些人獲得所欲事物的能力，或者處於可以評估他們的職位。請在下一頁描述你有權力的這個情況——發生了什麼事，你有什麼感覺等等。

當吉莉安回想自己可以掌管與控制的經驗時，她感覺到信心開始在她的血管中流動。她的簡報精采絕倫，成功取得這份工作。20年後，她如今已是倫敦商學院的系主任了！

回想自己擁有權力的時刻，讓吉莉安感覺**超凡卓越**。於是，她走出去，表現得**超凡卓越**。

我與黛博拉・葛倫費德（Deb Gruenfeld）和喬・馬基合作，在世紀之交時設計了這個權力回想練習。自此以後，這個練習方法已經被用於全球各地數百個實驗中。回想我們掌握權力、能夠控制局面、擁有自主權的經驗，會讓我們進入典範的心智狀態。這可以使我們冷靜，賦予我們勇氣。我們感到真誠，更像真實的自我。這也能激發我們的創造力，甚

至為我們的聲音增添一些威嚴感。

佩特拉・施密德（Petra Schmid）進行了巧妙的實驗，證明回想擁有權力的經驗如何讓我們進入颶風眼。[15]佩特拉在實驗中使用了所謂的特里爾社會壓力測試（Trier Social Stress Test），這個測試名符其實地讓受試者向評審進行自我介紹簡報，由評審評估其表現，藉此讓受試者承受社會壓力。光是想像就讓人覺得害怕！

但在受試者承受社會壓力之前，佩特拉請其中幾位回想過去曾經擁有權力的時刻。然後，當受試者在進行自我介紹時，佩特拉會測量其社會壓力指數。

佩特拉發現，光是回想擁有權力的經驗，就能大幅降低受試者的生理喚起（physiological arousal）反應，即使面對龐大壓力時也是如此。回想有權力的經驗，還能讓受試者顯得比較不緊張，做出更好的自我介紹。他們感到超凡卓越，也表現得超凡卓越。

佩特拉發表研究結果的同一年，約里斯・蘭馬斯（Joris Lammers）和我也發表了一篇論文，指出權力反思甚至能幫助我們寫出更具說服力的求職信。[16]受試者抵達時，我們請他們進行所謂的「熱身任務」，幫助他們更熟悉書寫自己。半數受試者回想自己擁有權力的時刻，另外一半回想自己缺乏權力的時刻。

隨後，我們提供一則取自全國報紙的「企業客戶與解決

方案部門銷售分析師」徵才廣告給受試者。每位受試者都為該職位撰寫一封求職信，將信放入信封並密封後，再交給我們。

我們隨後找了一群不知道實驗內容的評估者，請他們閱讀求職信，並表達他們願意向求職者提供職位的可能性。這些評估者非常喜歡求職者，前提是在求職者回想自己擁有權力的經驗時。回想擁有權力的時刻，讓受試者獲得工作的機會大幅增加。

我們也用語言分析軟體對求職信進行編碼分析，判斷哪些要素會讓權力促發（power primed）的求職信更成功。高度權力促發和低度權力促發的申請人，其求職信在總字數和句數上沒有差異。在時態（過去式、現在式和未來式）、艱難詞彙，或者第一人稱用語方面也沒有不同。甚至在表達正面或負面情感中，同樣沒有差別。

然而，他們的求職信在一個關鍵層面上確實有所區別：自信。正如吉莉安，回想自己擁有權力的時刻，讓求職者感到超凡卓越，於是他們在自己撰寫的求職信中，表現出那種超凡卓越的感覺。

求職面試與公開演講令人特別有壓力，因為這些情況的利害關係重大。我和多倫多大學的索妮亞・康（Sonia Kang）共同進行的研究顯示，在利害關係重大時，擁有權力的感受特別有幫助。[17]擁有權力的感受就像心理學的乙型

阻斷劑（beta blocker），可以降低我們內在感受到的壓力，即使外在環境的壓力波濤洶湧。

回想擁有權力的經驗，甚至會改變我們的聲音。在當時任職於西北大學的高世珍（Sei Jin Ko；音譯）所主持的研究計畫中，我們進行了四階段實驗。[18]第一階段，受試者閱讀一段簡單的文章，接著讓我們測量其基礎聲學特徵。隨後，我們請受試者回想自己擁有權力或缺乏權力的經驗。第三階段，我們錄製受試者為了即將進行的協商所準備的開場陳述。第四階段，我們在另一所大學向聽眾播放受試者錄製的協商開場陳述。

回想擁有權力的經驗，改變了受試者的聲學特質。在錄製協商開場陳述時，他們使用更穩定、更具動態的聲音。雖然他們的音調變化性降低（顯示聲音更穩定），但音量的變化性增加（顯示聲音更具動態）。聽眾可以察覺出這些差異：他們認為回想擁有權力經驗的受試者（即使聽眾不知道這個事實）聽起來更具啟發性。不只是我們的受試者如此，前英國首相柴契爾夫人（Margaret Thatcher）也曾接受訓練，藉由更頻繁地改變音量，但減少音調變化，以展現更大的權威性。

回想擁有權力的經驗，會影響成為啟發人心典範的所有面向。佩特拉證明了這種經驗讓我們的生理狀態**更平靜**。世珍揭示這種經驗使得我們的聲音更有**動態感**。星辰行為健康

集團（Stars Behavioral Health Group）的優娜・基佛（Yona Kifer）和我發現，這種經驗讓人們覺得自己**更真誠**。[19] 約里斯證明這種經驗使我們**更具說服力**。[20] 我和喬・馬基的研究發現這種經驗讓我們**更有創意**。[21] 加州大學聖地牙哥分校的潘・史密斯（Pam Smith）證明這種經驗會幫助我們藉由**看見大局**，變得更有遠見。[22] 反思我們擁有權力的個人經驗，能協助我們讓個人的願景變成更宏大的願景。

人們也曾經嘗試過其他方法，讓自己感受超凡卓越，並且變得更為超凡卓越。許多人可能都聽過權力姿勢（power posing），這個想法主張，抬頭挺胸與延伸身體姿勢，可以讓我們覺得更有權力、更為成功。聽起來很棒。我們只需要擺擺姿勢，就可以在面試和簡報中表現精彩。

問題在於權力姿勢缺乏堅實的實證研究基礎。一支研究團隊回顧了所有關於權力姿勢的研究，發現權力姿勢無法提升表現。不只是權力姿勢的效果分布「與平均效果量為0時的預期結果之間無法區分」，他們還發現每篇研究檢驗權力姿勢效果的能力只有5%。[23]

作為對照，同仁和我對於使用權力回想短文方法的所有實驗進行了一組相似的分析，我們找到堅實的證據，證明權力回想可以讓人們變得更為超凡卓越。[24] 此外，權力回想研究的檢驗效果能力高達80%。

比起擺出權力姿勢，回想擁有權力的經驗為何能更有效

讓我們變得超凡卓越，並改善我們的成果？答案潛藏於啟發典範的其中一個特質：**真誠**。我們回想自己擁有權力的經驗時，就是深入觸及自己真誠的過往經驗。

這並非主張權力姿勢絕對不會有效。許多人深信權力姿勢。雖然科學數據清楚顯示，相較於權力姿勢，回想擁有權力的經驗具備更強大、更深刻、更長久的效果，但每個人都需要找到對自己有用的權力藥劑。

為了感覺自己更為超凡卓越，我的妻子珍喜歡做「獅式呼吸」，她會在重要事件之前擺出類似獅子的動作。凱文・柯斯納（Kevin Costner）在電影《千萬風情》（*Tin Cup*）中飾演的角色麥可維伊，在揮桿之前會說「鈔票」。泰德・拉索[*]在採取重要行動之前會說「烤肉醬」。我以前總是在關係重大的簡報之前變得非常緊張，幾乎無法呼吸，甚至連手指都不聽使喚。但後來我從自己最喜歡的影集之一《週末運動夜》（*Sports Night*）裡借用了一句話：「我突然有種『我知道自己到底在做什麼了』的感覺。」在心裡默念這句話後，我立即置身颶風眼。我們所有人都能創造個人專屬的儀式，幫助自己應對任何時刻。

---

[*] 譯注：泰德・拉索為《泰德・拉索：錯棚教練趣事多》影集的主角人物。

回想擁有權力的經驗,有助我們成為啟發人心的典範人物,而且更有遠見。但是,回想權力無法幫助我們變得更有人性。為了深入觸及我們的人性,我們需要進入導師的心智狀態。讓我們一起學習如何成為啟發人心的導師。

Chapter 05

啟發人心的導師

對一個物體施加力量與壓力,它會往哪個方向移動?如果你的回答是該物體會朝施力方向移動,代表你非常熟悉牛頓物理學第一定律。

現在,讓我們改變那句話中的一個詞。對一個人施加力量與壓力,他會往哪個方向移動?

請仔細注意,單單是用「人」替換「物體」就能改變一切。如果我對一個人施加力量與壓力,他通常會退縮,反抗這股力量。即使他符合物理定律,依照施力的方向前進,但他的內心可能會感到抗拒,在精神上埋下不滿的種子。

藉由將「物體」改為「人」,我將這個物理學問題轉變為領導學問題。這個單一詞彙的轉變提出一個直接卻深刻的洞見,而這個洞見正是本書的核心。

人不是物體。

物體會朝著施力的方向運動,但如果是人,施力會產生反作用力。即使施力並未立即引發反作用力,但這股力量可能會蟄伏潛藏,直到它以聲音與憤怒的形式釋放出來。

那為什麼人們如此頻繁地以惹怒他人的方式施力？因為乍看之下，施力似乎能完成目標。但施力的效果即使看似有效，往往也只是曇花一現。

以人的方式對待他人

啟發人心的領導者以人的方式對待他人，而不是將他們視為物體。我們要如何做到這點？

我們可以從給予他人**選擇**開始。為了理解選擇的力量，讓我們思考一個常見但充滿壓力的情境：購車。假設你正在考慮購買全新的豐田RAV4，銷售業務提供了一輛你喜歡的車色，開價34,875美元，附帶三年保固。你對於這個價格、銷售業務以及購車經驗有何感覺？

現在請想像銷售業務向你提出相同車子的價格為35,875美元，附帶五年保固。這會改變你的反應嗎？

好的，讓我們考慮第三個情境。銷售業務提出兩個選項讓你**選擇**：「我可以提供你喜歡顏色的RAV4豪華版，價格是34,875美元附帶三年保固，或是35,875美元附帶五年保固。」現在，你的感覺如何？在某個層面上，你的感覺應該完全相同，因為這個情境提供的選項等同於先前的個別價格條件。但是，獲得選擇的機會將會改變一切。

為什麼提供選擇會如此啟發人心？因為銷售業務詢問了

你的偏好。從銷售業務的觀點來看，兩個價格條件的價值相等，每增加一年的保固價格大約500美元。但銷售業務讓你自行決定每年保固**對你**的價格。提供選擇會賦予他人自主感，當我們提供選擇時，是以人的方式對待他人，而不是物體。

　　我和多倫多大學的傑佛瑞・李奧納戴利（Geoffrey Leonardelli）進行的研究顯示，提供選項能創造強烈的效果。[1] 在我們的研究中，獲得選擇讓受試者認為該選擇是一種真摯且誠懇的嘗試，希望真正理解並滿足其利益。藉由讓選擇的接收者覺得自己被看見與理解，可以將潛在的爭議情境轉變為合作情境。特別值得注意的是，提供選項也會改變接收者看待提議者的方式。沒有選項時，受試者會用猜疑的態度看待條件提議者，並對自己收到的任何提議保持警戒。但獲得選擇時，他們就會認為條件提議者不只更有彈性，也更值得信任。

　　提供選項不只在身為領導者時有效，也是成為啟發型父母的關鍵。我的姪女費歐娜（Fiona）四歲時開始抗拒穿衣服，拒絕媽媽挑選的任何衣服。於是我的弟媳蘇琦（Suki）開始讓女兒在每種類型的服裝中做選擇，例如：在這兩件上衣中選一件，然後在這兩條褲子中挑一條等等。她的方法效果卓越：費歐娜開始迅速穿上衣服，而且毫不反抗。提供選項有助家長讓孩子順利完成日常生活，因為選項會賦予自主感，而不是施力與加壓。選項提供了兒童教養專家所謂的

「高度自主性的支持」。

相對於獲得選項所帶來的自由感,微觀管理則是惹怒人心。我經常聽到這句老話:「我的主管快要讓我抓狂了,不管我做什麼事,他都要插手。」我們厭惡老闆時時刻刻監控我們。我們微觀管理他人時,其實是在傳遞一個訊息:我不信任你。這讓人覺得被羞辱,也不被尊重。

與其自行介入員工的行動,不妨反其道而行。我們可以委任重要的工作,或邀請他人參與有影響力的會議。受託高階任務會讓人覺得倍受啟發,因為這個動作的意思是「我信任你」與「我對你有信心」。而這種感覺就像是責任的成長飛躍,會激發我們內在的責任心。邀請一個人參與高層會議,則是喚起孩童進入新世界時的驚奇。我們賦予責任並邀請他人參與時,就是啟發他人實現我們對他們的信心。我們啟發他人把握當下。

荀子說過一句話,完美描述了讓他人參與的力量。「不聞不若聞之,聞之不若見之,見之不若知之,知之不若行之。」*參與,從根本上改變了我們處理任務的方法,讓我們從旁觀走向最前線。我們從冷漠的旁觀者轉變為主動的參與者。

---

* 譯注:原文為「Tell me and I will forget, show me and I may remember, involve me and I will understand.」,意為:告訴我,我會忘記,讓我看,我也許會記得,讓我參與,我就能理解。

這就是芮妮‧拉羅許—莫里斯（Renee LaRoche-Morris）在一場關鍵會議中獲得一席之地時的感受。在她成為美國證券集中保管結算公司（DTCC）的財務長之前，芮妮曾經在顧問公司工作。參與一場重要會議時，她被告知要坐在牆邊，只能從旁觀察30位銀行資深高層與客戶之間的討論。其中一位客戶示意請芮妮加入會議桌，但她拒絕了，因為她不應該參與討論。但客戶有些堅持，芮妮最後妥協了。她坐下來時，她的老闆看起來很驚恐，憤怒的眼神彷彿在說：「你在做什麼？你為什麼坐在會議桌旁？」那位不認同她的老闆，很快就不再是芮妮的上司了。會議結束後不久，那位客戶主動聯絡芮妮，請她協助處理一筆交易。此事完成後不久，客戶便邀請芮妮為他工作。一個簡單的邀請芮妮加入會議桌的舉動，創造了芮妮人生中最長久且最重要的一段職場關係。

加州大學洛杉磯分校的吳雪莉（Sherry Wu；音譯）進行了大量田野調查研究，證明參與確實能啟發人心。[2] 她在實驗中深入各個組織，將組織成員隨機分配至不同的工作小組，從工廠工人到行政人員皆有，分為基礎組或高參與組。在基礎組情境中，領導者一如既往地主持20分鐘的週會。但在吳雪莉設計的高參與組情境中，督導退居其次，由員工主導關於目標、挑戰及新觀念的討論。這種少量的參與——一週只有20分鐘——帶來了轉變。高參與不只提高了生產力，也增加滿意度，並減少離職情況。雪莉發現這些效果的原因是積

極參與滿足了人類對於掌控的基礎需求。哥倫比亞商學院學務長莎曼莎・夏普希斯（Samantha Shapses）則是採用這個模式：讓不同的團隊成員輪流主持週會。這也是我主持博士生專題課程的方法：每週由一位不同的學生帶領課堂討論。與雪莉的研究結果一致，莎曼莎發現這個方法能打造更投入的團隊，而我也發現這個方法可培養更主動積極的學生。

讓他人參與，並提供選項，可以讓人們獲得自主與掌控的感受。但若給予人們太大的自主性，反而可能讓他們感到無所適從、漂泊不定。這就是為什麼讓他人參與並提供選項是如此強大，可以在結構感之中賦予人們自主感。

維吉尼亞大學的周愛琳（Eileen Chou；音譯）和我測試了人類對於結構和自主的同時需求。[3]我們在多項研究中聘請員工從事各種任務，但我們改變了每位員工獲得的合約類型。其中一組員工並未獲得任何合約，我們只告知時薪，他們是「**無合約組**」；另一組員工則獲得內容精確的**詳細合約**：

工作目標：你負責評估為每週二和週四開會的研究團隊所開發的素材。

工作時間：你將精確地使用6分鐘處理一項研究，或者用大約300秒處理另一項研究。

付款時間：你將在48小時內收到薪資。

預期投入：在完整工作期間（定義為從你開始工作到提

交工作成果），你應全心全意投入指定的任務。

監督：我們可能會抽查你當天提交的成果，比例最高為25%。請將所有工作時間專注在當天的任務上。

最後一組員工也收到一份合約，但內容更為**粗略**。

工作目標：你負責評估為每週開會兩次的研究團體所開發的研究素材。

工作時間：你的工作時間大約為6分鐘。

付款時間：你將在2天內收到薪資。

預期投入：在工作期間，你應致力於用更概括的方式完成任務。

監督：我們可能會檢查你提交的部分成果。請努力專注處理當天的任務。

請注意兩份合約傳達的資訊相似，唯一的差異在於具體的程度（例如48小時與2天），但這些看似微小的差異卻產生了巨大影響。在一項又一項的研究評估中，相較於獲得詳細合約或完全沒有獲得合約的員工，概括型合約員工堅持更久，而且表現更好。概括型合約員工的工作時間幾乎是詳細合約或無合約員工的兩倍。在其中一項研究中，我們讓員工解決頓悟性問題（insight problem），例如以下這個問題：

| 第5章 | 啟發人心的導師 125

一位住在美國小鎮的男子，與同一個小鎮上的20位不同的女子舉行了結婚儀式。所有女子至今依然健在，而他也從未與其中任何一位離婚。在這個小鎮，一夫多妻是違法的；但他從未觸犯任何法律。這怎麼可能？

相較於獲得詳細型合約的員工，概括型合約員工正確回答此類問題的比例多出將近30％（答案：**他是婚姻監禮人**）。在另一項研究中，概括型合約員工比詳細型合約員工提出更多原創的獨特想法。

造成這個效果的原因是什麼？**自主感**。我們發現，儘管合約之間的差異很細微，但獲得概括型合約的員工，更有可能同意這樣的陳述，例如「在完成任務的方法上，我覺得自己有選擇與自由」。詳細型合約削弱了受試者的自主感，進而降低其動機、減少投入，有損表現。

概括型合約不只比詳細型合約更好，也勝過完全沒有合約。沒有任何合約會讓員工覺得缺乏方向感。他們需要**兼具自主性的結構**，才能覺得受到啟發。

羅徹斯特大學的葛倫・尼克斯（Glen Nix）完成的研究，突顯了掌控感和自主感對人類的重要性。[4]葛蘭進行了簡單但巧妙的研究，內容與分類任務有關。在自主情境中，受試者可以用自己想要的任何方式建立分類任務的運作結構。對於每位受試者採取的每個步驟，實驗人員都仔細地

編碼記錄。在控制組情境中,實驗人員向受試者提供逐步指引。但這個實驗的巧妙之處在於:控制組中,每位受試者所遵循的步驟,其實與前一位自主情境受試者採取的步驟完全相同。

一號受試者(自主情境組):用自己喜歡的任何方式完成任務。

二號受試者(控制組):遵循與一號受試者完全相同的步驟完成任務。

三號受試者(自主情境組):用自己喜歡的任何方式完成任務。

四號受試者(控制組):遵循與三號受試者完全相同的步驟完成任務。

以此類推。

這個實驗設計巧妙地讓受試者採取相同的步驟,只改變受試者是否能自主選擇步驟,或是依照指示遵循步驟。葛倫發現自主性可以激發幹勁與動機。

鼓勵他人

我在第3章中提到,只要我和太太珍其中一人正在面臨難關或壓力重重的時刻,我們就會說一句話——「我的行李已經為你準備好了。」這句話出自籃球教練瓦爾瓦諾的演講:

我父親叫我到他樓上的臥室,我從來沒有進去過父親的臥室⋯⋯那裡有一個行李箱,但我父親從未離開過紐約。我父親認為喬治華盛頓大橋以北都是加拿大,是吧?他竟然有行李箱。「這個行李箱要做什麼?」他說:「你贏得全國總冠軍時,我會在那裡,我的行李已經為你準備好了。」我說:「老爸,全國總冠軍很難拿到。」「你一定會拿到。」那年,我們在第一輪就輸了。隔年,他說了一樣的話,但我們在第二輪輸了。他說:「你進步了。」我到北卡羅來納大學任教,打入錦標賽,我打電話給他,那句話已經成為他的口頭禪。我父親說:「我的行李已經為你準備好了。」⋯⋯那是我父親給我的禮物,我認為那是我所收過最強大、最有力量的禮物⋯⋯我父親給我的禮物就是他在我人生中的每一天都相信我。我父親相信我⋯⋯他會看著我的眼睛說:「你一定會成功,我知道你會成功,我的行李已經為你準備好了,你一定會成功。」[5]

他父親是對的，他兒子確實成功了。1983年，瓦爾瓦諾執教的隊伍，北卡羅來納州立大學的「狼群」男子籃球隊完成了不可能的任務：在連續進行九場驟死賽，且其中七場在比賽時間剩下一分鐘時仍與對方戰成平手或落後的情況下，他們贏得了美國大學籃球聯賽的全國總冠軍。這個成就如此卓越，運動作家們將其評選為美國大學籃球二十世紀的**巔峰**時刻。瓦爾瓦諾讚揚父親的堅定鼓勵是球隊驚人成就背後的動力。

　　正如瓦爾瓦諾，我們所有人身邊都需要有一位強大的**鼓舞者**。我們大多都能回想起生命中有一個真正相信我們的人，那個人在我們尚未察覺之前，就已經看見我們的潛力；那個人在我們身上看見的可能性，甚至超越我們所能想像。

　　我曾經請全球各地的人們找出鼓舞他們的人，回想一位真正相信他們的人。正如啟發型領導者的廣大範疇，我們的鼓舞者也來自於生活的各個層面。有時候是家長，正如瓦爾瓦諾的父親。其他時候是老師，或者，也有可能是現在的老闆或以前的老闆。我們對於鼓舞者始終銘記在心，他們相信我們可以成功迎接新的挑戰，即使我們自己都心存懷疑。

　　啟發人心的領導者藉由鼓勵讓我們進步，也透過確保我們獲得應有的肯定，讓我們更上一層樓。

給予人們應有的肯定，便能提升他們

喬納・洛克夫（Jonah Rockoff）在跑步機上跑步時，一邊觀看歐巴馬總統於2012年發表的國情咨文，結果不慎跌倒了。當時，他還是哥倫比亞大學尚未獲得終生職的經濟學教授，忽然意識到歐巴馬總統正在引用他證明優秀教師價值的研究。聽見自己的研究展現在3,800萬名觀眾面前，喬納非常震驚，導致他失去平衡，從跑步機上摔了下來。等到他起身，他的手機已經被祝賀簡訊轟炸了。

喬納因為國情咨文而跌倒，其實是一個基礎事實的極端例子：作為人類，我們渴望自己的努力和付出獲得他人的承認與肯定。這正是為什麼對於地位的需求被視為人類的基礎需求。[6] 這也是願意分享成功的功勞並承擔錯誤與失望的領導者，如此啟發人心的原因。相較之下，竊取功勞、「慷慨」分享責備與失敗的領導者，則是格外令人惱怒。

我們的努力沒有獲得肯定，或者我們的想法遭到剽竊，都是令人怒火中燒的經驗。哈佛大學校長克勞丁・蓋伊（Claudine Gay）因為未正確引用學界前輩的文字和想法而被指控剽竊時，關於蓋伊行為的惡劣程度，引發了激烈的爭論。卡洛・斯溫（Carol Swain）是其中一位認為此事毫無模糊空間的教授，她的職業生涯曾在普林斯頓大學和范德比大學任教。斯溫寫道：「蓋伊女士對我造成的傷害尤其嚴重，

因為在她早期作品的領域中,我的研究被視為具有開創性。她的學術成就⋯⋯建立在我耕耘的土地之上。學者未被正確引用,或者作品遭到忽略時,會對他們造成傷害,因為學術地位取決於其他學者引用你作品的頻率。」斯溫斷然表示,[7]蓋伊「偷竊」她的作品,讓她「勃然大怒」。在《華爾街日報》的專欄文章中,斯溫的字字句句都流露出憤怒。

值得注意的是,蓋伊校長是一位高度受到關注的領導者。她將斯溫博士的學術成就據為己有時,會放大其效果。這種占人便宜的騙徒通常會是同儕,也就是為了升職或加薪、試圖踩著我們往上爬的直接競爭對手。但當**領導者**將我們努力的成果據為己有時,那種憤怒會被放大。尤其當領導者在公開場合這麼做時,那種憤怒還會進一步被放得更大。

好消息是當領導者認可功勞時,認可的喜悅也會被放大,尤其是公開表達的讚美。舒爾茲讓受損的西南航空飛機安全降落時,她迅速將功勞歸於副機長艾利瑟認定費城是緊急降落的理想地點。同樣地,總統在國情咨文中提到喬納的研究時,他欣喜若狂。

與他人分享功勞,既可以提升他人,也能提升自己。我和哥倫比亞大學的瑪蘭・霍夫(Maren Hoff)共同進行的研究顯示,我們將功勞歸於他人時,不只能讓對方的地位成長,**我們自己的地位也會隨之提升**。[8]在我們進行的一系列實驗中,請受試者閱讀兩位策略顧問的故事:

傑米和海登合作執行一位奢華產業界重要客戶的專案計畫。這位客戶希望在設計和執行新的線上租賃服務方面獲得協助。傑米和海登建構了詳盡的商業模式，提出獲利路線，同時提供精準行銷的市場進入策略。傑米製作了極簡設計的簡報，而海登將簡報流程進行最佳化處理。傑米完成簡報之後，這位客戶表示簡報的極簡風格與流暢性令人印象深刻。

我們改變的是傑米對於客戶讚美的反應。在**將功勞據為己有的情境**中，傑米表示：「非常感謝您的讚美。我在這幾週付出很多努力，成果讓我非常自豪。我很高興自己成功提出如此打動人心的簡報。」

在**分享功勞的情境**中，傑米說：「非常感謝您！我在這幾週付出很多努力，成果讓我非常自豪。我想感謝海登，他協助我提出如此打動人心的簡報。」

在我們的第一次實驗中，受試者評比了他們對傑米和海登的尊敬與欣賞程度。毫不意外地，傑米清楚表達海登的貢獻時，海登獲得較高的分數。但有趣的是，與海登分享功勞時，傑米也獲得了更多尊重與欣賞。分享功勞可以將「地位」這塊餅做大，讓獲得功勞與分享功勞的人都能提升自己的地位。

分享功勞有助於我們在未來多年維持自己的地位，中國史上最長壽王朝之一的故事可以告訴我們原因。在中國的帝

制時代，劉邦打敗項羽，建立了漢朝。在競爭對手死後，劉邦（即位後稱為高祖）問道，「為什麼我贏得了天下，而項羽輸了？」[9]高祖的謀士表示，因為高祖總是將勝利的功勞和獎勵歸於將領，反觀項羽吝於讚揚他人，還自私地占據戰利品。

分享功勞不只可以將地位的餅做大，也能將慷慨的餅做大。在另一組實驗中，瑪蘭和我讓受試者設身處地感受海登的處境，他們回應傑米後續的請求，協助傑米製作另一份不同的簡報。由於傑米在先前的簡報上分享功勞，使得海登願意再度協助傑米的機率幾乎是兩倍。

尤其引人入勝的是，另一位顧問請求協助時發生的結果。當傑米將功勞分享給受試者時，他們也更有可能協助另一位不同的人物。分享功勞可以讓慷慨的餅變大，引導人們在未來將善意傳遞出去，向更多人提供更多幫助。

我和瑪蘭的研究顯示，慷慨分享功勞會成為效益最大化的生活方式。因為分享功勞可以提升他人，滿足人類對地位的基礎需求，讓他人感到自豪。此外，分享功勞也能提升自己，讓我們的地位甚至更上一層樓。分享功勞也播下未來幫助的種子，對於我們和他人皆是如此，也讓這個世界成為更有啟發性的地方。

不同的人，在不同的時間，有不同的需求

我教過的學生克蘿伊是主管，她有一位才華洋溢且倍受珍惜的員工夏綠蒂。克蘿伊希望獎勵夏綠蒂的付出，於是提議讓夏綠蒂升職，承擔更多責任，並獲取更高的薪資。

夏綠蒂辭職了。

克蘿伊感到震驚且困惑，她以為自己是在獎勵員工，但夏綠蒂的反應卻像是遭到懲罰。

克蘿伊主動聯繫夏綠蒂，表達她希望知道自己做錯了什麼。原來夏綠蒂不想要更多的責任與薪資，因為那只會讓她更焦慮。夏綠蒂認為現在的責任分量剛好。

克蘿伊隨後詢問夏綠蒂一個簡單但深刻的問題：「你想要什麼？」夏綠蒂回答，她真正想要的是更多彈性。於是她們達成協議：夏綠蒂維持原本的職位和薪資，但每週工作的時間稍微縮短，以保有更多的彈性時間。

這個例子突顯了我們在嘗試指導或激勵他人時，常犯的最大錯誤之一。我們假設**他們就像我們**。我的學生克蘿伊是一位目標導向的行動派——畢竟，這就是她攻讀企業管理碩士的原因——對她來說，沒有什麼比升職和加薪更有價值。但她的員工不是她的複製人。夏綠蒂有不同的興趣和需求。為了理解哪些事情能夠激勵他人，我們可以直接詢問他們想要什麼。這正是克蘿伊的做法：她詢問夏綠蒂想要哪種獎勵。

但有時候，直接詢問某個人的激勵動機是不可能或不切實際的。因此，我們有時可以請熟悉那個人的其他人提出建議。克蘿伊當初可以徵詢與夏綠蒂最親近的同仁推薦用什麼方式來肯定夏綠蒂的付出。其他時候，我們可能需要推測或憑直覺猜想那個人想要什麼：在這個例子中，克蘿伊也許應該要觀察夏綠蒂，理解哪些情境可以點燃夏綠蒂的熱情。

找出他人的激勵動機不是一蹴可幾的解決方法，而是持續的動態過程。我創造了一句話來描述這個原則：**不同的人，在不同的時間，有不同的需求。**

這個句子蘊含了一個關於啟發他人的關鍵洞見。只因為你昨天了解同事、配偶或朋友的需求，不代表你今天就能自動擅長看見他們的需要。即使你今天理解他們，人們的需求可能也會隨著時間而改變。這就是為什麼我們需要真正傾聽他人、細心觀察其行為：這有助於我們理解其發展與正在改變的需要。

成為「毛巾布」領導者，而不是「鐵絲網」領導者

2012年12月，我的研究合作人戴娜・卡妮（Dana Carney）對我大吼：「除非你變得更溫柔，否則你永遠交不到女朋友！」

卡妮是在回應我分享的一個故事，內容是我向當時剛交往的女友所說的玩笑話。我和現在已是前女友的她一起躺在沙發上時，我說：「我們的身體很契合。」她抬頭，臉上帶著幸福的微笑，還有一雙小鹿般純真的黑眸，她說：「沒錯。」然後，我調皮地逗弄她說：「可惜我們的靈魂不契合。」儘管我的本意是要逗她，純屬幽默的玩笑話，但她不覺得有趣（這個說法已經很委婉）。我們的感情再也沒有好轉。

戴娜想要告訴我，我的玩笑話往往會刺痛他人的不安全感。她也解釋，我擅長應對高壓情況的能力，可能會讓我無法看見他人的掙扎。她鼓勵我在人際互動中變得更有同理心並關懷他人，照顧他人藏在內心深處的懷疑和擔憂。

戴娜解釋，我必須成為「毛巾布」男友，而不是「鐵絲網」男友。讓我解釋一下這個說法。在1950年代，哈利・哈洛（Harry Harlow）進行了一系列的革命性研究。[10]他找來失去母親的小猴子，向牠們提供兩位人造「母親」，兩位母親都會透過瓶子向猴子提供食物。但其中一位母親是由鐵絲網製成，另一位則是毛巾布。哈洛發現，猴子總是選擇毛巾布母親的食物。在一次後續實驗中，只有鐵絲網母親會提供食物。雖然猴子會從鐵絲網母親那裡進食，但吃飽之後便會迅速回到毛巾布母親身邊。猴子受到驚嚇時，牠們總是狂奔至毛巾布母親懷裡，尋求慰藉與安全感。

從現代的角度來看，哈洛的觀察也許顯而易見，但在當

時卻是革命性的研究成果，證明家長不僅滿足了我們對食物和水分的基礎生物需求，還滿足了對於舒適的基礎需求。戴娜的意思是，如果我確實如自己所說，渴望一段有意義的感情關係，那我應該要在感情互動中減少一些鐵絲網，增加一些毛巾布。

戴娜對我大吼的三個星期之後，我遇見了現在的妻子珍。我始終感謝戴娜當初的一席話，讓我進入毛巾布心態，引導我用更有同理心的方式，面對任何感情關係剛開始時自然浮現的不安全感。

作為人類，我們渴望「毛巾布」類型的情感連結，我們希望他人感受我們的痛苦，我們希望被看見。《Barbie芭比》的編劇暨導演葛利塔・潔薇（Greta Gerwig）正是如此描述萊恩・葛斯林（Ryan Gosling）在電影中的表現：

一開始，我覺得應該向他道歉：「很抱歉，我們要進行一場關於肯尼的深刻哲學對話。」但隨著時間經過，我發現我根本不需要補充說明任何事情。他認為這件事很重要，他知道這件事很重要⋯⋯萊恩沒有任何一刻質疑過女孩內心世界的價值。藉由展現他的卓越才能、他的熱情、他的奉獻，以及他對肯尼和芭比的全面投入，他其實是在表達「這件事情真的很重要」⋯⋯萊恩的表現，用前所未有的方式讓我覺得自己被看見了。

當我們仰慕的人看見並理解我們的夢想以及對世界的願景，就是在激勵我們付諸實踐。

為了理解鐵絲網領導者和毛巾布領導者之間的差異，請參考紐約大學的喬‧馬基和我與一群企業高層進行的研究。[11] 我們請這些企業高層寫出他們會如何解僱一位員工。對於其中半數的企業高層來說，這是我們唯一提供的指示。以下是這組企業高層其中一位的回答，如你所見，內容非常「鐵絲網」：

我會把那位員工請來辦公室，人資或另一位經理人也會在場。我會直接切入重點，不迂迴。我會說：「很遺憾通知你，但我們決定解僱你。這純粹是商業決定，我們目前無法在財務上負擔你的薪資，我們祝你一切都好。」

另一組企業高層則是接受一定程度的觀點取替指導：受試者接觸了關於觀點取替和認可他人觀點的描述。我們的觀點取替介入措施，讓這些企業高層成為毛巾布型領導者：

我會親自傳達這個訊息，在一間可以關門的私人會議室，遠離他或她目前的工作空間。我的訊息可能會是：「我們由衷感謝你對公司的貢獻，也理解這對你和你的家人來說並不容易。遺憾的是，我們目前的情況艱難，必須裁撤你的

職位。我明白這件事情不容易,但我很欣慰公司能夠提供微薄的資遣費與職業生涯諮詢,協助你尋找下一個機會。如果你願意,你可以現在回家,下週再來收拾個人物品——但也歡迎你今天繼續留下來。此外,請明白我們會支持你邁向下個階段。我們可以安排一個時間,請你在幾個星期之後過來,討論你的下一步計畫。我個人很樂意擔任你的推薦人,協助你未來的工作機會。」

啟動觀點取替之後,這位公司高層思考了整體脈絡,並考慮這個消息可能造成的創傷震撼。因此,公司高層決定單獨與這位員工親自會面,並向他提出應對這個情境的選項、提供協助,幫助他重新振作。

改變公司高層在會議室的行為之後,喬治華盛頓大學的班傑明・布拉特(Benjamin Blatt)和我開始思考,讓醫師接受一定程度的觀點取替,能否改變他們的臨床行為,將他們轉變為毛巾布型醫師。[12]

我們用了兩年的時間,在喬治華盛頓大學和霍華德大學醫學院全體學生參與評估基礎臨床技巧的測驗期間,進行一項實驗。每位醫學院學生都會見到六位標準化的患者,患者出現不同的症狀,從急性上腹部疼痛到焦慮,以及小兒嘔吐。

半數醫學院學生與患者見面之前,會接受一定程度的觀點取替指導。

見到患者的時候,請設身處地想像患者正在經歷什麼,用患者的雙眼觀看這個世界,用患者的步伐感受這個世界。

我們的觀點取替介入產生了什麼效果?大幅改善了患者的體驗。接受觀點取替的醫師問診的患者,將醫師評比為更有愛心、更值得信任。「更值得信任」的發現尤其重要,因為患者的信任是遵從治療的關鍵。如果患者信任醫師,他們會更願意遵守醫師的建議,也更有可能康復。

這些實驗還有一個值得注意的發現。儘管黑人患者經常覺得受到醫生的忽視與不尊重,但觀點取替的介入,同時增加了**白人**與**黑人**患者的滿意度。讓這些準醫師接受一定程度的觀點取替訓練,對患者來說是最佳藥方,無論患者的種族或族裔為何。

觀點取替是真正理解他人的必要條件,但缺乏同理心的觀點取替不只是典型的鐵絲網,而且很危險。的確,缺乏同理心的觀點取替與反社會人格疾患,也就是反社會人士的核心特質有關。反社會人士令人害怕,是因為他們利用觀點取替來操弄他人,而缺乏同理心往往代表其殘忍毫無節制。我將缺乏同理心的觀點取替稱為**霸凌效應**。霸凌者是影響他人想法、察覺他人最深層的不安全感與核心弱點的專家。因為霸凌者對目標毫無同情心,他們會利用這些不安全感。當觀點取替缺乏同理心時,其麻木不仁可能會惹怒他人。

我的毛巾布導師（加上適量的鐵絲網）

就讀博士班，有點像是成為沒有母親的小猴子。

我在普林斯頓博士班的第一年可說是一場災難。我被指派與一位教授合作，他非常有才華，但無法協助我將零散的想法轉化為可行的研究。我們每週會面，但基本上只是在知識的泥淖中徒勞空轉。這位教授的指導方法也像鐵絲網，因為他對我的掙扎沒有太多耐心。那年結束時，我是唯一沒有成績可以展示的研究生，甚至沒有進行任何一項研究。我幾乎就要從研究所輟學。正如我在上一章所言，心理學系差點就要把我踢出去了。

喬爾·庫柏拯救了我，我第一年選修的其中一門課就是庫柏教的：態度的形成與改變。有一天，我受到一個想法啟發，撰寫了兩頁的詳細筆記。喬爾非常鼓勵我的想法並與我會面討論，以進一步發展這個想法。當我思考自己研究生涯的終點時，喬爾的鼓勵是我微弱的希望。如果沒有他熱情支持我的想法，我可能已經放棄了。我試探地詢問喬爾更換指導教授的事宜時，他也熱情地同意正式將我納入他的門下。

喬爾的作為不只是鼓勵我。他真正地傾聽，而且**同理**我的想法。在他和我努力將我的想法轉化為一項實驗，以探索態度改變的根源時，他的毛巾布指導方法最為明顯。我們的實驗要求受試者做準備，並針對一項特定議題的特定立場錄

製一段演講。為了讓受試者的文章具備心理學上的影響力，他們被告知會有一位大學委員會的成員來聆聽他們的演講，以協助委員會針對該議題做出決策。

重點是，根本沒有大學委員會這件事，也就是說，這個實驗涉及欺騙。我們希望受試者認為自己的演講會產生真正的影響力，這個欺騙的目的是讓受試者覺得自己的言詞很重要，而且會產生成果。

實驗已經準備就緒，只等著我執行，但在實驗進行之前的那一週，我開始做惡夢，我在冷汗中驚醒。到了第三個無眠的夜晚，我才意識到，欺騙受試者這個想法加劇了我的焦慮，我的身體和心靈根本無法允許我這麼做。

對我來說，實在難以走進喬爾的辦公室告訴他，我因為想到要誤導受試者，導致他們不適而倍感煎熬。喬爾用同理心仔細聆聽。他表示，他想思考一下我的擔憂，看看能不能找到解決方法。

一天之後，喬爾將我帶到他的辦公室，提出了一個想法。他會從系上聘請一位實驗管理人負責執行，所以我不需要親自處理，但他希望我向所有受試者做簡報，告訴他們研究的實情。喬爾希望我揭穿謊言，解釋為什麼這個欺騙是必要的，並傾聽與回答受試者的任何疑慮。一想到要暴露這次的詭騙，仍然讓我焦慮不安，但我認為這是很公平的妥協。

我開始向受試者做簡報時，很快便發現這次研究並未造成他們的創傷。當然，有些受試者針對欺騙這點略有不滿，但他們所有人都明白其重要性。而許多受試者表示對實驗主題深感興趣，提出許多後續問題。最後，我發現向受試者做簡報，在知識上與情感上都令人滿意。

　　我後來反思喬爾的計畫有多麼巧妙，他支持並肯定我明確的擔憂，但也讓我參與其中。這個參與使我可以在整個過程中邁出小小的第一步，讓自己感到更安心。喬爾非但沒有否認我的恐懼，還引導我克服恐懼。喬爾給我的禮物，就是認真看待我的擔憂，同時設計了一條道路，讓我可以繼續前進。

　　喬爾和我設計與執行的實驗產生了有趣的結果，我將內容撰寫為碩士論文。1996年4月的口試中，在我口頭答辯論文時，三位教授組成的口試委員會非常滿意，所以系上鼓勵我將論文改寫為學術論文並投稿出版。獲得如此正面的回應讓我喜出望外，我整個週末都在慶祝。

　　但我遇到了瓶頸。將碩士論文改寫為一篇可發表的研究文章，實在令人卻步。一個月過去了，兩個月過去了，到了三個月之後，我隻字未寫，毫無進展。我開始在走廊上刻意避開喬爾，因為我為自己的拖延感到羞愧。

　　1996年8月1日，我在信箱中看見了下方這張便條。

對我來說，喬爾的信象徵著「強悍的愛」，代表了毛巾布與鐵絲網導師風格的完美結合。喬爾問我是否遇到瓶頸，並且同理地表示，他希望協助我走出困境。

1996年8月1日

亞當：

我在思考那篇破碎性（shatterance）的研究論文。你的草稿已經有進度了嗎？

我有一個提議：

對你而言，最合適的做法是由你來準備論文草稿，而我們假設它會在一週之內完成。如果你遇到瓶頸，請來找我或傑夫談談，也許我們可以協助你脫困。

若你無法在一週內完成論文草稿，或者希望可以不用自己準備，傑夫或我都能處理。假如我們選擇這樣做，那麼負責準備草稿的人就會是論文的第一作者。

請讓我知道你的答案。如果能讓我看到論文草稿會更好。

祝福順利

他給了我一個選擇（雖然其中一個選項顯然好過另一個），並提出明確的截止日期。這封信的語調也值得注意：喬爾表達了自己的不滿，但他的表達方式很冷靜。

這張紙條是如此完美，讓我順利脫困並繼續前進，我在接下來那週完成了論文草稿。喬爾的紙條藉由挑戰我來賦予我力量，幫助我迎接挑戰，邁向職業生涯的下一個階段。

這就是啟發型導師的作為：他們從人們此刻的處境出發，引導人們前往可達成的境界。他們在支持與挑戰之間找到正確的平衡，促使人們邁向更好的明天。

進入導師的心智狀態

成為導師是啟發型領導者的三個普遍面向之一，因為它滿足了人類對於歸屬和地位的基礎需求。身為人類，我們渴望有人在支持和指引我們的同時，也珍視且讚美我們。就像學習騎單車：我們希望有人在旁扶持並操控腳踏車，但也知道何時該放手，同時在一路上為我們打氣。

那麼，我們要如何進入導師的心智狀態？

我們從尋找**新觀念的地方**開始。當我們意識到許多新的洞見與觀點來自權力與權威低於我們的人，就能進入導師的心智狀態。哈佛大學的張婷（Ting Zhang；音譯）和我共同提出了「**向下學習**」（downward learning）的概念，旨在描

述一種傾向：將在等級階層中地位低於我們的人，視為知識的珍貴來源。[13]

在其中一項初步研究中，我們發現導師在向下學習方面取得高分時——也就是同意以下這種類型的陳述，「與權力低於我的人互動，能讓我受益匪淺」——他們會投入更多時間回答門生的問題。專注於能夠從地位較低者身上學到什麼，會讓導師視指導為學習新知識和新能力的契機。

為了探索實務中的向下學習，我們與一家線上程式訓練營合作，該訓練營採用一對一的導師制度，幫助學員獲得科技工作所需的程式編碼能力。參與研究的導師都是資深的程式設計師（如研究員或電腦科學家），他們在數個月內，每週與學員進行一對一的互動教學。重要的是，導師和學員之間採用隨機配對，也就是說，配對的唯一考量只有時間能否配合。在學程即將結束時，學生要完成一系列的面試練習，內容為編碼問題，旨在評估其求職能力和技術競爭力。為了保持客觀性，模擬面試由從未見過學生的第三方人士負責進行。

我們發現了什麼結果？那些被視為技術能力更優秀、受僱可能性更高的學生，其導師都是在向下學習調查中獲得高分者。透過將權力較低的人們視為資訊和洞見的寶貴來源，這些導師成為啟發人心的鼓舞者，賦予學生力量，使他們成為更優秀的程式設計師。

為了證明向下學習確實能**培養**更多的啟發型導師，我們

也進行了一項實驗。我們的實驗有兩組人員：導師和學員。這些導師是成功的專業人士，我們要求他們向正在求職的人提供與職業生涯有關的建議，而這些求職者則擔任學員。

在進行指導課程之前，我們讓導師先參與反思任務，這個反思任務使我們能夠改變導師的學習方向。「向下學習情境」的導師會讀到：「請回想在某個時刻，你向權力低於你的人學習。」作為對照，「向上學習情境」的導師則讀到：「請回想在某個時刻，你向權力高於你的人學習。」隨後，導師寫下三到五個句子，描述他們從那個人身上學到什麼。

導師接著向學員提出建議。重要的是，學員完全不知道實驗條件。事後，學員評比導師的鼓舞程度（例如「我相信這位導師會重視並鼓勵我的獨特能力與才華」），以及導師的同理程度（例如「我相信我可以向這位導師提出疑問與艱難的問題」），學員也會評比自己收到的建議。

研究成果非常值得注意，首先，光是讓導師進行五分鐘的向下學習，就可以引導他們更投入，並提供更為詳盡的建議。他們的學員則是因此發現導師更啟發人心：學員將向下學習情境的導師，評比為更好的鼓舞者與更有同理心的支持者。我們的向下學習介入，讓專業人士變成毛巾布型的啟發人心導師。

這項研究另一個值得注意的發現是，對於更有權力的導師來說，向下學習的效果尤其珍貴。正如我們在領導者放大

效應（第1章）的討論，權力往往會降低一個人的觀點取替能力，[14]所以我們的向下學習介入對於等級階層地位較高的人來說，影響特別強烈。位居高位者通常不會向下探尋洞見，這會損害他們指導他人的能力。藉由幫助他們擴展知識的視野，我們的向下學習介入協助有權力的導師用嶄新方式看待指導，將指導他人視為尚未開發的洞見泉源。正是這種心態的轉變，讓有權力的人們變成更投入的導師。

*　*　*

讓我們用一個悖論來結束啟發型導師的討論。研究顯示，我們天生更傾向與相似的人產生連結，[15]但若要真正了解他人，便需要認識他們與我們的差異。想要解決克蘿伊和夏綠蒂的案例，就需要意識到其他人和我們不一樣。

我已故的同仁凱西‧菲利普斯研究了理解差異所帶來的力量，她將研究轉化為一種實用的練習，在一次演講中如此描述：[16]

當你試著與剛認識的人建立連結，你大多會尋找自己與他們的共同之處，你尋找相似之處……你相信這有助於你克服任何差異。我要指出你錯了，並挑戰你嘗試一些非常不同的方法。下次，你與剛認識的人互動時……你應該尋找並談論我的獨特之處、與你的差異之處，以及你的獨特之處、與

我的差異之處。請向我述說你的生活、你的故事、你曾有的經歷，也許我可以從中學習。我不希望知道我們究竟有多相似。事實上，如果我這麼做，我不會學到任何事情。

　　凱西的研究發現，專注於我們的相似之處讓人感覺更安全，但也會限制我們的學習，妨礙我們真正了解對方的視角。

　　我教過的博士生安德魯・陶德（Andrew Todd），現任職於加州大學戴維斯分校，他和我共同透過一項實驗測試來探討，專注於差異處與專注於相似處所帶來的益處。[17] 我們請半數受試者列出多組圖片的差異，使他們專注於**差異處**；另一組受試者則被指示列出圖片之間的**相似處**。

　　隨後，我們讓受試者一起通過迷宮。我們讓兩個人分坐桌子的兩端，由其中一個人指揮另一人盡速穿過迷宮，而且只能使用四個方向指令：左、右、前進、後退。這之中有個難題是：**聽從指令者必須蒙住眼睛**。為了成功向桌子對面的蒙眼參與者提供方向指引，引導者必須從桌子的**另一端**觀察迷宮。若想要成功指導對方穿過迷宮，我們的指令就必須配合**對方**的觀點。這代表我們的世界將會因此顛倒反轉，我們的右是對方的左，我們的上是對方的下。

　　專注於圖片**差異處**的受試組，更擅長從桌子的另一側觀看世界。專注於差異性的領導者，幫助夥伴通過迷宮的速度，遠遠快過於專注在相似性的受試者。雖然專注於相似性

讓人感覺良好，但認識差異有助於讓我們進入導師的心智狀態。

＊　＊　＊

　　啟發人心的領導者是有遠見的期望行為典範，也是積極投入的導師。啟發型領導者的這些普遍特質，深植於人類本性的基礎需求。有遠見之所以如此啟發人心，是因為滿足了我們對於意義和理解的需求。典範藉由沉著的勇氣滿足我們對安全的需求，藉由熱情滿足我們對活力的需求，藉由超凡卓越滿足我們對完美的期待。導師則滿足了我們對於被接納與被尊重的需求。

　　與基本需求之間的連結關係，也揭示了我們如何淪落至光譜上惹怒人心的一端。當我們的需求得不到滿足──缺乏意義、感到失去控制、缺乏安全感，以及覺得自己不受尊重時──就會陷入惹怒人心的惡性循環中。接著，我們就來探討這個惡性循環。

Chapter 06

惹怒人心的惡性循環

「這裡的每個人都很棒,除了凱特*。凱特是暴君,她會恐嚇你的生活,讓你充滿怨恨。」

「等等,**你說什麼?**」

我才剛抵達西北大學,準備開始進行博士後研究計畫,一位研究生正在向我介紹環境。理所當然地,我非常好奇凱特是誰。我猜想,凱特應該是學校裡最重要的人物之一。但事實並非如此:凱特只是一位基層行政人員。然而,正如我很快就會發現的,凱特擁有非常龐大的權力。

凱特負責監督核銷流程,並利用財政權力,強迫每個人都必須穿過由規則和嚴苛程序構成的迷宮。如果沒有用正確的語言提出申請,一場漫長的斥責就會隨之而來。她真的在自己辦公桌周圍的地板貼上象徵繁文縟節的紅色膠帶,禁止其他人跨越。

觀察凱特的實際作為之後,我立刻想起「湯納粹」,那

---

* 作者注:凱特為化名。

是影集《歡樂單身派對》（Seinfeld）裡一位惡名昭彰的角色。在影集中，紐約市中心有一家店，專門提供各式各樣的美味湯品。但是有個問題：主廚要求每位顧客都得使用一套儀式化的行為來點餐、取餐與付款。如果你不嚴格遵守準確的手勢，主廚就會宣告：「你沒有湯可以喝！」凱特雖然不至於如此唐突莽撞，但效果相似。假如你違反她制定的精準程序，你的核銷申請就會消失在官僚黑洞裡。

我終究還是找到了打開凱特心門的鑰匙——雪花玻璃球！因為經濟和醫療因素，凱特無法旅行，所以她透過來自世界各地的雪花玻璃球來間接旅行。教職員和研究生旅行回來時，如果帶了雪花玻璃球送她，就可以贏得凱特的歡心，至少短時間內是如此。只要我獻上旅途帶回的雪花玻璃球，所有的經費核銷就會神奇地迅速通過。

我第一次與凱特互動時，正好開始研究權力的心理效應，但直到十年之後，我才首次窺見驅使凱特惹人厭行為背後的原因。那年，紐約大學的喬·馬基和我共同發表了一篇論文，後來成為我被引用最多次的科學論文。在那篇論文中，我們針對權力和地位做出批判性的區分。[1]雖然權力和地位經常被交替使用，在日常用語和科學研究上皆是，但我們認為權力和地位是社會等級階層中兩個截然不同的元素。我們具體指出，**權力**基礎是控制珍貴資源的能力，而**地位**代表他人眼中的尊重與仰慕。

幾年後,北卡羅來納大學的艾麗森・弗雷格爾(Alison Fragale)使用這個區分,解釋人們為什麼厭惡守門員——從保全到海關人員,以及像凱特這樣的核銷行政人員。[2]這些職位的地位並不高,但權力極大,因為他們掌控著珍貴資源。艾麗森認為,高權力／低地位的職位本身就會受到他人厭惡。

閱讀艾麗森的論文讓我有如醍醐灌頂,我意識到高權力低地位的職位本身並不令人厭惡,相反地,是這些職位使得擔任此職位者的行為變得惹怒人心。

我現在才第一次真正理解凱特。不是因為她的角色缺乏權力,而是她的角色**缺乏地位**。正是因為她的職位沒有地位,加上她確實擁有的權力,導致她開始貶低與恐嚇他人。

正如我們在第5章中的討論,當我們意識到地位是人類的基礎需求時,一切都變得合情合理。[3]研究顯示,擁有地位是如此美好。你可以看見人們眼中散發對你的尊敬。人們對你的笑話更捧場,更熱情地稱讚你的想法。他們為你開門,無論是真正的門,還是作為比喻的門。你擁有崇高地位時,這個世界是如此美好。

現在請思考缺乏地位會是什麼情況。你會在別人的眼中見到輕視,而不是敬畏。人們嘲笑你的笑話,嗤笑你的想法。他們當著你的面關上門,拒絕給你機會。缺乏地位的時候,活在這個世界上非常難堪。

我的假設認為,擁有權力但缺乏地位是一種有毒的組合,導致人們做出惹怒他人的行為。地位低下讓人們怒火中燒,但擁有權力使他們可以自由地透過不當對待他人,來發洩這種怒氣。地位低下是憤怒的火藥桶,權力點燃了引信。

我現在理解為什麼送凱特一個雪花玻璃球,對於將她從敵人轉變為盟友是如此重要。雪花玻璃球代表認真看待她的喜愛與期待,這個舉動展現了她值得我們的時間與注意力,讓她感覺被看見。雪花玻璃球讓她獲得她在職位上所缺乏的尊重。

惹怒人心的小暴君

我現在已經準備好驗證這個假設。我和南加州大學的奈特·法斯特(Nate Fast)以及史丹佛大學的尼爾·海勒維(Nir Halevy)合作,隨機指派一個人擔任擁有權力但缺乏地位的職位,藉以檢驗是否會讓那個人變身為貶抑他人的小暴君。[4]

在實驗中,我們請人們來到實驗室,告知他們將與一位同樣效力於顧問公司「成長有限公司」的學生互動,但不會見面。

我們指派半數受試者擔任想法生產者。想法生產者負責生產並處理重要的點子,我們告訴他們,其他人非常仰慕與

尊敬這個職位。這個情境將作為實驗中的「**高地位角色**」。

作為對照,另一半受試者則是被隨機指派為「員工」,我們將員工設計為「**低地位角色**」。員工必須從事低階工作,例如檢查錯字。我們告訴他們,其他人傾向於輕視這個角色。

我們也賦予半數受試者控制夥伴的權力。**高權力角色**的受試者收到以下指示:

你的角色還有一個要素,你可以決定同事必須通過哪些「門檻」,才能獲得研究結束後的50美元抽獎資格。因此,你可以控制他必須投入多少努力,才能贏得50美元。他對你沒有這種控制能力。

這些人擁有控制夥伴的權力,然而他們的夥伴對此無能為力。

作為對照,另一半的受試者處於**低權力職位**。雖然低權力職位的受試者也能決定夥伴必須做什麼,但他們的夥伴可以對此進行**報復**:

但是,你的同事可以控制你的命運,因為如果他不喜歡你為他選擇的必要門檻,他可以將你從抽獎名單中移除。

我們隨後交給受試者一張列出十種活動的清單,請他們選擇夥伴為了符合50美元抽獎資格而必須完成的行為。

　　根據先前完成的初步研究,我們列出十種行為,請58位受試者閱讀相關陳述後,再請他們指出每種行為的貶低、羞辱及踐踏尊嚴程度。以下是被評比為**最不具貶低性**的五種行為:

- 撰寫一篇關於昨日經歷的短文
- 向實驗人員說一個有趣的笑話
- 拍手50次
- 伏地挺身5次
- 單腳跳躍10次

以下是被評比為**最具貶低性**的五種行為:
- 說「我很骯髒」5次
- 說「我不值得」5次
- 學狗叫3次
- 向實驗人員說出自己的3項負面特質
- 從500開始倒數,每次減7

　　請注意這個實驗的設計。我們改變了每位受試者**對於**夥伴的權力大小。隨後,我們讓每位受試者都有機會貶低夥伴。重要的是,我們並未告訴受試者哪些行為比其他行為更

具貶低性;我們只是隨機將這些行為安插在清單中,並要求他們選擇夥伴必須做出的行為。

所以,我們發現了什麼?

人們被隨機分配權力(可控制對方的行為,且無須擔心被報復)但缺乏地位(擔任低階員工)時,他們指定的行為比**其他任何組別**都更具貶低性。尤其有趣的是,比較高權力實驗情境中的低階員工和想法生產者。兩組人都有不受限制的能力,可以指定其他人進行具貶抑性的行為;但低階員工提出這種要求的可能性,幾乎是高地位想法生產者的**兩倍**。低地位員工使用其權力,將憤恨發洩在別人身上。將人們放在不被尊重的位置,但給予他們控制他人的權力,會使他們變成惹怒人心的小暴君。

我以前的學生艾瑞克・安尼西奇(Eric Anicich),現任教於南加州大學,在他主持的追蹤研究中,我們證實了缺乏地位但擁有權力的角色,是惹怒行為惡性循環的起點。[5] 貶抑行為會引發更多的貶抑行為,我們被貶抑時,會用貶抑反擊。

但情況在此甚至變得更有趣了,這些惹怒他人的行為創造了另一個圍繞著衝突的惡性循環。我們發現,每當職場關係中有一人是握有權力但地位低時,人們會回報這種關係出現衝突的程度較高。有權力但地位低的職位是爭執的溫床。

我們也執行了相關實驗,顯示有權力但地位低的職位會**引發**衝突的惡性循環。在這些實驗中,我們改變權力(受試

者被隨機指定擔任主導或服從角色）與地位（我們表示受試者的角色如果不是獲得同事尊敬，就是不被尊敬）。受試者被指定角色之後，我們請他們回應同事提出的請求協助：

最近，你很有耐心地用好幾個小時教導這位同事如何使用一款新軟體，即使獲得所有必要知識的訓練時間應該不需要超過一小時。這位同事剛剛聯絡你，詢問你能不能再次帶著他進行完整的軟體操作。你會如何告訴這位同事，你沒有時間再次完整講解軟體的所有內容。請用直接與對方說話的口吻回應（例如，在回應中使用「你」）。

我們請每位受試者寫出回應，隨後，我們將這些回應提供給第二組受試者，請他們用這些回應是寫給自己的角度，閱讀其中一份回應。這些程式設計師評比了回應內容的**貶抑**程度，以及他們認為自己與撰寫回應的同事之間的**衝突**程度。重要的是，這些新的受試者**不知道**撰寫者的權力與地位。我們加入這項實驗特徵，是為了證明被貶抑的感受與對於衝突的預期，完全來自於訊息內容，而不是對同事職位的負面反應（如艾麗森・弗雷格爾在其研究中所昭示）。

以下是兩個被評為「**不會非常貶低**」的回應範例：

非貶低案例一：很抱歉，但我現在真的忙著處理其他事

情,如果你願意在下班之後稍待一下,我很樂意協助你!

非貶低案例二:很抱歉,但我有一些工作必須完成。你應該稍微花一點時間隨意操作軟體,看看你是否覺得順手。如果你有任何問題,永遠歡迎你隨時跟我說。

作為對照,以下是兩個被評為**非常貶抑**的回應範例。毫不意外地,兩個回應都出自於高權力/低地位職位的受試者:

貶低案例一:我已經花了自己好幾個小時的時間教你學習一套非常基礎的軟體,你本來應該只需要大約一個小時就能學會。如果你當時沒有專心聽我講解,那就隨便你吧。如果你不能快速學會,你也沒辦法在這家公司待很久。

貶低案例二:你現在應該已經要知道如何使用那套軟體了。我最近甚至花了太多時間教你如何使用它。如果你到這週結束時還是沒辦法順利使用,我就只能找人取代你。

我們也複製了該次研究的結果,但這次採用裁員的情境。以下是由一位被隨機指定擔任**高權力/高地位**角色的受試者撰寫的解僱通知。請注意其同理心的程度:

我真的很遺憾必須通知你,公司已經決定終止你和我們的聘僱關係。請不要將此事視為你的工作表現問題──這純

粹是財務和管理上的考量；在你開始尋找新的工作時，身為你的主管，我會鼎力推薦你。如果我能為你做任何事情，請告訴我，我很樂意在這個過程中協助你。

以下則是由一位被隨機指定擔任**高權力／低地位**角色的受試者撰寫的通知。請留意其殘忍與輕視的程度：

你被開除了。在今天結束前，你可以在清潔人員來之前取走你的私人物品。祝福你未來好運。

被隨機指定擔任高權力／低地位的角色，會導致充滿嘲弄的冷漠溝通。這種通知會使接收者充滿憤恨，加劇衝突的惡性循環。透過隨機指定受試者擔任不同的角色，這些實驗證實，擁有權力但缺乏地位是貶抑他人行為的**根源**，以及衝突的**煽動因素**。當我們擁有權力但感到不被尊重時，往往會發現自己處於光譜上惹怒人心的那端。當你心中滿是憤恨，便很難啟發人心。

我們正在進行這些實驗的時候，一家聯邦機構聯繫我，詢問我的建議，要如何用最好的方式從私人辦公室轉型為開放辦公室，也就是採用辦公桌共享計畫，讓多位員工在不同時間使用相同的辦公空間。我立刻把握機會提供協助，因為我知道這是理想的實地研究環境，不只可以探索「缺乏地位

的權力」效果，也能觀察地位**改變**對於行為的影響。在舊有的辦公室配置中，擁有私人辦公室是地位的象徵，代表你被尊敬。但現在，有些員工將會失去這個地位象徵。

新的辦公室安排會如何影響員工？我們發現，職位擁有較多權力的聯邦政府雇員，他們對地位的改變特別敏感。有權力的雇員失去地位之後，回報的衝突程度最為嚴重。對照之下，獲得地位——例如收到雪花玻璃球時的凱特——回報的衝突程度則較低。

我們精心設計的實驗、大規模的調查，以及我和凱特的冒險，全都講述了相同的故事。對於啟發人心來說，最大的威脅之一，也是惹怒他人的主要來源，就是覺得自己在別人眼中不受尊重。感覺不被尊重，將我們推向光譜的惹怒人心端。

正如我們將在稍後所見，即便只是對自身的地位**感到不安**，我們依然會變得容易惹怒人心。

惹怒他人的不安全感

請思考看看你在工作時覺得沒有安全感的一段時期，也就是說，在那個情境中，你感到不確定，或者質疑自己實現一個重要目標的能力。請回想那個時刻，並描述那種不安全感。

我和我的博士生瑪蘭・霍夫詢問了數百人的不安全感經驗。[6]雖然他們的回應內容豐富且多元，但也編織出一張舉世皆然的「不安全感壁毯」。下頁的表格強調了不安全感困擾我們的許多方式。

有時候，不安全感潛伏在我們心中，因為**我們覺得自己缺乏這種情境所需的經驗、知識或能力**。這種經驗不足往往發生在我們處於嶄新或前所未見的情況下。那就是初為人父的我。每種新任務都充滿了無能的不祥預感，從第一次換尿布、第一次餵奶，到第一次幫孩子洗澡。

有時候，我們的不安全感源於過去的失敗，它讓我們缺乏前進的能力，那正是我大學畢業後任職第一份工作被開除時的感受。

當我們認為其他人更有才華和資源，也會因為**負面的社會比較**而感到不安，那就是我對雙胞胎兄弟麥可的感受。我們出生時，麥可的體重比我多50％，他已經從醫院回家，而我得在醫院的保溫箱裡待上好幾週。他在三年級時進入資優班，但我沒有。我們12歲時，我跑10公里的比賽需要46分鐘，麥可甚至更快。他連初吻都比我早。我真心認為他擁有一切優勢，我永遠無法迎頭趕上。

壓力是不安全感的普遍來源。壓力有許多形式，來自迫切期限的時間壓力、來自極重要任務的利害關係壓力，以及出乎預料的事件導致即刻需求時的危機壓力。每種類型的壓

不安全感的來源	範例摘要
缺乏經驗／知識／能力	「我必須針對自己沒有受過訓練／沒有相關知識的問題提出解決方法。我的同事前一天離職了，那通常是她的工作，我完全不知道該怎麼處理。」
過去的失敗	「當我犯了一個非常難為情的數學錯誤時，我質疑自己的工作能力。我錯了，而且必須在同事面前提出解釋。」
其他人更為優秀	「當我很想升職時，我在工作上會覺得沒有安全感。我沒有安全感的理由是，就我看來，其他同事都比我更有才華、更優秀。」
惹怒人心的主管	「我記得我曾有過一位惡劣的主管，我們被調開了一陣子，但後來有人試圖讓我們再次密切合作，而我無法發揮實力。」
關鍵成敗／高壓情境	「我正在執行非常重要的計畫，期限就快到了。這項計畫對我本人和公司都非常重要，我的壓力已經到了極限，我覺得自己需要更多時間。我遇到了困難，非常焦慮。」

力都是滋養不安全感的沃土。當我們覺得某個情境的要求超乎我們的能力，就會覺得自己只是在勉強撐著。

缺乏經驗、過去的失敗、處於劣勢以及感到壓力，皆會造成完全相同的不安狀態，一種對於能力的自我懷疑，擔心無法實現維持或提升地位的基礎目標。

這種不安全感會如何影響我們的行為？

反思自己初為家長的經驗時，我意識到，在特別不安的時刻，我傾向於專注在**自己**對育兒的貢獻，以及最小化妻子龐大艱辛的付出。我渴望獲得稱讚與認可，卻常常吝於分享功勞。

瑪蘭推測我並不孤單，不安全感通常會讓人變得自私。正如我們在第5章所見，分享功勞與竊取功勞之間的差異，就是啟發人心和惹怒人心光譜的普遍區分因素。啟發人心的領導者分享功勞，帶來正向的肯定，而惹怒人心的領導者竊取並獨占所有功勞。

瑪蘭和我預測，地位的不安全感會讓人們轉變為功勞獨占者，不願承認他人的貢獻，也就是說，不安全感會將我們推向光譜的惹怒端。我們進行了多次實驗，測試地位的不安全感是否會讓人轉變為功勞獨占者。在一次實驗中，我們請半數受試者回想他們在工作中覺得**不安**的一段時期，正如你在前面所做的，而另一半受試者則被要求回想他們在工作中覺得**安全**的一段時期。隨後，我們提供以下情境：

想像你即將要在工作上接受新的角色，帶來新的成功機會，但也有失敗的風險。你的導師協助你獲得這個角色，你的團隊在這段過程中給予支持。你既興奮又緊張。你希望在社群媒體上向朋友、同事及家人分享這個消息。請撰寫你的貼文。

請注意，受試者只有被要求分享關於獲得新角色的消息，他們可以自由決定貼文的內容與長度。我們感興趣的是，他們是否會**自發**選擇感謝團隊或導師的貢獻。

大多數受試者在社群媒體貼文中只會專注在自己身上。以下是一個例子：「我剛剛獲得新的工作職位。我迫不及待要迎接即將到來的每個新挑戰與成功！」

有些受試者在社群媒體貼文中感謝其他人的角色。「我迫不及待地想在新職位上展開新的契機！我很興奮，但對於新的開始也有些緊張和焦慮。我想要感謝我的導師和團隊幫助我走到這裡！」

雖然大多數受試者只專注於自己身上，但唯有在他們覺得不安時才是如此。當受試者回想自己覺得不安全的時期，只有39％的人在社群媒體貼文中感謝他人。作為對照，當受試者被隨機指定回想自己在工作中覺得安全的時期，大多數（53％）都會透過感謝他人的貢獻來分享功勞。不安全感會讓人變成獨占功勞者。

為了論證不安全感與獨占功勞間的關聯性不僅侷限於社群媒體貼文，瑪蘭和我建構了創投競賽情境，所有競爭者必須用極具說服力的簡報推銷自己的事業。

在每次實驗中，我們都會改變競爭者感到安全與否。在其中一次實驗裡，我們嘗試捕捉由**過往失敗**造成的不安全感：「提出令人信服的提案對你的新創公司來說很關鍵，因為你的簡報能力在過去一直遭到批評，而你今年幾乎沒有收到任何提案邀請。」

在另一次實驗中，我們讓受試者專注在他們與競爭者相比的**劣勢**，以捕捉其不安全感。「提出令人信服的提案對你的新創公司來說很關鍵，因為你一直認為其他競爭者的成功條件比你更好（例如更多資源、更好的人脈或更穩定的基礎等等）。」

改變他們的不安全感程度之後，我們向受試者提供以下的簡報資訊，包括他們從一位同業人士布雷克那裡所獲得的協助：

你在準備簡報時，獲得布雷克的幫助，他是這次創投競賽的餐旅領域競爭者。布雷克建議你應該量身打造你的簡報，專注於優雅地使用圖像設計為原則，來突顯你的企業。你最終決定以使用者體驗作為主要設計元素，以此貫徹整個簡報的投影片內容，藉以強調你們企業的吸引力。為了更突

顯 Tuned（受試者的公司名稱）的互動式遊戲特質，你還加入了動態設計元素。

受試者隨後得知自己**贏得**所屬領域的競賽。「你提出了出色的簡報，贏得教育領域的競賽。這表示你已經晉級，即將與所有領域的獲勝者競爭最後的大獎。領取教育領域的獎項時，你需要提交一篇總結感想演講。」

正如我們的社群媒體貼文研究，他們的演講內容可以包含任何內容，長度不拘。因此，我們能夠衡量每個人是否會**自發**地選擇明確感謝布雷克對於其成功的協助。以下是透過感謝布雷克來**分享功勞**的其中一篇演講例子：

我很高興能晉級至競賽的下一個階段。無論結果如何，我都希望持續改進我的公司「Tuned」。我也想要感謝布雷克先前在這次競賽時提供的建議和幫助。我希望他也可以順利晉級。我很期待下次簡報，並持續進步。

作為對照，以下這個人則是**吝於分享功勞**，並未感謝布雷克：

Tuned 可以參與角逐大獎讓我非常高興和驕傲。在這個必須讓產品脫穎而出的世界，Tuned 提供課程與教育素材，

讓你能更充分應對這項任務。正如我們的產品，我們希望在決賽中脫穎而出！

　　值得注意的是，我們確保了完全相同的實驗情境和結果；在所有情境下，受試者都準備充分，布雷克協助他們準備簡報，他們皆贏得所屬領域的競賽。我們唯一改變的因素，就是我們是否讓受試者覺得不安。

　　我們發現了什麼？在所有實驗中，基礎情境的受試者感謝布雷克的可能性，是不安情境受試者的**將近兩倍**。不安全感一致地剝奪了人們的大方。

　　瑪蘭和我也在現實世界裡測試我們的理論──好吧，至少是在實境節目的世界。我們分析美國實境節目《我要活下去》（*Survivor*）前29季的所有最終自我推銷。在研究中，我們如此描述這個節目：「《我要活下去》在與世隔絕的地點拍攝，參賽者在測驗體能和心智能力的挑戰中相互角逐，以求贏得『唯一倖存者』的頭銜與100萬美元獎金。由於參賽者會從眾人的競爭中逐漸被淘汰，因此除了耐力之外，獲勝還需要一定的社交技巧。為了成為唯一倖存者，你必須找到盟友，建立聯盟。在最後一天，二至三位選手將在陪審團（由該季過往參賽者組成）面前進行最終自我推銷。在這次推銷中，選手會闡述自己為什麼應該贏得競賽的理由。」

　　我們有興趣的地方在於，參賽者是否會獨占成就的功

勞,還是會感謝其他選手的努力。

為了判斷《我要活下去》參賽者的不安全感和分享功勞的程度,我們使用了文字分析軟體和人工智慧ChatGPT。這項研究重現了過去的實驗結果,我們發現《我要活下去》的參賽者在演講中表達更多**不安全感**時,在最終自我推銷中**更不可能分享功勞**。以下是《我要活下去》其中一篇在感謝他人方面獲得特別**高分**的最後演講:

我來參加這場比賽,你知道,我想做到兩件事。我想要一場忠誠的比賽,我想要在身體上、策略上和心智上奮戰到最後。還有,你知道,我對自己的比賽方式非常自豪。我也知道,如果沒有你們所有人的幫助,我不會坐在這裡。所以,謝謝你們,我想要感謝你們。

作為對照,這是在感謝他人功勞方面得到**低分**的演講:

我來參加這個比賽只有一個目標,就是贏得100萬美元,改善我和兒子的生活。我參賽是為了獲勝,我全力以赴。我知道自己沒有做到所有該做的事情,在某些情況中也應該做得更多,但我的一切都是發自內心。我做的每件事都是為了贏得這100萬美元,那就是我為什麼認為自己應該成為今晚的唯一倖存者。我相信我已經贏得了這份榮耀。我為

此付出了努力。就這樣。

在現實世界與實驗室中，在社群媒體貼文、獲勝演講，乃至於實境節目上的自我推銷，不安全感都會讓人們專注在自身的成就、忽略他人的付出。這聽起來可能不是很重要，但請記得，在我們的生活中，付出卻沒有得到應有的功勞，是最惹怒人心的經驗之一。不安全感會讓人們在社交上變得吝嗇，進而引發惹怒人心的惡性循環。

*　　*　　*

為什麼不安全感會讓人們變成獨占功勞者？瑪蘭和我發現，原因是不安全感將地位視為零和遊戲，某人的地位若有任何提升，都是以另一人的地位作為直接的代價。缺乏安全感的人擔心若分享了功勞，將會以自己的地位作為提高他人地位的代價。沒有安全感的人獨占功勞以保護自身地位，即使這會惹怒周圍的人們。

但事情在此開始變得耐人尋味。沒有安全感的人害怕將功勞歸於別人會傷害自己的地位，但正如我們在第5章所討論的，沒有安全感的人**完全理解錯誤了**！與別人分享功勞不只能讓我們邁向光譜上啟發人心那端，也會提高我們的地位。分享地位可以將地位的餅做大。

瑪蘭和我使用稍早的創投競賽脈絡，讓我們的理論接受

最極端的測試。我們檢驗了當有人將功勞歸於直接競爭對手所提供的協助時，會發生什麼事。按理說，分享功勞的做法應該會造成損失，對嗎？完全不是如此——我們發現，分享功勞後，自己的地位仍然可以提升。即使當我們感謝直接競爭對手的貢獻，分享功勞所帶來的地位成長依然會出現！這些實驗結果完全推翻了缺乏安全感的人對於地位的零和遊戲假設。沒有安全感的人獨占功勞，以為能因此提高自己的地位與聲望，但實則只會損害其地位。因此，獨占功勞不只會激怒他人，還會適得其反，造成自我挫敗。

惹怒人心的情緒

不安全感是一種在心理上非常痛苦的狀態，會導致惹怒他人與適得其反的獨占功勞行為。缺乏安全感在本質上與焦慮密不可分，這有助於解釋為什麼沒有安全感的人是如此自私，以及容易激怒他人。我以前的學生安德魯‧陶德，現任職於加州大學戴維斯分校，在我們共同進行的研究中，我發現焦慮是惹怒他人的關鍵來源，因為焦慮損害了本書所討論的啟發型領導者的心理基礎，也就是觀點取替。[7]

在一項研究中，我們邀請一些受試者「描述你過去曾經感到非常焦慮的一段時期」，藉此引發焦慮。我們請他們發自內心感受那種焦慮，並專注思考焦慮的起因。作為對照，

其他受試者則寫下他們如何消磨平日的夜晚。

隨後，我們向他們出示以下這張照片，並詢問他們：「在這張照片中，書本位於桌子的哪一側？」

這個問題看似顯而易見且簡單直接，但你的回答將清楚揭露你採取哪方的觀點。如果你和大多數人一樣，答案會是右側。但請注意，唯有從**你的**視角來看，書本才是位於桌子右側。從盯著書本那個人的視角出發，書本是位於她的左側。

思考了他們平常的晚間時光之後，超過半數的受試者（55％）提出採用觀點取替的答案「左側」。但在精神上重新經歷引發焦慮的情境之後，只有28％的受試者採用觀點取替。焦慮將人們困在自己這一側的桌前，亦即推向光譜上惹怒他人的那一端。

像凱特那樣的小暴君不會創造焦慮，但他們確實會引發憤怒，而憤怒和焦慮一樣，都有害於觀點取替。請思考喬治城大學傑瑞米・葉（Jeremy Yip；音譯）教授的一項研究。[8] 他藉由詢問受試者生平最憤怒的時刻，讓他們感受憤怒：光是想起這個經驗，就讓受試者怒火中燒。其他受試者則是描述日常的一天，與我的焦慮實驗相似。隨後，請所有來自美國東岸的受試者撰寫電子郵件，安排與美國西岸的客戶進行一通重要的電話。傑瑞米將電子郵件編碼分類，檢視內容是否考量太平洋時區（美國西岸時區）。非憤怒組的受試者是很優秀的觀點取替者，將近75％皆考量到西岸時區的會議時間。但當受試者怒火中燒時，大多數都囿於東岸時區的觀點中。

領導者表現出焦慮或憤怒時，甚至更容易惹怒人心。請記得領導者放大效應：領導者的情緒會被放大，進而感染和影響他人。我們的焦慮成為他們的焦慮，我們的憤怒壓倒了其他人。

焦慮、憤怒、不安全感及憤恨，都會將我們推向光譜的惹怒端。我們惹怒他人時，會在他人心中引發憤怒和焦慮，轉而提高他們惹怒他人的傾向。這些情緒將我們轉變為貶低他人的暴君與獨占功勞者，進而引發惹怒人心的惡性循環。

啟發人心的自我約束

低地位、不安全感,以及憤怒和焦慮的情緒,將我們推向光譜上的惹怒端。它們使我們欠缺遠見,將我們困在狹隘且憤怒的視野中。在其強烈影響下,我們更沒有能力成為典範;我們變得焦慮又懦弱,給人一種城府很深、充滿算計的感覺,而不是成為冷靜英勇的守護者,真誠地體現卓越與人性。我們成了自私且辱罵他人的鐵絲網導師。

我們該如何重新控制情緒和不滿?我們要如何回到光譜上啟發人心那端的道路?

第一步是讓分享功勞成為長久的習慣,讓自己更慷慨、更常分享。正如我們在啟發人心導師的討論,當我們感謝他人的貢獻,可以讓他們笑容滿面,而不是怒火中燒。領導者放大效應將我們微小的慷慨舉動,放大為重要的慷慨舉動。請記得,只需要一個雪花玻璃球,就能讓凱特從小暴君變成可愛的泰迪熊。慷慨在思想和行為上的重要性,就是我將慷慨視為首要價值的原因。

其次,我們需要尋找控制自身強烈情緒的方法,例如憤怒、焦慮及不安全感。妥善控制這些強烈的情緒,是防止惹怒人心惡性循環的關鍵。

讓我們從不安的感覺開始。我們已經討論過,反思自身價值可以幫助我們進入有遠見的心智狀態;反思我們覺得安

全、有權力、有控制能力的時期，能夠幫助我們進入典範的心智狀態。這些技巧都可以直接降低不安的感覺。

我們也可以成為自己的啟發人心導師。北卡羅來納大學夏洛特分校的史帝芬·羅格伯格（Steven Rogelberg）與企業高層共同進行了一項引人入勝的研究，[9] 他請企業高階主管寫一封信給未來的自己，作為個人成長計畫的部分內容。隨後，他將信件編碼分類，檢視高階主管在信中是扮演自己的啟發人心導師，還是惹怒人心導師。惹怒人心的信件內容是斥責與詆毀，將自己稱為輸家，認定自己無法成長與發展。啟發人心的信件內容是鼓勵（**你一定會成功**），但也挑戰自我（**別忘了你承諾要用更多時間真誠傾聽他人**）。為了測試自我對話是否能預測實際的領導表現，史帝芬請高階主管的同仁和下屬評估其領導效能和創意。史帝芬的研究發現了什麼？啟發人心的自我對話與更成功的領導有關，而惹怒人心的自我對話則與較差的創意有關。當我們成為自己的啟發人心導師，就能打破惹怒人心的惡性循環。

我們也可以透過冥想來處理負面的想法和情緒，事實證明，冥想可以緩和焦慮與憤怒，有助於平息我們的不安感。我的研究同仁是來自華盛頓大學的安迪·哈芬布拉克（Andy Hafenbrack），他針對冥想的主題完成了一些最具開創性的研究。[10] 在一次實驗中，安迪讓受試者進入為時12分鐘的沉默，而他只是簡單地改變受試者度過這段時間的方

式。在**冥想組**中,他指引受試者將注意力放在呼吸上。

輕輕地將注意力集中在你的呼吸上。每次呼吸的過程都保持全然的專注,完整的吸氣與完整的吐氣。如果你的思緒飄離了,承認它,但不加以評判。輕輕地將注意力重新集中在呼吸上,重新連結至當下。

在**控制組**中,他請受試者任憑思緒自由漫遊:

請思考從過去、現在或未來浮現在思緒中的任何事情。這是讓思緒自在奔放的時間。你不必只思考一件事;你可以隨心思考許多不同的事情。不要過於堅持任何事情。自由思考。

兩組受試者都靜坐了12分鐘,唯一的差別是他們將注意力放在自己的呼吸上,還是任憑思緒漫遊。

冥想之後,安迪讓受試者參加抽獎,頭獎為120歐元。他也讓受試者有一個機會擴大頭獎,提高金額,但有一個條件:擴大頭獎金額的唯一方法,就是將你贏得的至少部分獎金送給另一位受試者。這是安迪給受試者的選擇:

如果你贏得頭獎,你可以拿走所有獎金,或者分享部

分獎金給另一位受試者,而你分享的任何金額都會乘以1.5倍。因此,如果一位受試者保留70歐元,分享50歐元,另一位受試者將獲得75歐元(50歐元乘以1.5)。

安迪發現了什麼?在控制組(思緒自由漫遊組)中,受試者並不是非常慷慨,他們只分享了23歐元。但在冥想組中,分享金額比控制組多了將近兩倍,專注在自身呼吸的受試者分享了超過40歐元。冥想大幅提升了慷慨。

冥想不只讓我們更慷慨,還能幫助我們做出更好的決策,面對負面回應時的過度反應程度減少,甚至降低我們報復他人的可能性。安迪也發現,冥想可以創造所有啟發人心的效果,因為冥想削弱了惹怒人心的情緒根源:憤怒、焦慮,以及不安全感。

反思我們的價值,回想擁有權力的經驗,專注在自己的呼吸,能幫助我們保持冷靜與專注,因此得以看見大局、更有勇氣、更慷慨地行動。感受冷靜與安全,讓我們從光譜的惹怒端走向啟發人心那一端。

冥想是練習的形式之一,事實證明,更為全面的練習是保持在啟發之道上的真正關鍵,即使是身處攸關生死的危機之中。

Chapter 07

啟發人心的練習

　　安托妮特・塔夫（Antoinette Tuff）從對話中抬頭時，留意到一位身穿全黑服裝的男人。一開始，她沒有太過於注意那個人，但隨後，他要她注意——「這不是玩笑，這是真的。」——並在她面前用AK-47突擊步槍發射了一顆子彈。「我那個時候才知道這件事是認真的，我可能會失去性命。」

　　安托妮特立刻用羅納德麥克尼爾探索學習學院（Ronald E. McNair Discovery Learning Academy）附設小學行政辦公室的桌上電話撥打911緊急電話，但她的電話迅速被更多的槍聲打斷。那個男人正朝著外面的警察開槍，警察也立刻還擊。

　　她的直覺反應是逃跑，她告訴911的電話調度員：「沒錯，我要逃跑。」但她並未逃跑，反而轉向槍手，不假思索地告訴那名男子，調度員「正在聯絡警方，要求警方退後，好嗎？」

　　在接下來的12分鐘，安托妮特在校內顫抖害怕的孩子和校外全副武裝的警方之間，扮演冷靜的溝通橋梁。[1]安托妮特透過言語和行動，啟發了那位神祕的槍手在造成任何傷

害之前自首。

安托妮特：好，他說告訴警方退後⋯⋯他不要小孩，他要警察。還有什麼其他的嗎，先生？他說，他不在乎自己會不會死，他已經沒有活下去的理由。他還說他的精神狀態不穩定。

911調度員：好的，好的，問他願意說自己的名字嗎？

安托妮特：他說不要，他知道如果說出自己的名字，就要坐很久的牢⋯⋯他還在假釋中。告訴警方退後，他說，現在就叫警方退後。

911調度員：好。告訴他，我會給警方指示。

安托妮特：他說他應該開槍自殺。

安托妮特立刻開始**安撫**那名男子，讓他擺脫驚慌的狀態。

安托妮特：你希望我請她過來這裡嗎，先生？她聽起來很愛你（此處是指男子的一位親戚，安托妮特正在與那位親戚通電話）。

911調度員：你正在和他的親戚通電話嗎？

安托妮特：對⋯⋯他說他應該去精神病院，而不是做這件事，因為他沒有按時吃藥⋯⋯我可以幫你⋯⋯你希望我和他們談談，試試看嗎——沒問題，讓我和他們談談，看看我

| 第7章 | 啟發人心的練習　　179

們能不能想出方法,讓你不用坐很久的牢。不,這件事情很重要!我可以讓他們知道,你不想傷害我,也不會對我做任何事⋯⋯但這沒有任何影響。你沒有傷害任何人。

在下一句話中,她主動提議擔任他的英勇守護者,她也展現自己脆弱的一面。請留意她如何藉由稱呼那名男子「寶貝」而不是「先生」,改變了兩人關係的本質。

安托妮特:如果我和他一起走出去⋯⋯他們不會開槍射他或者做其他事吧。他想自首。這樣可以嗎?他們不會開槍射他對吧?⋯⋯他說他只想去醫院。

911調度員:請稍等一下,好嗎?

安托妮特:好。她請我們稍等⋯⋯她會和警方談談,我跟你一起走出去⋯⋯好,別難過,寶貝。我的丈夫最近離開我,我們結婚33年了⋯⋯當然可以,你可以幫忙,我的意思是說,我就坐在這裡跟你談談——我跟你談談我的事情。我有一個兒子,他有多重身心障礙。我可以和她談一下嗎(指調度員)?⋯⋯讓我和她談談,讓她知道我要和你一起出去。你想要我和她談一下嗎?不,你沒做錯事,寶貝。一切都會沒事。他們會和警方談的。

安托妮特隨後用廣播播放他的聲音,向整個社區的人們

表達他對於自己造成這個痛苦局面的悔恨。

911調度員：⋯⋯不要掛電話。

安托妮特：好的。他希望我用室內廣播系統⋯⋯所以，你能不能告訴警方，讓他們知道我會和他一起走出去，他想要自首？⋯⋯請你告訴我，我們應該怎麼做好嗎？他希望我使用室內廣播系統，讓所有人知道他真的很抱歉，好嗎？

911調度員：好。

安托妮特並未直接將他帶出去，而是讓他躺下，等待警方進來將他帶走，藉此創造了更冷靜且更不容易失控的情境。

安托妮特：好的⋯⋯他想要知道你們希望他怎麼處理這把槍。

911調度員：了解。

安托妮特：還是你們想要送一位警官進來，他說他會趴在地上，雙手放在背後，我從他手中拿走那把槍，放在我身體的另一側。

安托妮特：把所有東西放過來這裡⋯⋯所以他們不會看見，好嗎？過來這裡，把槍放下⋯⋯把槍放在所有東西上面，好嗎？

當他準備屈服時，安托妮特並未催促，而是讓他慢慢來。在這段時間裡，她從未停止鼓勵他、同理他，並且挑戰他。她甚至給予了愛。她為他創造了一種啟發人心的**願景**，引導他將自身的投降視為一種英雄表現。

911調度員：他放下武器了嗎？

安托妮特：是的。所以請稍等一下再進來。他正在放下所有的東西⋯⋯請讓他整理一下心情⋯⋯好的。他想喝他帶來的那瓶水，請讓他喝水。讓他整理一下心情。

安托妮特：好的，寶貝，我們不會恨你。你自首是件好事。所以我們不會恨你。

911調度員：女士，您做得非常好。

安托妮特：他說他已經沒有任何武器了⋯⋯好的，他現在趴在地上，雙手放在背後。請告訴警官，不要帶著槍進來──不要進來開槍或者做危險的事情，這樣他們就可以進來，我會開門讓他們進來。

安托妮特：坐在那邊，我要開門讓他們進來，好的，所以你可以知道他們什麼時候要進來，好嗎？⋯⋯我會坐在這裡，所以他們可以看見你不會傷害我，好嗎？好，一切都會沒事的，甜心。我只想讓你知道我愛你，好嗎？我為你感到驕傲。你自首很好，不要擔心。我們的人生都會遇到困難。不，你不想這麼做。不，你真的不想。你會沒事的⋯⋯我也

想過同樣的事情，去年我先生離開我的時候，我也想要自殺，你知道嗎？但看看現在的我，我還在工作，而且一切都很好。

最後，那個男人已經準備好結束這次的對峙，甚至說出自己的名字：

安托妮特：你的名字是麥可什麼？麥可・希爾（Michael Hill）？……噢，好的。所以你是跟著在庇護所打鼓的孩子們一起進來的嗎？……噢，所以你真的在庇護所跟那群孩子一起做事？噢，真棒……所以那表示我以前看過你。噢，好的。你們一起為了他們打鼓表演，還有做一些很棒的事情。好的。他說他們現在可以進來了。他需要去醫院……他問你們希望他雙手舉高走出去，還是你們希望他——

911調度員：請他待在原地。

安托妮特：……你的名字是麥可・希爾，對嗎？你知道嗎，麥可，我也姓希爾。你知道，我媽媽也是姓希爾……請告訴警官可以進來了。好的，他拿著手機。他身上只有他的手機。

當麥可・希爾遭到逮捕，全校800名小學生和100名教職員全都安然無恙，安托妮特終於鬆了一口氣，結束這通改

變命運的911報案電話:「讓我告訴你一件事,寶貝,我這輩子從來沒有一天像這樣害怕過。噢,天啊。」

* * *

「如果你們想要更深入洞穴,就需要潛水才能去到那裡。」25歲的足球教練艾卡波·查塔汪(Ekapol Chanthawong)告訴野豬足球隊的12名青少年。[2]他說,但現在該回家幫隊友慶生了;也許明天他們可以更深入探索六英里長的睡美人洞。

但艾卡教練很快就意識到他們已經走得太深太遠了,先前伴隨他們進入洞穴的朗朗晴空已經轉為突如其來的暴風雨,雨勢洶湧,雨水開始朝著他們奔湧而來。

隨著水位上漲,艾卡教練必須迅速行動。他將繩子綁在自己身上,同時將繩子的另一端交給那群男孩,然後潛入翻騰的水流中尋找出口。「如果我拉繩子兩次,代表我看見出口。」他說,「但如果我沒有拉兩次,就把我拉回來。」艾卡教練沒有拉繩子,男孩們開始驚慌,迅速將他拉回岩礁上。幸好他們拉回教練了——水勢非常猛烈,導致艾卡教練撞到周圍的岩石,瀕臨昏厥。

隨著更多的水流開始朝著他們奔湧而來,這支足球隊別無選擇,只能更深入洞穴尋找庇護地點。他們找到一處相對乾燥的地方過夜,但隔天清晨,「我們睡醒時,水依然未

退。一轉身,水就在我們旁邊。水勢很猛烈,窮追不捨地追著我們。」艾卡教練提議前往更深處尋找出口,但他們終究「抵達了我們能夠到達的最深處,我們找不到出口,只有一片黑暗」。

在洞穴中的第五天,他們聽見了一個聲音,以為那是希望的訊號:直升機。然而,艾卡教練意識到那是「一片朝我們襲來的陰影,可能是潮水的浪潮。一旦我看清楚之後,立刻叫所有人往高處跑」。他們躲入了第九石室,睡美人洞的最高點之一。此時,他們已經完全被水包圍了。

這群男孩究竟如何在沒有食物、沒有飲水、也沒有方法求助的情況下,受困整整十天而存活?艾卡教練**啟發**他們努力生存。

一切始於他的**遠見**。艾卡教練從不使用「**陷入**」或「**受困**」的字眼;他知道這種字眼只會放大他們的驚恐。相反地,他刻意將他們在洞穴中的時間定調為「暫時」:「我告訴那群男孩,只要再等一下,水位可能就會下降,我們就能離開。」他將這種暫時的困境描述為能夠向家人分享的好故事。

艾卡教練理解希望的重要性。「我必須保持樂觀,這樣他們才不會放棄。」他持續傳達他們一定能夠離開的**樂觀想法**。他經常向他們保證,他有一個計畫能確保他們的安全並順利離開。正如其中一位男孩所言:「艾卡教練總是說一定有方法可以出去,所以我們每天都在努力尋找出路。」艾卡

教練堅決地宣告不會有人死在洞穴裡。

艾卡教練將其中一位男孩的鬧鐘設定在每天清晨6點，因為他知道一個太空人長久以來都明白的道理：與世隔絕時，若沒有嚴格的作息，人們會失去時間感，迅速與日常現實脫節。「如果我們不知道時間，壓力會更大，只能漫無計畫地度過一天。」

為了對抗因為恐懼和物資匱乏而加劇的緊繃，艾卡教練強調他們**共同的目標**。沒有共同的目標，這個團體將陷入內鬨。「倘若孩子們無事可做，就會開始想像最惡劣的情況。接著，團體必定會分崩離析。」艾卡教練也藉由強調彼此的連結來對抗衝突：「我告訴他們，無論發生什麼事，絕對不可以相互爭鬥，我們必須永遠相互扶持。」

第五天，這支足球隊發現自己困在第九石室的岩礁上，艾卡教練向他們提出一個具體目標：從頂部挖出一條出路。「唯一能做的事情就是爬上去，想辦法挖一條出路⋯⋯從早到晚，我們都在努力挖掘。」他知道集體挖掘道路不只會給他們一種目標感，還會讓他們感覺到自己正在團隊合作。其中一位男孩將此事描述為「團隊合作，就像我們正在踢足球。足球不是一個人的運動，對吧？」另一名男孩則表示：「我們是一個團隊，無論輸贏，我們都在一起。」

艾卡教練的樂觀精神也延伸至他們的挖掘進度。「孩子們會問我認為還要挖多遠。所以我回答他們五公尺。」當艾

卡教練宣布進度後，一位男孩如此描述：「每個人都相信。我們所有人都相信。」如同西南航空的舒爾茲，艾卡教練的樂觀信念，用希望的可能性取代了恐慌。

艾卡教練在泥土頂部的另一側，為他們繪製了一片心靈綠洲——一座柳橙園。男孩們透過想像柳橙園的主人會不會因為他們偷吃柳橙而責備他們，獲得了慰藉。他們描繪柳橙園外有家小店，他們終於可以在那裡吃飯，隨後騎上單車回家。正如其中一位男孩所說：「我們已經有完整的計畫。」

艾卡教練也是始終如一的**典範**，他了解身為冷靜英勇守護者的重要性。「我必須盡我所能地守護他們，確保他們無恙……我的內心一團亂。在挖掘時，情緒的負擔太多了，我會哭，但偷偷哭。我不想讓他們感受到我的脆弱。」看見他的脆弱和焦慮，只會放大孩子們的恐慌。他明白，在這個情況下，他的力量就是他們的力量。

艾卡教練比任何人都更賣力挖掘，甚至到了「雙手都因為挖掘而皮開肉綻」的程度，這不是艾卡教練第一次為了男孩們犧牲。「每次踢完球，他總是讓我們所有人先喝水，自己最後再喝。」另一位男孩提到：「艾卡教練永遠都把其他人放在自己前面。」

為了幫助男孩們確實相信在沒有食物的情況下，他們可以堅持得比自己想像的更久，艾卡教練向他們講述他過去當僧侶時，九年來如何一天只吃一餐。對於食物和生存的新認

知，協助了男孩們接受時時刻刻的飢餓感。

艾卡教練很有創意。他知道他們不能飲用周圍泥濘中的髒水，於是他尋找替代方案。他發現他們可以飲用從洞穴鐘乳石上滴落的水，因為那些水經過山石的過濾。這個簡單的洞察幫助男孩們獲得生存所必需的水分。

最後，艾卡教練是一位深不可測的**導師**，在這個過程中鼓勵並支持團隊的每一步。

他協助男孩們調節情緒。為了提振他們的心情，他還會與團隊一起唱歌。但他也承認與同理看待所有隊員承受的痛苦，並理解他們表達痛苦的需求，所以他告訴隊員們：「無論誰想哭，就哭吧，把情緒都發洩出來。」

他總是留意團隊中最虛弱的成員。隊中最年輕的成員馬克不舒服時，艾卡教練會鼓勵他。艾卡對他說，他知道馬克的個子雖小，但他很堅強。同時，艾卡也請其中一位年紀較大的男孩將多餘的襯衫給馬克保暖，藉此支持馬克。

為了讓男孩們保持冷靜，艾卡教練運用作為佛教僧侶修行時的訓練經驗。艾卡教練六歲時，他的兄弟過世了。他的母親無法走出傷痛，很快就撒手人寰。不久之後，艾卡教練的父親也跟著病逝，他成了孤兒。新的現實迫使艾卡教練學會無私，「我剃度成為沙彌，這樣就不會造成親戚的負擔。」

艾卡教練明白，他必須在精神上支持男孩們。「受戒成為佛教徒的十年經驗，有助於強化我的精神與軀體……如果

我們陷入憂鬱，我們的軀體也會崩潰。但如果我們的精神堅強，我們的身體就會自行復原。」

在洞穴中，艾卡教練邀請男孩們與他一起冥想，並解釋他在沮喪時會用冥想安撫自己的心神、克服恐懼。「他希望我們保持冷靜，所以我們不會胡思亂想。」其中一位男孩提到。重要的是，艾卡教練也確保他的冥想包含了每一位隊員。其中一名男孩阿杜擔心自己的基督教信仰會讓他無法加入隊友，但艾卡教練向他保證，不需要是佛教徒也能參與冥想。艾卡教練用以下這些話語，在冥想過程中引導他們。

閉上眼睛
專注於鼻尖
吸氣時想著「主」
吐氣時想著「佛祖」

艾卡教練知道，冥想不只可以讓男孩們平靜下來、安慰他們，還能幫助他們保存體力。更重要的是，冥想讓團隊可以更有效率地使用洞穴中迅速消耗的氧氣。即使洞穴中的氧氣濃度降至15％，低於維持生命的標準時，男孩們仍然在洞穴裡又存活了三天。

儘管情況險峻，艾卡教練依然鼓勵男孩們開玩笑，他知道這有助於提振他們的精神。其中一名男孩問其他人，如果

出現一位裸體女子,他們會做什麼,另一個男孩開玩笑說:「我會讓她拚命挖洞。」

他們在洞穴中第十天時,手電筒的電池終於即將耗盡。艾卡教練吩咐男孩們關上手電筒,陪伴在彼此身邊。在那片黑暗中,他聽見了某個聲音。是氣泡的聲音,而且似乎有個詞漂浮在其中:「哈囉。」

整支球隊連忙衝向岩礁邊緣,深怕自己錯過離開的機會。就在他們差點失足落入水中時,水面上浮現一盞頭燈。潛水員喊道:「你們有幾個人?」經過五天艱難的潛水搜救之後,一對英國洞穴潛水員終於找到了野豬足球隊。

見到男孩們依然活著,潛水員大為驚奇,但更讓他們大感驚訝的是男孩們的舉止。「他們骨瘦如柴的模樣讓我略受驚嚇⋯⋯但至今仍讓我感到不可思議的是,沒有任何人的嘴唇顫抖,沒有一滴眼淚,也沒有絲毫擔憂的痕跡。」

當全球民眾組成的搜救隊千辛萬苦地思索讓足球隊從洞穴中安全撤離的計畫時,潛水員們將每位隊員的訊息傳送給他們的父母。艾卡教練則向男孩們的家長發送了這張便條:「所有親愛的家長,我們沒事。搜救團隊非常妥善地照顧我們。我保證會竭盡所能照顧好孩子們。謝謝你們的支持,我向所有家長致歉。」

在國際洞穴潛水員團隊的英勇努力下(我們將在第12章中探討),被困在睡美人洞中度過難以想像的18天之後,

野豬足球隊的12名隊員與他們的教練，活著離開了洞穴。

練習的啟發力量

安托妮特・塔夫和艾卡教練各自被推入了生死攸關的境地，儘管面對突如其來且前所未有的事件，他們仍準備好應對眼前難以想像的挑戰。因此，他們對於這種高風險危機的熟練應對並不令人驚訝，而是意料之中的結果。

安托妮特迅速成為媒體矚目的焦點，甚至接到時任美國總統歐巴馬打來的表揚電話。每個人都不停問她相同的VEM問題：你是如何專注於透過和平方式結束那場對峙？你是如何保持冷靜與勇敢、真誠與脆弱？你是怎麼做到如此的關懷、支持以及鼓勵人心？她的答案是：練習。

> 一切都要歸功於我的牧師，他真的訓練過我們。我們上過課，他坐下來教導我們如何待人、如何面對絕境，以及如何祈禱。我們在教會練習。因此，實情是，我只是實踐了我在每個星期日和星期三學到的內容。[3]

安托妮特曾經練習過應對高風險的情境，所以她能夠退一步，看清更廣闊的全貌。她知道麥可・希爾非常絕望，而她的言語將決定生死之別——她、他，以及學校所有人的生死。

因為請記住，他已經在我面前開了一槍，就在學校辦公室裡，那顆子彈到處彈。我就坐在那裡看著他展露自己的精神狀態。你知道，他四處掃射，填補彈匣，又將子彈塞滿身上的所有口袋。我真的看到他在自我毀滅。所以，我知道我的言語必須強而有力。[4]

艾卡教練讓12名青少年和他自己，在沒有食物、缺乏溫暖、沒有逃脫方法的情況下存活了10天。在此，我們再度看見「練習」協助他啟發周圍人們時扮演的關鍵角色。

艾卡教練作為佛教僧侶時的訓練，讓他具備應對極端匱乏情況時所需的自制力和堅韌精神。他的訓練不僅使他成為紀律的典範，還進一步指引男孩們更有效地應對共同的困境。身為他們的教練，他始終將男孩們的需求置於自己的之上。讓男孩們先喝水這個簡單的習慣，也延續到洞穴裡。他在洞穴中的精神奉獻既真誠，又深植在他與團隊的互動之中。例如，他提到，「男孩們在我家過夜時，有一個固定的習慣。睡前，我會邀請他們一起祈禱。祈禱讓我們安穩入睡，避免我們胡思亂想。」

安托妮特和艾卡教練早已準備好啟發人心。各種團隊也能做好準備，妥善應對突發危機。

啟發人心的模擬

2011年5月2日,一架軍用直升機在一處庭院上空懸停,以便機上人員迅速用繩索垂降至方的建築群。[5] 但建築周圍的牆壁引發了極大的氣壓,導致駕駛員無法控制直升機。載著12名海軍海豹部隊隊員的黑鷹直升機正在下墜,他們的任務——擒獲賓拉登(Osama bin Laden)——驟然陷入危機。

在建築群的東北角,有另一架懸停的黑鷹直升機。他們不確定自己的戰友是否正與敵方交火,還是單純遇上機械故障,所以他們決定臨時改變戰術,於建築群外圍降落。

歐巴馬總統和顧問團隊在白宮戰情室守候,屏息等待任何通訊消息。一名官員如此形容那些尤其煎熬的緊張沉默時刻:「永恆的定義就是從你看見某件事情出錯,到收到第一次語音報告之間的那段時間。」[6]

突然之間,無線電劈啪作響,傳出一個聲音平靜地表示,他們正在進行突襲。首次無線電通訊後18分鐘,另一個聲音宣告:「為了上帝與國家——傑羅尼莫(Geronimo),傑羅尼莫,傑羅尼莫。傑羅尼莫,敵人已當場遭到擊斃。」

海豹部隊第六小隊是如何在這場預料之外的危機中,如此冷靜地反應,迅速重振,並成功完成任務?

練習與經驗。

這支特種部隊已經在阿富汗周圍執行過非常多次行動，幾乎沒有任何事情會使他們感到困擾。正如一位國防部官員所指出：「這是過去兩年來，夜復一夜近2,000次任務的其中一次⋯⋯（幾乎就像）修剪草坪⋯⋯大多數的任務開始之後失敗了。這項任務開始之後成功了。」[7]

海豹部隊第六小隊也反覆練習這項具體任務。首先，他們在北卡羅來納州建造了複製建築*，類似於賓拉登居住的建築群，費時五天五夜於其中演練任務。隨後，他們搭機飛往內華達州沙漠，進行為期一週的演練，在地理位置與目標建築群大致相似的高架複製建築中完成訓練。由於他們必須在夜色掩護下抵達，所以每晚都練習搭乘直升機進行快速繩降。其中一位隊員過去從來沒有快速繩降的經驗，但他藉由持續練習來迅速精通整個過程。經過兩週的不懈模擬之後，他們已經準備就緒。

然而，他們針對這次任務的練習和模擬尚未結束。直升機從阿富汗飛往建築群的那90分鐘裡，海豹部隊第六小隊的成員沉默地坐著，每個人都在演練這次行動的流程，從頭

---

* 作者注：複製建築群與位於巴基斯坦的實際建築群之間有一個關鍵差異。在北卡羅來納州的複製建築群中，他們使用鐵絲網模擬建築群的圍牆，而這種鐵絲圍牆讓懸停直升機的氣流可以通過，所以直升機能自由移動。作為對照，實際建築群的厚重圍牆困住了空氣，引發氣流問題，導致直升機墜落。

到尾,在他們的腦海中。

特種部隊深厚廣博的經驗,結合了專為任務打造的訓練與反覆的模擬,讓海豹部隊第六小隊做好充分準備,在計畫並未如預期發展時,將任務導回正確的方向。

啟發人心的反思

安托妮特、艾卡教練,以及海豹部隊第六小隊,無論他們各自面對的特定危機為何,他們的英雄行徑都深植於相同的原則:透過經驗和練習,我們可以讓自己做好啟發人心的準備。

深受喜愛的體育分析師暨The Ringer網站執行長比爾‧西蒙斯(Bill Simmons)談到了經驗的力量,或者他所謂的「反覆練習」(reps):

> 生命中的任何事情,只要有足夠的反覆練習,你就更有可能成功。幾年前,我開始從事電視和廣播時,為了讓自己聽起來不緊張,在我的時段開始前,我都要與突然湧現的腎上腺素奮戰。我現在已經學會如何引導那股能量——我可以在大群觀眾面前談論任何話題。為什麼?因為我反覆練習。[8]

練習和經驗是專業的兩個根基,但還有一個同樣關鍵的

額外要素：反思。專業來自於**經過反思**的經驗和**經過反思**的練習。唯有在認知上整合自身的經驗，我們才能培養更深厚的知識和理解。

軍方理解反思的重要性，他們不僅周全地準備任務，也將反思融入於每次任務中。[9]

鑒於軍事任務充滿壓力且攸關生死的特質，任務的匯報有許多功能。匯報讓團隊可以釐清任務事件的時間軸，以確保真切地理解任務的經過。匯報幫助戰士消化經驗，避免壓力殘留，並促進適當的調整。任務匯報也實現了凝聚與打造團隊的功能。

同樣重要的是，匯報旨在善用對於任務經過的理解，以建構更成功的未來任務。這些經驗因而得以被整合至日常習慣，以及專為任務所設計的準備。任務匯報是從經驗邁向未來實踐的踏腳石。

在匯報期間，有一件事情會被留在會議室外：軍階。等級制度會壓制聲音，而軍方需要所有觀點，以確保對於已完成的任務有完整理解，並且為了未來的練習，創造更深刻的學習。減少軍階差異最簡單的方法，就是將軍服留在會議室外，讓所有人身穿便服進行討論。

我在2000年投入學術就業市場時，學習到結合了反覆練習和反思的力量。當我收到其中一所聖杯名校、加州大學柏克萊分校的面試邀請時，我激動萬分。柏克萊分校不只是

我的夢想學校之一,我當時的女友也在那附近長大。正如我的學生吉莉安‧古(我們曾在第4章中討論過她),我也必須提出長達90分鐘的研究簡報,同時不斷接受挑戰性問題的轟炸。我妥善地回答了幾個問題,但時而結結巴巴,時而猶豫不決。我的面試進行得很順利,但不完美。我的表現排名第二,我深受打擊。

　　我無法停止反芻(ruminate)我的面試,我不停在腦海中演練針對那些問題的回答,一再反覆地練習,讓我的答案變得愈來愈洗練。

　　我最後落腳於猶他大學,那裡有一群支持我的優秀同事。在猶他大學的第一年,我受邀至西北大學凱洛格管理學院進行求職面談。對我來說,西北大學甚至比柏克萊分校更好——我在西北大學完成我的博士後研究,非常喜愛那裡的研究社群。但我的求職路有些障礙,因為校方從未聘用過在那裡完成博士後研究的人。我必須打出全壘打,才有機會得到聘雇。

　　面談時,我意識到一件值得注意的事。雖然我一直受到刻意刁難的問題所挑戰,但我在過去的面談中早已被問過**每一個**問題,有些在柏克萊分校,有些在其他學校。雖然西北大學的教職員向我丟出非常刁鑽的曲球,但我的反覆練習和反思讓他們的曲球看起來就像軟弱的直球。

　　這個例子呼應了我和其他人發現的一項科學見解:後

悔,若能作為反思,就會成為未來練習和準備的踏腳石。當我們著重於「當初可能的結果」,也就是所謂的「**反事實思考**」,看起來可能會像是失衡的反芻(dysfunctional rumination)。然而,「如果當初……」的思維,往往是在進行反思的演練。我們在第3章討論過,反事實思考有助於滿足人類對意義的基礎需求。雖然這種想法是後悔的根源,但也是準備與未來練習的根基。[10] 我在柏克萊分校面談之後的悔恨與反芻,讓我為下一場面談做好了充分的準備。

有了這次經驗之後,我開始研究後悔帶來的實用益處。以下是我在研究中採用的其中一個場景:[11]

你正在協商購買一張波斯地毯,賣家要求你提出首次報價。你提了一個價格,你認為這個價格不算太離譜,也能讓你得到一筆好買賣:500美元。賣家立刻說:「成交,這張地毯是你的了!」

你的感覺如何?從某個層面來說,你應該非常滿意,因為你甚至不需要做出任何讓步。基於你的首次報價,你拿到了你所能獲得的最佳價格。但如果你和我的實驗受試者一樣,許多人都會感到**後悔**。你可能認為你的首次出價過高。我的意思是,為什麼賣家會接受你的首次出價,除非你犯錯了?

在另一次實驗中，我請受試者針對一間房子進行模擬銷售，由買家提出首次報價。但巧妙之處在於——賣家也是實驗的一部分，而我們告訴這位實驗協助者應該怎麼做。在協商情境中，我們指示協助者針對買家的首次報價提出還價，來回協商三次，然後接受第三次出價。在另一個情境，我們則是告訴實驗協助者立刻接受買家的首次出價。由於立刻接受出價情境的買家並未做出任何價格讓步，所以他們獲得從客觀角度而言非常傑出的成果，這些買家只支付了31萬美元就買到房屋。作為對照，在協商情境中，受試者支付了34.5萬美元。由於他們的首次出價立刻成交，這些買家省下將近35,000美元！但儘管結果如此傑出，他們仍帶著深刻的不滿離開談判桌。

協商談判結束之後，我們請受試者反思他們的經驗，並分享想法。協商情境的買家提到，他們對自己的新家非常滿意。作為對照，立刻接受出價情境的買家頻頻提到**後悔**一詞。但這就是真正耐人尋味之處。關於他們當時應該採取的不同方法，以及下次如何改善，這些見解深植於悔恨的反芻中。他們將對於過去的反芻，交託給未來。

在反思購屋協商之後，我們的實驗尚未結束。我們告訴協商者，他們還有進行第二次協商的機會，這次的主題是工作機會。我們給予他們充分需要的時間進行準備。

在此，我們看見了後悔的建設性力量。當協商者愈是專

注於當初該如何改善購屋協商,就會投入愈多時間準備下一次協商!後悔驅使他們更徹底且深入地準備。反芻他們的反思為其未來的成功奠定了基礎。

安托妮特、艾卡教練以及海豹部隊第六小隊的經驗與練習,讓他們即使身陷危機,也能保持平靜。反思的經驗與反思的練習,有助於將焦慮轉化為沉著。比爾・西蒙斯提到他過往的媒體經驗,如何幫助他於日後更有效地運用他的腎上腺素。我在柏克萊分校的反思經驗,幫助我在下一次的求職面談中保持平靜與專注。

保持冷靜不只會幫助我們做出更好的決策,也因為領導者放大效應而顯得重要。正如我們前面的討論,情緒通常有感染性,而領導者放大效應則是讓情緒具有真正的傳染性。艾卡教練明白,他的力量就是男孩們的力量。海豹部隊第六小隊的冷靜執行讓美國總統安心。在壓力時刻保持沉著是帶來啟發性影響的關鍵。冷靜也有助於讓我們具有遠見,看見大局。藉由擴展我們的視野,我們能夠看見原本隱藏的創意解決方案。

安托妮特和艾卡教練也提到日常慷慨與啟發型習慣的價值。安托妮特每週三和週日都在教會練習同理心。艾卡教練每天與球隊練習犧牲,也將冥想融入生活,成為長久的習慣。

啟發人心的投入

許多讀者可能都聽過「薩利」（Chesley "Sully" Sullenberger）機長，也就是哈德遜英雄的傳奇事蹟。他是全美航空班機的機長，該班機在起飛兩分鐘之後同時失去兩架引擎。在引擎因為鳥擊損毀四分鐘之後，薩利成功將飛機降落在哈德遜河上。薩利的英雄事蹟之所以可能實現，部分原因在於他是有執照的滑翔機師，也就是能夠駕駛無動力飛機的人。但他的英雄事蹟也是他殷切投入照顧他人的結果，他在生活中的每一天都體現了這種精神。

我從許多同事那裡聽來……他們開始告訴我許多很久以前的事情，他們也開始將那些事情稱為薩利故事。我自己都忘記那些事了，但他們記得……有些是我做過的事，有些是我說過的話，有些則是我們曾經面對的情況，而我的處理方法讓他們有了共鳴。有時候，他們只是告訴我，我們曾經在某個深夜抵達目的地，機上有一位年長的乘客需要輪椅，但找不到平常負責輪椅的人。於是我親自找來一臺輪椅，將那位乘客送到航廈。我的同事也告訴我，他們對於1549航班的結果不會太意外，因為他們多年來觀察我如何過生活……原來我的名聲是在一次次的互動、一個又一個人、一天天的作為中建立起來的。[12]

那麼，我們要如何更頻繁地帶來更多啟發？我們如何成為舒爾茲、塔夫、艾卡或薩利？

一切都始於**反思**。我們需要每個月反思一次自己在何時啟發人心，又在何時惹怒他人。我在什麼時候未能看見大局，或者無法提供意義？我在什麼時候懦弱，或者不真誠？我在什麼時候未能賦予他人權力，或者安撫他人？

我們也可以反思遍布在生活中的啟發人心與惹怒他人的領導者，正如我請讀者在前言與第2章所做的。但我們可以更進一步，思考我們如何**效法**那些啟發人心的領導者與他們給予我們的啟發。

現在，我們可以開始**投入**，即使只是微小的投入，也要在這個月裡從事一項特定的行為，讓自己成為更有遠見、更好的典範、更支持他人的導師。

最後，我們需要建立**習慣**，持續推動這些投入。請回想看看喬瑟夫・史塔利亞諾，他之所以能送出個人化的生日祝賀訊息給全體1,200名員工——每個工作天幾乎需要寄出五封電子郵件——就是透過讓這件事成為日常咖啡習慣的一部分。

我希望每個人都能投入實踐一種每日啟發行為。好消息是，這些行為不必是宏偉的舉動。我們可以從一句真誠的問候，或者在雜貨店表達「我非常感謝你」來開始自己的啟發練習。當我們投入每日實踐微小的啟發行動，就更有能力在

需要時做出更偉大的啟發行動。正如安托妮特、艾卡,以及薩利。

從光譜的惹怒人心端前往啟發人心端的道路,也許看似不可能跨越,但只要記得,昨天看似不可能的改變,到了明天就會變成必然。藉由反思、投入及練習,我們可以播下種子,培養更為啟發人心的明天。

練習和習慣並不是將我們帶往光譜啟發人心端的唯一方法。我們也可以設計自己的世界,提高啟發他人的可能性,而非惹怒他人。讓我們來學習如何成為啟發人心的建築師。

第二部

設計啟發

Chapter 08

啟發人心的建築師

每家賭場都有一個目標：讓你賭博……而且要讓你持續賭博。賭場不太在乎賭注的大小，更重視下注的頻率。請記得，只要你玩得夠久，莊家總會贏。頻繁下注是他們的貨幣，「永遠都要賭」則是他們的標語。

讓我們一起走訪賭場，看看能否發現這個空間為了讓你持續賭博而做出的眾多精心設計。

當你踏入賭場區域，你會發現有些東西不見了：沒有時鐘與窗戶。

你走近21點牌桌時，差點迎面撞上服務生，她手上正端著一盤飲料，詢問你是否需要來杯免費飲料。「好的，請給我一杯！」你向她要了一杯雞尾酒，因為雞尾酒比一般飲料昂貴許多。

你已經開始感到一陣興奮，倏然間，脈動的聲響和舞池的燈光讓你分神——在你附近，有人剛剛贏得了吃角子老虎機的大獎。隨後，你聽見輪盤賭桌那邊傳來一陣響亮的歡呼。你轉身回望時，21點牌桌上的賭客在莊家爆牌後，正

在相互擊掌。你周圍的人都在贏錢。你心想，**下一個可能就是我！**

那些俱樂部般的燈光和聲音似乎給了你一絲活力。就在此刻，你才意識到賭場裡的溫度非常低。你的身體在顫抖，但腦袋很清醒。

在21點牌桌上，你觀察到一件令人訝異的事：坐在你旁邊的人嘴裡叼著點燃的香菸。你好奇這是不是人們說賭場會在空氣中注入氧氣的原因——為了清除煙霧。

你終於準備好試試手氣，於是你投入了100美元上桌，換回十個10美元籌碼。在你手中，這些籌碼感覺有點像大富翁的遊戲幣。

在幾個小時的時而幸運、但多是不幸之後，你的籌碼已經用完。你傳簡訊告訴朋友，開玩笑說你並非輸掉100美元，頂多只是在每杯飲料上支付了25美元。當然，這些飲料很昂貴，但還不是你在雞尾酒上花過最多的錢。

你打開皮夾，發現現金花完了。但沒關係，因為放眼望去到處都是自動提款機。你決定提領200美元，並自嘲說再買八杯飲料。一想到那些飲料，你開始奔向洗手間。但你需要跑一段相當的距離，因為洗手間位於賭場的更深處。

迷路之後，你終於找到方向，回到21點牌桌。玩過幾把後，你開始覺得無聊。好消息是賭場裡還有許多其他遊戲可以玩。由於你感到有些孤單，你決定去玩骰子，在骰桌

上,幾乎所有人都是同一陣線,一起慶賀贏錢,一起哀悼輸錢。

你準備傳訊息給朋友,詢問有關骰子的策略建議,卻發現手機已經沒電。你意識到自己完全不知道此刻是幾點幾分,也不清楚自己賭了多久。

在骰子桌上度過一段歡快時光之後,你決定止損,將剩餘的60美元籌碼兌現,但你找不到兌現處。女服務生告訴你,兌現處在賭場的另一頭,距離出口最遙遠之處。摸索賭場的迷宮時,一種從未見過的賭場遊戲吸引了你的注意力,但你繼續前進。當你終於抵達兌現處時,眼前的大排長龍讓你大為驚訝,於是決定試試賭場的新遊戲碰碰手氣,順便等待排隊人潮散去。

當你終於抵達兌現處時,手上只剩下20美元籌碼──當天晚上,你一共輸了280美元。你詢問兌現人員現在幾點了,訝異地得知已過午夜;你在賭場待了將近十個小時!睡覺的時間到了,但要回到飯店房間就必須先逃出賭場。然而,說比做容易,因為每轉過一個彎,你就會發現自己又置身於更多賭場遊戲之中。你奇蹟般地終於逃出賭場,回到自己的房間,獲得非常需要的睡眠。

開啟和關閉心理通道

賭場是賭博的建築師。賭場所做的每項設計決策，都是懷抱著一個目標的有意為之：讓你持續賭博。為了實現這個目標，賭場開啟了心理通道，導向更頻繁的賭博，並關閉任何可能讓你遠離賭場與更多賭博的心理通道。

讓我們從賭場**關閉**的心理通道開始。如果你注意到時間，你可能會停止賭博，所以他們拆除了所有的時鐘和窗戶；少了這些時間標記，你會覺得自己飄浮在時間之中。現在可能是下午3點，也可能是凌晨3點。你可能已經在賭場待了兩個小時，或者是十個小時。沒有時間意識，你就會持續賭博。

你感到無聊的時候，就會停止賭博。沒問題，賭場提供了種類繁多的遊戲，可以繼續娛樂你，也會持續推出新的遊戲。賭場還有各種遊戲，例如骰子桌，能讓你覺得自己是某個社群的一分子。

如果你需要走到戶外抽菸，就不會繼續賭博。因此，與世上大多數的建築不同，你可以在賭場裡抽菸，並持續賭博。倘若你必須離開賭場以取得更多現金，你可能會停止賭博，所以，賭場有大量的自動提款機提供迅速的解決方法。你口渴的時候，甚至完全不需要移動──賭場會直接將飲料拿給你！

你在睡覺時不會賭博，所以賭場讓整個區域充滿了明亮的燈光、短促刺耳的聲響，以及冰冷的室溫，全都是為了讓你保持清醒。雖然「賭場會在空氣中灌入額外氧氣」的想法多半只是迷思，但賭場確實持續讓空氣循環保持新鮮，讓你神清目明。

賭場也會**開啟**讓賭博在心理上更輕鬆的通道。飲料是免費的，幫助你合理化在賭桌投入更多籌碼。這些飲料往往含有酒精；正如許多人都很清楚的，酒精會導致高風險決策。免費的酒精飲料，目的是讓你放下防備，卸除你的自制力，讓提醒你謹慎行事的討人厭良知閉嘴。

持續不斷的燈光和聲響，讓你知道周圍每個人都在贏錢，你可能就是下一個！事實上，吃角子老虎機的最初設計之所以採用金屬托盤，就是為了強化錢幣掉落的聲響。現在的吃角子老虎機更是安裝了慶賀用的頂部裝置，能夠投射燈光與發出聲響。

賭場的貨幣也是讓你繼續賭博的潤滑劑：你不是用真正的錢下注，而是用籌碼。藉由使用一種異質的貨幣類型，賭場讓你遠離金錢的根本價值，減輕每次下注的心理負擔。因為籌碼感覺像玩具貨幣，比起往賭桌上放一張10元美金紙鈔，放10元籌碼在情緒上更輕鬆。

賭場的實際建築結構甚至也在促使你繼續賭博。賭場區域宛如一座將你困於其中的迷城，洗手間和兌現處都距離出

口非常遙遠,迫使你必須行經其他誘人的遊樂選項,而且在你解放生理負擔或兌現籌碼的前後,皆是如此。

別忘了賭場飯店的房價相對便宜,更別提世界級的表演秀、音樂會及體育賽事往往都是在賭場飯店中舉行。有理由前來,也有理由留下。你永遠不會遠離賭場區域。

我們的賭場區域導覽,揭示了賭場的每一項設計選擇,都是為了將你密封在一個自成一體的持續賭博宇宙中。賭場或許看似是獨特的空間,但它代表了一個更大的原則:小小的設計決策可能會產生重大的行為和心理影響。讓我們來看看如何設計出更有啟發性的世界。

建築的藍圖

領導者是建築師。正如建築師設計一棟建築物,希望激發人們特定的內在反應,促進人與人之間的特定互動,領導者設計政策和規章,則是為了鼓勵一組特定的回應與行為。

建築的譬喻也捕捉到一個概念:身為領導者,即使我們不在場,也會影響並觸動人們。雖然建築一旦啟用,建築師的工作就完成了,但其設計決策每天都會影響與塑造空間中的居住者。同樣地,我們作為領導者所制定的政策、規章及流程,也會每天影響人們,鼓勵某些行為,同時不鼓勵另一些行為。

「領導者作為建築師」的譬喻並非關於實體的設計，而是關於開啟和關閉導向期望行為的心理通道。開啟與關閉心理通道的原則非常簡單明瞭，有時候只需要一張地圖。

請思考看看耶魯大學在1960年代進行的實驗。[1]當時幾乎沒有耶魯學生接種破傷風疫苗，耶魯大學的社會心理學家利用這個脈絡，探索提高接種疫苗意願的最佳方法。他們考察的第一個策略是恐懼。在高度恐懼組中，學生會閱讀一本小冊子，內容包括強烈的語言（例如「痙攣」），以及寫實的圖片（例如氣切手術的傷口、插導尿管或鼻胃管的患者）。恐懼方法非常成功地造成人們驚嚇，人們感到焦慮、緊張，甚至作嘔。但在鼓勵人們接種疫苗方面，則是完全失敗：高度恐懼組接種疫苗的學生人數低於非恐懼組。恐懼方法讓人們過於驚嚇，使得他們癱瘓而無法行動。

研究人員檢驗的另一種方法，是專注於開啟正確的心理通道。這本小冊子裡提供了一張校園地圖，清楚圈示出大學保健大樓的位置。小冊子也詳細列出可接種疫苗的時間。最後，小冊子請學生確認自己的每週行事曆，尋找方便前往的時間。雖然小冊子只告訴人們於何時前往何處，只要求少少的心理投入，卻比恐懼方法的效果增加了100％！儘管小冊子的內容很簡單，帶來的影響卻是巨大的。

2004年，當我在佛羅里達州的總統大選活動中工作時，我首先想到的是這項研究。我服務的大選團隊一開始的

終局策略是在投票日的清晨6點發送一份選舉議題傳單，上面列出八項議題，並比較候選人在各項議題的立場。但傳單頁面擠入了超過500字，完全無法閱讀！

我的同僚是紐約大學的喬‧馬基，他和我提議完全捨棄這個方法，轉而專注於開啟正確的心理通道。我們設計了一張「何處投票」傳單，旨在開啟通往投票的多重心理通道。

時機：我們在投票日的前夜發送傳單，而非投票日當天早上。這個時機讓人們可以將投票納入隔天的行程，並於睡前模擬在何時何地投票。

願景：傳單以啟發人心的願景開頭：**投票是你的權利。**

地圖：傳單提供一張選區位置地圖（根據選民的地址）。

時間表：傳單提供投票所開放的時間。

交通協助：傳單附上一支電話號碼，供有乘車需求的民眾撥打。

投入：傳單內容請民眾表達希望自己的聲音被聽見，從而協助他們形成投票意願。

我們在佛羅里達州的一個郡縣發放「何處投票」傳單。由於我們並非進行實驗——該郡縣的所有人都收到相同的傳單（沒有對照組）——因此無法得知傳單造成多大的改變。

但我們很有信心，在提高投票率方面，「何處投票」法會比原來的選舉議題法更成功。

關閉錯誤的通道

第一次是悲劇，第二次是巧合，第三次是模式。有時候，關閉錯誤的通道則是生死之別。

經過將近十年的建設之後，紐約市哈德遜廣場的地標建築 Vessel 在 2019 年 3 月盛大啟用。在其官網上，你可以看見兩則聲明。第一則頌揚其建築的雄偉：[2]

> 哈德遜廣場的超凡中心是一座螺旋階梯形建築，一棟直入雲霄的新地標。湯瑪斯‧海澤維克（Thomas Heatherwick）和海澤維克工作室將這座建築想像為一處焦點，人們可以從不同的高度、角度以及制高點，欣賞紐約市與彼此的新視野。由 154 段錯綜複雜的互連階梯組成──將近 2,500 個單獨階梯與 80 座樓梯平臺──垂直走上這座建築，可以欣賞到紐約市、哈德遜河以及遠方的壯麗景緻。

第二則聲明只簡單表示：「Vessel 目前仍暫時關閉，進入地面樓不收費，對公眾開放。」

為什麼 Vessel 關閉了？因為太容易從上面跳下來了。

在Vessel開放的第一年，有三個人跳樓自盡，導致關閉四個月。重新開放的兩個月之後，一位14歲的男孩悲劇性地跳樓，Vessel現在則是無限期關閉。＊

Vessel被設計為美國的艾菲爾鐵塔，其建造目的是作為公共財，向大眾免費開放。建築師海澤維克宣稱這座地標「必須是免費入場，就像走在中央公園或高架公園一樣免費。」[3] 事實證明，這種做法**過於**免費了。

這些悲劇因為事先已經被預見而變得更為令人心碎。在Vessel開放的四年前，都市規劃師奧黛麗・沃克斯（Audrey Wachs）甚至早已在設計中預見了悲劇。「當人們爬上Vessel時，從建物底層到頂層，樓梯欄杆的高度始終只保持在高過腰部一點點，但當你把建物蓋得這麼高時，人們會跳下去的。」[4]

護欄太低了，大約只到成人胸口的高度。開發商史帝芬・羅斯（Stephen Ross）和建築師海澤維克拒絕加高護欄的高度，因為可能會妨礙Vessel的核心吸引力：令人驚嘆的景緻。

第三起自殺事件發生之後，他們做了什麼改變？他們完全沒有做出**設計**變更，因為他們拒絕加高Vessel的護欄。然

＊ 編按：加裝鐵絲防護網之後，Vessel於2024年10月重新對外開放。

而，他們確實在某方面降低了Vessel的免費程度：他們開始收取10美元的入場費用。[5]他們解釋，這個費用是用於支付三倍安全人員與工作人員的成本。他們也加裝了全國防範自殺生命線的標誌。此外，他們還建立了好友系統，所以沒有人可以單獨進入Vessel。

　　這些解決方法未能奏效，第四起自殺事件接著發生。但願開發商和設計師曾經留意過跳下金門大橋那個男人留下的紙條，上面寫著「你們為什麼讓自殺如此簡單？」。

　　無論Vessel的建築團隊有什麼想法，實體的安全護欄確實能非常有效地防範自殺。為什麼？因為事實證明許多自殺事件都是衝動行事。我們可能以為自殺是經過縝密思考的行為，但自殺倖存者的訪談講述了不同的故事。在一項研究中，自殺未遂的倖存者被問及：「從你決定自殺到實際嘗試之間，經過了多久時間？」[6]四分之一的受訪者是在實際行動的不到五分鐘之前決定自殺。另一項研究發現，在他們調查的倖存者中，近半數表示，從首次產生自殺念頭到實際嘗試自殺，只經過了不到十分鐘。[7]瑞士的一項研究也發現，橋梁下的安全護網可以減少77％的自殺嘗試。藉由提高自殺的難度，安全護網有效減少了因為自殺而悲劇性身亡的人數。[8]

　　Vessel的故事用悲痛的方式揭示了小小的設計變更是如何創造深切的影響。這個故事也呼應了觀點取替的力量，以

及「真正理解在不同的脈絡中,什麼動機可以刺激不同的人」的力量。在這個例子中,是理解自殺嘗試的衝動本質。但這個原則是普遍的:為了開啟正確的通道,並關閉錯誤的通道,我們需要理解心理動機和實際誘因如何交織影響。

* * *

「賈林斯基教授,我可以和您談談考試的形式嗎?」

這個簡單的問題幫助我理解,小小的設計決策是如何不經意地引發不符合學術倫理的行為。這位學生想要討論我們在協商課程中採用的居家閉卷考試。我們設計這種考試形式,是為了讓我們在測驗學生的協商知識時,學生可以待在舒適的環境中。但這名學生極為厭惡這種考試形式,她認為這種考試讓她進退兩難,她覺得自己被迫作弊。究竟是怎麼一回事?

因為我的課程是採取曲線評分,重點在於她**相對於**同學的表現。她告訴我:「我希望遵守學術倫理,不看自己的筆記。但我確信我所有的同學都會看筆記,讓我處於競爭劣勢。如果我這麼做,會覺得很糟糕,如果我不這麼做,我的成績會很糟糕。我如果不作弊,就會是輸家。」

我意識到居家閉卷考試與曲線評分的結合是一種心理陷阱。在違反學術倫理的行為與競爭劣勢之間,我的考試設計導致了一種惹怒人心的進退兩難局面。

我成功提倡了一項新規則,讓教授可以選擇**課堂閉卷**考試或**居家開卷**考試,但禁止教授採用居家閉卷考試。藉由關閉一條容易進入的違反學術倫理通道,這項規則讓學生擺脫了這種惹怒人心的困境。

現在,請考慮一個日常生活問題:男性如廁時未對準小便斗而撒在地板上。阿姆斯特丹的史基浦機場藉由在小便斗的排水孔附近畫上一隻蒼蠅,解決了這個問題。*事實證明,讓男性有一個瞄準目標,能夠大幅改善他們的瞄準度。蒼蠅圖像深入利用了一種人們既有的心理傾向:擊中目標的欲望。請注意,相較於使用標語規勸男性不要撒在地板上,這種方法要來得更有效。或者想像一下,為了懲罰撒在地板上的人,在實質上和心理上要付出多大的成本代價。這個原則甚至能應用在親職教育上:給正在練習如廁的孩子一個目標,比對他們大吼大叫更有效。

無論是接種疫苗、Vessel、居家考試,還是小便斗,心理通道往往比更昂貴且更嚴苛的替代方案更成功,而且更有效率。關鍵在於如建築師般思考。像建築師一樣思考,甚至可以提供更美滿的婚姻藍圖。

---

* 作者注:史基浦機場後來升級為更令人振奮的目標:足球和球門。我搭機離開阿姆斯特丹時,成功射門得分。我非常興奮,高舉雙手吶喊:「進球了!!!」

啟發人心的配偶與手足

以前,我的妻子珍和我帶兩個學前班兒子亞瑟和亞登(Aden)去上學時,每天早上經常發生爭執。毫不令人意外的是,珍每天早上的準備時間比我更久。珍在起床之後喜歡一邊喝咖啡,一邊用電腦處理工作。在她淋浴與換衣服的時候,我得手忙腳亂地幫男孩們做好上學的準備。男孩們和我要出發前往學校時,她通常還沒準備好。我會變得不耐煩,她會覺得遭到催促。我惱怒,她感到不被尊重。去學校的路上雙方氣氛緊繃,亞瑟和亞登也因為緊張的氣氛而悶悶不樂。這種緊張局勢變得非常嚴重,我們甚至尋求伴侶諮商的協助。

經過一年多的爭執之後,某天早上,珍問我能不能自己送男孩們上學。那是一次帶來重大轉機的經驗。珍可以擁有她理想的晨間步調,不必覺得自己被催促。她好整以暇地幫男孩們換好衣服,而不是手忙腳亂地讓自己做好準備。由於珍總是負責去學校接他們回家,亞瑟和亞登似乎很高興能夠和爸爸擁有這段特別的獨處時光。在前往學校的路上,他們嬉戲歡笑,展現五歲和六歲男孩應有的快樂。我們偶然發現了一種新的晨間步調。

光是重新設計我們的晨間流程,就讓長久以來的衝突消失了。這個簡單的改變,比一整年的伴侶諮商更有效!

幾個星期之後,我發現了上學步調的第二個設計改變,可以化解亞瑟和亞登之間的衝突。珍和我一起走路送男孩們去學校時,我會送小兒子亞登到教室,而珍送亞瑟到教室。現在,由我一起帶他們到教室,我會先送亞登,因為他的教室在二樓,而亞瑟的教室在三樓。但有一個問題。亞登喜歡慢慢放下東西,而且熱愛一種道別儀式,他會奔跑、跳躍,在我的懷抱中轉圈。但亞瑟和我一樣很討厭遲到。每一天,亞瑟都會因為亞登花很久的時間道別而感到惱怒。他會痛苦地大喊:「亞登,快點!」等我們終於離開亞登的教室時,亞瑟就會氣沖沖地走上樓梯。

有一天,我們走路去學校時,我提議先送亞瑟到教室,回程時再將亞登送到教室。這個簡單的設計改變解決了一切問題。亞瑟現在可以毫無壓力地抵達教室,在此之前,我只能在他迅速進入教室前獲得一個匆忙的擁抱,但他現在會熱情地抱著我。亞登也能慢慢來,與我好好道別時,不會有人催促他。甚至連亞登的老師都察覺到差異。送教室順序改變的幾天之後,老師主動提起先送亞瑟到教室的效果非常好。

學校是理想的情境,可以思考奠定人們成功或失敗基礎的建築設計與心理通道。我認識一個家庭,他們一年級的兒子被貼上麻煩人物的標籤,因為他沒有辦法安靜坐好。但他的家長讓他轉學至新學校後,他突然變成模範學生了。是什麼原因幫助他從麻煩人物變成模範學生?答案是課間休息

的時間！在原本的學校，進行體能活動的課間休息是在午餐前，但在新學校，課間休息是在每天上課開始的時候。光是提前課間休息的時間，就能讓他釋放精力，靜下心來投入學習。

許多孩子，特別是男孩，都難以安穩坐好。我們可以指責他們，將他們貼上有行為問題的頑劣兒童標籤。我們可以診斷他們有注意力集中問題，並建議服用藥物來解決問題。但孩子的身體精力也有啟發意義，旨在告訴我們，孩子被壓抑的精力需要釋放。因此，與其責備他們或讓他們服藥，我們可以每天提早進行體能活動，或者讓教室活動更加動感。

像建築師般思考可以從根本上改變我們應對世界的方式。我們往往專注於**個人**，以及**他們**通常會犯的錯誤。我的太太缺乏實踐能力。我的兒子沒有耐心。我們用上述方式思考時，常常會覺得對方**惹人厭**！我對亞瑟的不耐煩感到非常挫折，我發現自己會提高音量對他說：「要有耐心！」先將亞登送到教室，我其實是在奠定亞瑟**失敗**的基礎。早上和珍一起出門，就是在奠定妻子和我**彼此失敗**的基礎。

下次，當你發現某個人持續失敗，或者自己反覆對某個人感到惱怒時，捫心自問幾個問題：目前的情況是否奠定了他們的失敗，或者讓自己惱怒？我可以做什麼讓這個人成功？

簡單改變接送孩子的行程，讓我的妻子和我重新成為更恩愛的伴侶。簡單改變送孩子到教室的順序，讓我的兒子們

變成更支持彼此的兄弟。簡單改變戶外活動時間，讓問題兒童變成模範學生。這些例子皆展現了日常任務的一個簡單改變，是如何讓人們從光譜的惹怒人心端，轉向啟發人心端。

另一項具備驚人影響的設計決策，則是穿什麼衣服。讓我們來看看衣著打扮的重要程度如何超越我們的認知。

啟發人心的時尚打扮

諾貝爾獎作家以撒・巴什維斯・辛格（Isaac Bashevis Singer）曾說：「衣著之中蘊含著一股奇異的力量。」[9]研究顯示，他的說法是對的。從直覺和科學的角度，我們早已知道自己穿著的衣物會強烈影響別人對我們的認知。因此，我們穿上最好的西裝，想在面試中留下好印象，或者迷人的服裝，吸引初次約會的對象。

但巴斯大學的哈喬・亞當（Hajo Adam）和我證明了辛格甚至更具先見之明。我們穿的衣服對於我們如何看待自己也有深刻的影響。哈喬和我提出「服裝認知」（enclothed cognition）一詞，旨在描述一個觀念：我們穿的衣服不只影響他人如何看待我們，也會影響我們自身的思想和行為。[10]服裝認知的原則很簡單：當我們穿上特定的衣物或打扮，在心理上就會承載其象徵特質。

在我們的開創性研究中，哈喬和我測試了我們穿著的服

裝（在這次研究中為實驗白袍），是否甚至能夠影響人類注意力集中的認知。我們選擇使用實驗白袍來測試服裝認知理論，原因有三：第一，實驗白袍與醫師和科學家相關，我們認為這些職業與仔細的注意力有關。第二，實驗白袍也可以用於其他目的，例如在從事藝術繪畫時保護我們的衣物，哈喬和我認為，藝術繪畫這種任務與創造力相關，而不是注意力集中。最後，大批實驗白袍很容易買得到！

在我們實驗的兩個情境中，我們描述實驗白袍是醫師袍。在「看見醫師袍」情境中，受試者只會單純看見拋棄式實驗白袍放在桌上。在「穿著醫師袍」情境中，受試者被要求在實驗中全程穿上醫師袍。還有第三個情境——「穿著畫家袍」情境——受試者被要求穿著相同的拋棄式實驗白袍，但我們將之描述為藝術畫家袍。三個情境的受試者都會提供他們對這件外袍的印象。

我們隨後測試受試者對細節的注意力。我們為此採用「大家來找碴」任務，這項任務提供幾組近乎相同的兩張照片，但每組照片都有四個細微差異點。在實驗中，我們記錄受試者在四組照片中發現的差異數量。

我們預測，唯有在白袍被描述為醫師袍，**加上**受試者穿著醫師袍時，他們才會察覺更多差異。他們必須穿著「醫師袍」，才能獲得醫師袍「仔細的注意力」的象徵特質。而這正是我們的實驗發現。相較於「看見醫師袍」情境和「穿著

畫家袍」情境,「穿著醫師袍」情境的受試者找到的差異多出了20%。

　　從我們的初步實驗以來,有數十項研究探索了服裝設計如何導引我們的心理傾向。當我的博士生布蘭·霍頓、哈喬與我分析了探討服裝認知的所有研究,包括涉及近4,000名受試者出現的105種影響時,我們找到強力的證據足以支持我們的核心論點:我們的穿著會影響我們思考、感受與行動的方式。[11]

　　值得注意的是,衣著的效果特別強烈,因其效果同時藉由人際關係與自我認知而產生。康乃爾大學的馬克·法蘭克(Mark Frank)與湯姆·季洛維奇(Tom Gilovich)進行了一系列研究,展現了兩種影響過程如何同時發生。在研究中,他們檢驗了穿著更深色的制服,特別是黑色制服,是否會

導致人們的行為更具攻擊性，**以及**被認知為更有攻擊性。[12] 為了測試這個假設，他們分析深色球衣是否能預測國家美式足球聯盟與國家冰球聯盟在16年之間的遭判罰次數。結果發現，在這兩種職業運動中，穿著黑色球衣的球隊遭到判罰的比例較高。特別有趣的是，匹茲堡企鵝隊與溫哥華加人隊改穿黑色球衣之後發生的事：他們遭到判罰的次數立即增加。但馬克和湯姆並未就此止步。他們進行了實驗，顯示增加的判罰同時因為社會認知（相較於穿著淺色球衣的球員，裁判認為穿深色球衣的球員做出相同行為時更有攻擊性）及自我認知（相較於穿著白色上衣，穿黑色上衣的球員變得更有攻擊性）而發生。

正如一張地圖、一張安全護網，或者行程的一種改變，我們的穿著也會開啟或關閉特定的心理通道。服裝認知解釋了穿上護理師的制服為什麼會開啟同情憐憫的心理通道，但穿上軍服則是增加攻擊性。[13] 服裝認知解釋了華爾街為什麼以昂貴西裝加上更昂貴的飾品作為嚴格的服裝規定而聞名：因為投資銀行既需要仔細的注意力，也需要基於個人努力的競爭地位層級。服裝認知也解釋了為什麼矽谷採用便服風格，馬克・祖克柏（Mark Zuckerberg）赫赫有名的連帽上衣象徵性捕捉到了這種風格，因為矽谷想要開啟通往新觀念和創新的心理路徑。

我們在第7章討論了軍隊往往會穿著便服進行任務匯

報，幫助低軍階人員能更為自在地分享自己的觀點。與此同時，醒目展示軍階的制服在戰場上則不可或缺，因為明確的等級階層能促進有效的協調。軍方為了適當的任務而選擇適當的穿著：軍服用於協調，便服用於分享想法。請留意軍方也使用了**服裝**的改變，幫助成員改變慣常的心態。因此，即使是投資銀行家，往往也會在度假聚會期間穿上便服，鼓勵跳脫框架的思考。

　　有時候，衣服也會開啟錯誤的心理通道。我們已經知道黑色球衣能夠在球隊中引起過度的攻擊性，而我也注意到讓地方警官穿上軍事風格的制服會產生類似效果。[14]與軍隊的象徵性連結，創造了我所說的「**藍色服裝攻擊性**」（enclothed blue aggression），它使得警官具攻擊性，而不是將警官導向於保護和服務社群。

　　衣著的奇異力量，代表服裝會開啟與關閉心理通道，即使無人觀看。在新冠疫情期間，我教過的學生艾瑞卡・貝利（現任職於加州大學柏克萊分校）、布蘭，與我共同研究了衣著對遠距工作者的影響。[15]當新冠肺炎顛覆工作與居家的世界時，也同時翻轉了我們的服飾選擇。遠距工作時決定穿什麼樣的衣服，在過去跟現在都特別耐人尋味，因為工作的**內容**是奠基在辦公室之上，但工作的**環境**卻是在家中。有些遠距工作者決定保持相同的路線，繼續穿著象徵權力的西裝。另一些人則是反其道而行，睡衣和運動服從未離身。還有少

數人選擇了Zoom混搭風（mullet）：上半身穿西裝，下半身穿睡褲。

為了理解這種不同的服裝選擇如何影響遠距工作，我們走進人們的家中，進行了兩次為期數天的實驗。我們從範圍廣大的各種產業裡，隨機選擇超過400位遠距工作者，請他們在遠距工作日穿上三種服裝類型之一。其中一些人被告知穿著會穿去辦公室的衣服，其他人被要求穿上日常家居服，第三組工作者則被指示上半身穿著上班服裝，下半身穿家居服。在每個工作日結束時，遠端工作者會回報他們在工作中的專注程度和生產力。我們也詢問他們在第4章中討論過的兩個關鍵心理變項：他們感受到的真誠程度與權力程度。

實驗的明確贏家是**家居服組**。居家服裝一致地讓人們覺得自己更真誠，因為這些工作者感覺更像真實的自己，所以在工作中更專注、更有生產力。作為對照，服裝並不會持續影響權力感。儘管被譽為完美的疫情穿搭，Zoom混搭風並沒有帶來任何正面的影響效果。

為了開啟專注與生產力的正確通道，我們需要讓服裝符合環境，這個原則也解釋了為什麼Zoom混搭風仍有一席之地。當我向一群專業聽眾進行線上演講時，我個人會採取Zoom混搭風。如果在專業演講中穿著過於休閒，會讓我覺得不真誠。然而，一旦演講結束，關上視訊鏡頭，襯衫和西裝外套反倒顯得不真誠，我會迅速換上T恤，因為那是更符

| 第8章 | 啟發人心的建築師   227

合居家環境的打扮。

艾瑞卡、布蘭和我創造了「**服裝和諧**」（enclothed harmony）一詞，描述當我們的衣服適切地符合環境或文化時的心理融入經驗。例如，我們在重要會議中穿著商務套裝時，可能會覺得恰到好處，但如果穿著相同的服裝參加瑜伽課程，就會因為尷尬而緊張冒汗。當地的文化也決定了哪些服飾會產生服裝和諧或服裝不和諧感。舉例而言，我在西北大學任教時，沒有太多教職員在教室內穿著高級套裝，我的教學服裝是扣領襯衫、毛衣與卡其褲。然而，當我轉任至哥倫比亞商學院，服裝標準則是投資銀行風格的西裝。我穿上西北大學風格的教學服裝想要追求真誠時，反而覺得不真誠。我的休閒服裝讓我感到格格不入，與他人是否嚴苛批評我無關。

我在不同環境下穿著不同教學服裝的經驗，闡明了艾瑞卡提出的一個突破性觀點：真誠的感覺不只攸關表達自己。想要感覺忠於自我，也需要融入當前的環境。因此，她和我發現，相較於權力，地位和真誠感之間的關聯性更強。[16]對於真誠來說，感到被尊重比我們控制了多少資源更重要。想要感受最大程度的真誠，關鍵在於穿上可以代表我們是誰，**並且**融入當前環境的衣服。這就是為什麼我在哥倫比亞大學任教時穿著西裝，但依然拒絕打領帶！

少即是多

我對建築設計的理解在2022年產生劇烈的變化,當時哥倫比亞商學院搬遷至一棟全新的大樓。新大樓幾乎在所有面向上都臻於完美,唯有一處例外。

作為對照,商學院先前所在的尤里斯大樓(Uris Hall)簡直全無可取之處。我過去都稱它為灰狗巴士轉運站。它最糟糕的地方在於狹窄的空間限制了互動,並阻礙了合作。當建築師查爾斯・蘭弗羅(Charles Renfro)開始構思對於哥倫比亞大學最新大樓建築的願景時,他首要的考量點就是合作和社群的需求。目標是讓新大樓的設計,自然導向於可以孕育一種具社群感的意外互動。

空間的多元性也是設計的核心。在尤里斯大樓,公共空間看起來全都一樣。在新校園中,空間反映了教職員和學生參與活動的廣泛範圍。例如,窗戶旁邊有更多舒適的空間,旨在鼓勵密切的合作,也創造了更開闊的雙倍挑高空間,促進動態的互動。

雖然尤里斯大樓的公共空間非常相似,但教職員的辦公室則否;有些辦公室空間明顯優於其他辦公室。作為對照,新大樓融入了一種平等感。每位教職員的辦公室大小皆同,目的是避免競爭與減少不滿。此外,沒有任何的邊間辦公

室*，無論是在字面意義上或象徵意義上都沒有。就算是院長都沒有邊間辦公室，相反地，邊角空間是專門保留為協作空間。

但並非新大樓的所有設計特色都能成功促進社群發展。在老舊的尤里斯大樓中，幾乎沒有什麼便利設施，但有一個能凝聚所有人的裝置：在教職員休息室中，有一臺備受珍視的義式咖啡機。雖然這臺咖啡機本身沒有華麗的功能，卻有一股引力，能吸引來自不同樓層與不同學系的教職員彼此互動。

在宏偉嶄新的克拉維斯大樓（Kravis Hall），舉凡教職員所屬的樓層都有不只一臺，而是兩臺高級咖啡機。美味的咖啡就近在咫尺，但這也是問題所在：再也沒有人會離開自己的樓層。在新大樓中，跨學門合作的目標已經被樓層本身的便利設施擊敗。缺乏跨樓層的互動，引發了一場重大的危機，我因而參加了多次腦力激盪會議，探討如何讓人們離開自己的樓層，與其他樓層的人互動。大多數的想法都所費不貲，從外燴午餐到每日供應貝果。雖然多臺咖啡機是真正的凶手，但現在撤走咖啡機只會引發抗議。從事後的角度來回顧，校方當初應該複製尤里斯大樓的唯一亮點：只有一處可

---

* 譯注：corner office 也譯為角落辦公室，通常代表更大的空間與雙面窗，高層人士與受到組織重視的人物才能有這個待遇。

以滿足人們對高級咖啡因的需求。

Google在設計其赫赫有名的餐廳咖啡館時,就意識到便利設施集中化的益處。藉由提供豐富的免費食物,Google的餐廳咖啡館看起來就像簡單但慷慨的員工福利。免費食物確實是美好的福利,許多人表示那正是吸引他們加入Google的引力。但Google餐廳咖啡館的終極目標不只是創造福祉,或是鼓勵人們付出更多努力;藉由成為高品質食物的唯一來源,餐廳咖啡館吸引人們前來,成為即興互動與自發對話的中心點,這種類型的互動與對話,可能促成新觀念與極具潛力的創新。[17] 餐點福利當然是額外的好處,但餐廳咖啡館的設計目的是創造出能夠孕育創新的互動。

現在,請想像,如果Google的每個部門都有自己的迷你餐廳咖啡館,人們將永遠不會離開自己的區域,自發性合作也將隨之枯萎。透過強迫人們離開他們的Google社群,前往城鎮廣場進行冒險,這種設計特色開啟了正確的通道,在Google多元宇宙的代表性群體之間促成互動。正如Google和哥倫比亞大學的新建築教導我們的,有時候,提供更少會帶來更多。而理解其中原因的關鍵在於像建築師般思考。

💡 啟發人心的重新設計

啟發人心的領導者都是偉大的建築師。但關鍵在於:重

新制定政策遠比重新打造一座建築簡單許多。例如，我的妻子和我只需要幾天的時間，就能修改晨間步調，讓我們的婚姻更為美滿。正如婚姻，過程和政策永遠無法完美。作為流程的建築師，我們需要建立程序，才能改變實務做法。

我擔任哥倫比亞商學院的管理學部門主任時，首創了教職招聘的人才搜尋與投票程序。我們的詳盡計畫目標是藉由避免在招聘過程中定期發生的爭執，以減少衝突。我們花了數個月設計系統，經由多次編輯，精心打造準確的字詞。當我們最後批准招聘章程時，我認為已經非常接近完美。院長辦公室也有同樣的想法，於是他們要求其他學系也要建立自己的人才搜尋與投票程序。

我們第一次使用新的招聘計畫時，從成立招聘委員會、確認一組招聘標準，到建立短名單挑選面試受邀人，一切皆順利進行。但在完成所有面試之後，我們遇到了近來不曾出現的情況。沒有任何一位接受面試的潛在教職員展露出足夠的熱情，值得我們提出聘任邀請。

我們不知道下一步該怎麼做。不幸的是，我們精心打造的招聘方法，對於人才搜尋失敗之後的後續處理隻字未提。原來我們的完美招聘方法並不完美。我們現在面臨了當初制定這個章程時想要避免的情況──衝突。我們激烈地爭執是否應該重啟人才搜尋，並面試更多候選人。

最後，我們決定投票表決是否重啟人才搜尋。鑒於招

聘討論本身的爭議性質，我們將同意門檻設定為更高的60％。那個夏季稍晚，我們決定正式修訂人才搜尋與投票程序。我們訂定了制度：在人才搜尋失敗之後，重啟搜尋將需要60％的教職員投票同意。但我們也認知到章程無法預見未來的所有情況，因此我們在系統中增加新功能：在任何學年若出現無法預見的情況，都可以在獲得60％的投票同意後，改變程序。

這就是關鍵的洞見。我們的詳盡流程，部分設計目的是為了協助化解衝突。因為我們無法預見所有可能的情境，出現預料之外的情況後，便導致潛在的衝突。身為建築師，我們可以設計流程來改變程序，以解決這個內在問題。如同憲法，我們需要一個系統來審思和批准憲法修正案。啟發人心的設計師會預先建立流程，應對可能出現在我們視野中的不可預見之情況。

當然，改變程序、流程與規則，不該過於容易。雖然並非不可能改變，但它們確實通常被刻意設計為難以修改。舉例來說，修正美國憲法需要眾議院**與**參議院的三分之二多數同意，**或者**由四分之三的州立法機關批准。這些都是難以達成的高門檻，也解釋了為什麼在美國235年的歷史中，只有27個憲法修正案，而過去50年內只通過了一個。

如建築師般思考

啟發人心的領導者會像建築師一樣思考。他們理解心理通道的力量，知道開啟和關閉適當的通道，可以幫助我們更接近目標。如建築師般思考，甚至能幫助我們將人的問題轉變為設計解決方法。

我們的建築旅程從瀏覽賭場區域開始，我們看見賭場如何設計空間，提高賭博的頻率。但賭場的目標是刺激賭博，這並沒有很啟發人心，因此，賭場的建築設計可以視為對顧客福祉的操弄攻擊。

關鍵是建築設計本身對目標沒有偏好。無論你是受到啟發、想要追求更偉大的公益，還是更自私且無法無天的行為，都適用相同的原則。你希望開啟心理通道，讓你期望的行為更有可能發生，並關閉心理通道，確保不期望的行為更不可能發生。

對賭場來說，期望的行為是頻繁賭博。對醫學來說，是鼓勵人們尋求治療，讓自己與其他人都更為健康。對政治競選活動而言，是讓人們投票給你的候選人。對組織來說，是促進創新與合作，同時減少衝突。就已婚伴侶而言，則是增進情感與減少齟齬。

如果你選擇了惹怒人心的目標，你的設計決策將會讓你成為惹怒人心的操弄者。為了成為啟發人心的建築師，你的

設計必須導向啟發人心的願景。

　　本書的核心是一個簡單但深刻的觀念：藉著先見之明與智慧，你可以設計政策與流程，啟發他人獲得更好的結果。在隨後的篇章，我們將會應用啟發型領導者的VEM圖以及「如建築師般思考」的架構，幫助我們成為更優秀的協商者、更睿智的決策者、更公平的資源分配者，以及更具包容性的領導者。

Chapter 09

啟發人心的協商

如果有人用槍指著你，你會怎麼做？倘若是炸彈呢？

你可能會像大多數人一樣，逃跑並尋找掩護。或者，如果你特別勇敢，你可能會嘗試制伏那個人，強制奪下並解除武器威脅。

我有一個不同的方法：與其嘗試解除**武器**的威脅，不如試著解除**那個人**的威脅。要解除武器的威脅，我們需要知道武器的運作方式；同樣的道理也適用於人。要解除一個人的威脅，我們需要知道那個人的動機。想要知道另一個人的運作方式，就需要取替其觀點，從他的視角出發看世界。

所以，我們要如何解除一個人帶來的威脅？這需要**傾聽**與**觀察**對方。

這正是安托妮特在麥可・希爾闖入小學開槍時的作為。藉由真誠傾聽麥可，她得以理解其絕望的根源，讓她經由自己的脆弱與麥可建立連結。透過觀察麥可，她判斷出麥可願意自首的時機。安托妮特藉著傾聽和觀察，引導麥可放下突擊步槍，沒有造成任何人受傷。

讓我們來看看傾聽和觀察如何在其他高風險情境中拯救人們。

傾聽

下午4點,一名男子走入加州沃森維爾的銀行,大聲說道:「我的背包裡有一顆炸彈。我要2,000美元,否則我就炸掉整間銀行。」[1]

你會怎麼做?

我們大多數人可能都會採取最安全的行動,交出2,000美元,但那家銀行的經理並沒有這麼做。她在心中退一步,真正**傾聽**59歲的馬克·史密斯(Mark Smith)想說什麼。當她這麼做時,她發現史密斯表面上看似直接的要求,其實有值得注意之處。不像大多數的銀行搶匪,史密斯並未要求銀行的**所有**金錢,相反地,他要求一個非常明確的金額,而這筆金額小得令人意外。

經由真正**傾聽**馬克·史密斯,她猜測他需要這筆錢是因為某個特定的目標。所以她問:「你為什麼需要2,000美元?」他解釋,他的摯友即將無家可歸,除非他能在今天營業時間結束前將2,000美元交給房東。時間一分一秒過去,他現在就需要這筆錢。

「噢,你不想搶銀行的。你應該貸款!不如你來我的辦

公室,我們可以填寫文件,幫你朋友解決問題?」銀行經理回應。*

幫馬克‧史密斯拿貸款文件時,她悄悄通知警方。下午4點30分,警察抵達銀行,在史密斯填寫貸款申請書時逮捕他。他被起訴搶劫未遂與**謊報**炸彈威脅——原來史密斯並未攜帶武器,背包裡也沒有藏著炸彈。

透過真誠傾聽馬克‧史密斯,銀行經理得以洞察其需要,提出看似有創意的解決方法(如果你和我一樣,你會希望那是真正有創意的解決方法,而史密斯也能得到他需要的貸款,拯救他的朋友免於被逐出門)。

真誠傾聽一個人,可能是解除其威脅的關鍵,但單純地觀察他人,也能達成相同的目標。

觀察

娜塔莉‧比莉(Nathalie Birli)醒來時,發現自己已經不在自行車上。[2] 在她試著弄清楚周圍環境時,頭部和身體開始抽痛。她意識到自己的四肢被捆綁,突然感受到一股無法承受的恐懼。當她明白自己被綁架時,立刻被這可怕的想法占據:才出生14週的兒子可能要在沒有母親的情況下長大。

---

* 作者注:這段話並非經理原話,而是根據其行動的推測。

她必須逃出去，但要怎麼做？

「我想，我必須說服那個男人相信他可以全身而退，否則他不會放了我。」娜塔莉如此提到她的綁匪，「我必須找到方法說服他相信我。」

綁匪威脅她，如果不聽從他的命令，就要她承受極大的痛苦。有一次，他將她拖進浴缸，強行把她的頭按入水面下。還有一次，他用毛巾搗住她的臉。「他是不是打算悶死我？」她心想。

忽然間，娜塔莉留意到某樣物品，在她剛恢復意識時，那東西就吸引了她的注意。蘭花。那些蘭花極為優雅，在這個虐囚巢穴中，顯得如此格格不入。

「我隨口提到他的蘭花非常漂亮……我知道需要投入多少心力，才能讓這種纖弱的花朵生意盎然地茂盛生長。」

那句簡單的評語，瞬間將男子從殘忍的虐囚者轉變為園藝愛好者。她的綁匪描述照顧花朵的日常流程時，緩緩透露了他生命的其他細節，從失去摯愛到受苦的童年。

娜塔莉最後請綁匪從**她的**觀點思考。「我懇求他不要殺我，因為我的小傢伙需要我。」她說，「我問他，如果沒有媽媽，他當初會在什麼樣的環境下成長。」她還表示願意幫助他，「我告訴他，我可以幫助他認識一些朋友，因為我認為那顯然就是他最缺乏的。」她說，「然後，我建議我們可以將這件事假裝成一次意外，就說是一隻鹿跳到我面前，他

發現我，把我帶回家。」

娜塔莉的綁匪最後甚至試圖修好她的自行車，就是他在綁架娜塔莉時故意撞壞的那臺自行車。隨後，他開車一路送娜塔莉回家。最後，警方使用自行車上的GPS追蹤數據，找到並逮捕了攻擊娜塔莉的綁匪。

* * *

這兩起可怕的事件——銀行搶劫與綁架——突顯了兩種途徑，用以解除具敵意者的威脅，以及化解危險的情勢：傾聽和觀察。

加州沃森維爾的銀行經理真誠傾聽馬克・史密斯，她因此發現他有具體的利社會需求，所以才會要求一筆小額金錢。透過簡單詢問他為什麼要搶銀行，她提出另一個替代方法（儘管只是欺騙），讓他獲得需要的金錢。

娜塔莉仔細觀察綁匪的住所，這種專注力讓娜塔莉留意到，在這個荒涼孤寂的空間裡，有著被細心照顧的蘭花。她利用蘭花與綁匪建立連結，贏得他的信任，說服他安全送她回家。

在這些例子中，為了保護自己免於潛在的傷害，他們需要看見大局。這種具有遠見的洞察力，受到必要性的驅使，使他們得以成為典範，英勇地提出有創意的解決方法。透過真誠傾聽和觀察，他們能夠與對立者建立連結，引導對方走

向非暴力道路。

傾聽和觀察不僅能用於攸關生死的情境，在平凡的日常生活中也同樣重要。請思考某些簡單的情境，例如送某人生日禮物，問題在於我們往往過於重視自己的偏好。電視節目《辛普森家庭》其中的一集就闡明了這一點：荷馬將生日禮物送給他的妻子美枝時，興奮得不得了。他送美枝什麼禮物？一顆保齡球……上面有他的名字。那顆保齡球體現了以自我為中心的贈禮行為。

剛開始和太太交往時，我也送了她一顆象徵性的保齡球作為生日禮物。珍和我在一月開始交往，兩個月後，我們第一次一起旅行，前往華盛頓特區慶祝她的生日。我喜歡單口喜劇，而我最喜歡的演員之一，狄米崔·馬丁（Demetri Martin）在那個週末恰巧有演出。但問題來了：那場表演的門票已經售罄。經過兩天的努力，我終於買到票。我以為自己贏得了最佳男友獎，但我笑得愈開心，我太太的臉色愈難看。原來她不喜歡單口喜劇。我以為自己送了她一份大禮，那也確實是一份大禮，只是不適合她。

我當初應該採取銀行經理的做法，直接詢問珍想在生日時做什麼。但生日禮物若是一種驚喜，往往更有意義。因此，如同娜塔莉，我應該要觀察哪些活動能夠讓珍充滿熱情。

傾聽和觀察不僅在高風險的對峙或生日時有用，還能應用於更廣泛的協商談判。

| 第9章 啟發人心的協商   241

觀點取替會啟發理想的結果

協商是一種特別複雜的社會互動,因為協商代表了自我與他人利益的難解結合。為了獲得**我們**想要的結果,我們需要找到方法,幫助協商對象獲得**他們**想要的結果。這就是銀行經理向搶匪提供貸款時的表面行為:為了和平結束搶案,她提出另一個方法,讓搶匪獲得他需要的金錢,避免他的朋友被逐出家門。娜塔莉也是如此,她提議要幫助綁匪交朋友,藉此撫慰席捲他內心的孤獨。

那麼,我們要如何在滿足自身需求的同時,也滿足對方的需求?我們如何創造更光明的未來,讓彼此過得更好?

滿足我們自身需求與對方需求的關鍵心理過程是觀點取替,我們在本書中已經討論過這一點。想要成為啟發人心的協商者,我們需要從談判桌的另一側看世界。過去25年來,我已經創造與執行了各種介入方法,旨在提升我們理解他人想法的能力。

以下是我在一次協商實驗中,啟動受試者的觀點取替能力之方法:[3]

在準備協商以及協商期間,請取替對方的觀點。試著理解他們的想法、他們在協商中的利益和目標。試著想像自己坐在談判桌的另一側,扮演對方的角色。

在一項關於職位協商的實驗中，北卡羅來納大學教堂山分校的威爾・麥達斯（Will Maddux）和我發現，讓協商者接受一定程度的觀點取替訓練，有助於他們取得更好的協議。這很棒，不是嗎？但還有另一個同等重要的效果。當另一方與觀點取替者進行協商時，也可以獲得更好的結果。觀點取替能在談判桌上創造更多價值；將資源的餅做大，讓協商雙方獲得雙贏的結果。一位協商者採取觀點取替，能讓**雙方**都受益。

在另一項實驗中，我們採用了更複雜的協商情境，將一間私人餐廳出售給另一家餐飲公司。在這次協商中，一開始似乎不可能達成協議，因為賣家要求的價格遠遠超出買方被授權支付的金額。然而，賣家之所以要求高價賣出餐廳，是因為需要錢支付烹飪學校的學費，除非可以支付學費，否則不願意出售餐廳。結果，買方不只有興趣買下餐廳，也需要聘請一位兼具管理和烹飪經驗的主廚，監督其高級菜單。因此，買方可以提議用能夠負擔的價格買下餐廳，也提議聘請賣方，並資助烹飪學校的教育費用。如果協商者不知道彼此的潛在利益，就不可能達成協議。

我們的觀點取替介入方法，大幅增加了發現這種創意性解決方法的可能性。在控制組中，只有39％的協商達成協議；未採用觀點取替時，大多數協商者一無所獲。但啟用觀點取替後，有高達76％的協商者達成協議。觀點取替增加

了將近100%的協議可能性！

這是怎麼一回事？想要達成協議，買方首先必須知道這項資訊——賣方對烹飪學校有興趣。觀點取替在此發揮了作用，因為觀點取替引導協商者更有可能提出正確的問題類型，揭示協商對象的核心利益與需求。正如銀行經理對馬克・史密斯所做的那樣，買家可能會問：「您為什麼要將您的餐廳放在市場上？」或者更深入理解賣家的價格需求：「您能告訴我為什麼要求這個特定價格嗎？」

這項實驗還有另一個關鍵的發現。當我們提升買家的觀點取替能力，不僅更有可能達成創意性協議，賣方也會更滿意自己被對待的方式。

在我們的多項實驗中，觀點取替的協商者更為啟發人心。他們有遠見，能夠看見大局。他們是創意的典範，也是導師，能夠鼓勵、同理，並提升協商對象的地位與感受。

* * *

再過幾個星期，應該是我們人生中最幸福快樂的日子，但我太太和我彼此幾乎不交談。

我們獨力規劃在另一個州舉行百人婚禮，而且時間只有不到六個星期。那是壓力和異議的保證，所以珍和我互相覺得對方有些討人厭，當我們厲聲反對彼此提出的任何建議，也不令人意外。

然而，除了時間壓力，還有更深層的問題。當我們面對面坐下來談彼此間的緊張關係時，才明白問題的癥結點是什麼。對於婚禮該有的模樣，我們的願景相互衝突。珍和我都沒有婚姻經驗，我們各自的腦海中都有一場屬於自己的完美婚禮。我們對婚禮計畫的協商，已經淪為一場對於看似不相容的願景所進行的分配戰。

我們決定真正傾聽彼此，以理解對方的想法。我詢問珍對婚禮絕對堅持的事情是什麼，即便我認為那過於浮誇。受到她在日本生活的經驗所啟發，她希望在婚禮儀式和接待過程中，分發帶有茉莉花香的溼涼毛巾給賓客，以表達對她菲律賓血統的敬意。所以我們跋涉至紐約的翠貝卡區，買了120條毛巾，再將毛巾帶回北卡羅來納州。她問我真正想要的是什麼，我提到自己很期待看到我的雙胞胎兄弟和我們的高中同學所組成的樂團在婚禮上表演；儘管他們從來沒有公開演出過，但我喜歡聽他們一起演奏。

我們現在就像是餐廳老闆和買家：分享並整合對彼此真正重要的事。最後，觀點取替幫助我們將婚禮變成我人生中最幸福快樂的一天。

觀點取替會啟發建設性的回饋

觀點取替不僅在協商中具有價值，在提出回饋時也是如此。我向一位甫獲聘用的行政人員提出回饋時，親身體會到這一點。在我之前任教的大學，院長辦公室團隊希望擴展教職員的研究能力，並設立一個新職位，協助整合校內進行的行為研究。鑒於焦點是教職員的研究，副院長認為教職員應該作為這個新職位的直接主管，並要求我和另一位教授擔任此一角色。

簡化與協調校內研究的努力並不順利；事實上，反而造成更多的困惑、衝突與混亂。考慮到這是新的嘗試，同仁和我也是首次擔任主管職，這些緊張是可以理解的。幾個月後，副院長意識到，如果研究協調員像其他行政單位一樣，直接向院長辦公室匯報，可能會更有成效。

同事和我與研究協調員開會時，我已經準備好直接發號施令，單純告知他匯報的結構即將改變。但我的同事選擇了一條更啟發人心的道路，她先詢問實驗室主任的觀點，關於他認為目前的情況如何。他確實知道，並流利地敘述了問題所在。隨後，她問：「針對我們要如何讓情況變得更好，你有任何想法嗎？」經過一番討論後，你可以看見他的腦海正在浮現一個想法。他興致勃勃地說：「我剛剛才想到，我的同事們全都向院長辦公室匯報。也許解決方法是讓我的職位

直接向院長辦公室報告,而不是教職員?」我的同事低頭沉思後,說道:「這個想法很有意思,不如讓我和亞當去跟院長談談,看看她的想法如何。」實驗室協調員提出的解決方法,正是我們打算執行的方案,但現在成了**他的**想法!當我們請實驗室協調員分享他的**觀點**,命令便轉變為經合作產生的解決方案。

透過提出問題與真誠傾聽,我們可以進入他人的思緒,理解他們的利益與需要。但有時候,人們就是不願回答我們的問題,或是讓我們進入他們的思緒。幸運的是,我們可以設計自己的提議,觀察對方在協商中真正的需求。

提供選擇以啟發理想的結果

長久以來,當談判桌上超過一個議題,我都會教導協商者提出包裹提案,也就是將所有議題結合為單一提案,而非逐一協商各項議題。但同事們和我近來發現一項更啟發人心的策略:同時提出一個以上的包裹提案。我們**同時**提出兩三個包裹提案時,就是在給予對象選擇。我們先前曾討論過,提供選擇會讓我們成為更啟發人心的導師,而提出選擇也讓我們成為更成功的協商者。

多倫多大學的傑佛瑞・李奧納戴利和我進行了多次實驗,在實驗中,我們只改變協商者在開場提案時,是提

出單一包裹提案還是多項包裹提案。[4]我們稱之為MESOs（multiple equivalent simultaneous offers，多重等值同時提案）。想要採取MESO方法，必須**同時**提出多重包裹，而**等值**一詞同樣重要。**等值**的意思是什麼？等值代表每個包裹對我們的價值相等；也就是說，無論提案的接收者選擇第一個或第二個提案，我們都同樣滿意。

這是我們在第5章討論過的購車例子，這些提案對經銷商而言是等值的，每年的保固對他們來說價值為500美元。

提案一：34,875美元，含三年保固
提案二：35,875美元，含五年保固

這是另一個例子。你正在進行聘僱協商，談判桌上有三個議題：薪資、地點和休假。你偏好紐約市，但你需要更多薪水，因為紐約的生活成本非常昂貴。你願意到芝加哥工作，但若如此，你希望有更多時間可以旅行。你擬定了兩個對你來說等值的提案。在第二個提案中，你願意接受較低的薪資，但有更多的休假時間。

提案一：在紐約工作，年薪23.5萬美元，三週休假時間
提案二：在芝加哥工作，年薪20萬美元，五週休假時間

這是第三個例子,也是我在生活中向客戶提案舉行協商工作坊時,會用到的例子。我提出標準工作坊的價格,還有一個包含客製化協商練習的更高價格。

提案一:X美元,包含現成的協商練習。

提案二:X美元加上Y美元,包含依照貴公司的情境量身訂製的協商練習。

如同這些例子,我們的實驗簡單明瞭:傑佛瑞和我隨機將協商者分配至兩個實驗情境之一。在單一提案情境中,協商者以第一個**或**第二個提案(隨機指定)作為開場提案。在MESO情境中,協商者同時提出第一個**與**第二個提案。

值得注意的是,包裹提案的內容並未改變,我們唯一改變的面向為是否提出單一包裹,還是同時提出兩個包裹。即使包裹的價值相同,但我們發現,提出MESOs可以從根本上改變協商的動態發展。

正向的轉變立刻發生。在首次提案中提供選擇,使得協商對象將提案視為我們更真誠希望達成協議的努力,這代表MESOs的接收者以開放的心態展開協商。此外,提供MESOs在客觀上增加了其中一個提案滿足協商對象需求的可能性。考量到我們已經將MESOs設計為符合自身需求,代表MESOs從一開始就具備更好的共同價值。由於以上兩種過

| 第9章 | 啟發人心的協商　　249

程——減少猜疑和符合需求——協商對象針對首次提案的回應,是提出一個攻擊性較低的反向提案。當我們提出 MESOs 時,取得的成果勝過單獨提出其中一個提案的協商者。

MESOs 協助我們獲得較佳結果的另一個原因是,我們得以洞察協商對象的核心利益。藉由提出 MESOs,我們可以觀察到他們對提案的反應,進而推論其需求,我們就能接著提出符合彼此需求的提案。

鑒於我們經由提出 MESOs 獲得出色成果,相對地,協商對象可能會得到較差的成果,對嗎?並非如此!我們的協商對象幾乎總是能帶走一份滿意的協議。事實上,在我們大多數的實驗中,收到 MESOs 的協商對象所獲得的協議,並不亞於收到單一提案的協商對象。請記得,MESOs 已滿足我們的需求——這正是我們提出 MESOs 的原因。但 MESOs 也更有可能滿足協商對象的需求。藉由更高的整體價值來開啟協商,最後的協議也傾向於具備更高的整體價值。透過觀察協商對象的核心利益,我們可以在隨後的提案中滿足其需求。

MESOs 也會改變協商對象對我們和協商的**感受**。因為 MESOs 被視為真誠嘗試觀點取替與達成協議,在我們提出 MESOs 而不是單一提案時,協商對象更有可能信任我們。我們甚至會開始回應這份信任,變得更相信對方。因此,提出 MESOs 能引發連鎖反應,促成更具合作性和協調性的過程。每個人離開談判桌時,都會更信任對方。

傑佛瑞和我發現，MESOs對於談判桌上的艱難情境特別有幫助。當我們需要展現雄心壯志，因而提出強勢的提案時，MESOs尤其重要。在我們的研究中，當我們的提案內容最堅定果斷時，MESOs的益處最大。

MESOs也能幫助更有可能在談判桌上遭遇阻礙的群體。我們發現，MESOs對男性與女性同樣有效。MESOs對談判能力強大（擁有良好的替代選項）和談判能力弱小（缺乏選項或只有較差選項）的談判者，也有同等的效果。

MESOs協助我們在談判桌上贏得大獎：MESOs讓協商者可以展現雄心，達成更好的成果，但不會傷害或惹怒協商對象。還有另一個技巧也有助於我們贏得協商大獎，即便我們在協商的是單一議題。讓我們來學習首次提案時的一個巧妙改變，以便讓我們看起來是在啟發人心，而不是惹怒他人。

提案（而非要求）會啟發理想的結果

2015年2月，希臘面臨危機。[5]來自歐盟的財務援助即將到期，希臘迫切地希望延展紓困。在歐盟融資即將終止的一週前，希臘提出了最後提議：希臘要求延展貸款，條件是希臘會滿足歐元區各財務部長提出的特定條件。不到五個小時，歐盟立刻否決提議，聲稱希臘的要求「不是真正解決問題的提議」。四個月後，希臘提出一個「新」提議，但實質

內容與首次提議完全相同。然而，歐盟這次做出正面回應，將希臘的提議視為「真正重啟對話的基礎」。幾個星期後，雙方正式宣布達成協議。

從第一次提議到第二次提議之間有何改變？你可能會以為關鍵的差異是時間，歐盟的立場已經軟化，因為他們的觀點在後續的幾個月內改變了。或者，你可能會認為歐盟如今面臨更大的壓力，必須達成協議。但除了時間和壓力之外，從第一次提議到第二次提議之間，還有一個因素改變了：希臘提議的表述方式。

二月時，希臘**要求**現金；他們要求從歐盟那裡獲得某些東西。然而，要求他人交出某些東西會引發對方的痛苦。科學家稱之為「讓步厭惡」（concession aversion），這使得我們緊緊抓住自己擁有的東西。作為對照，在六月時，希臘**提議**改革。現在歐盟得到某些東西了，作為回報，歐盟只需要匯給希臘一些現金。即便提議內容在實質上近乎相同，以「希臘能夠提供什麼條件」的方式表述，有助於化解歐盟的抗拒。

德國呂內堡大學的約翰‧邁爾（Johann Majer）和我將希臘的例子轉化為一系列實驗。[6] 在實驗中，我們簡單地改變協商者提出開場提案的幾個用詞。在其中一個情境裡，我們請協商者提出類似希臘的二月提議：他們提出**要求**；例如，在涉及股份買賣的協商中，我們請「要求情境」協商者

在開場時提出「我要求用 X 美元購買 Y 股的股份」。在其他情境中，協商者則是採取希臘在六月時的做法，他們提出**提案**：「我提議用 Y 股的股份交換 X 美元。」

這只是微小的改變，對嗎？但這個改變帶來了截然迥異的反應，以及極為不同的成果。協商者提出**要求**時，協商對象因為這個要求而感到不悅，他們提出的反向提案同樣也是微小吝嗇。但當協商者提出**提案**時，反向提案也會變得龐大慷慨。到最後，提案者獲得比要求者更好的成果。在一項實驗中，提出提案的賣家獲得的收益比提出要求的賣家高出100％！

在我們一系列的實驗中，還有另外兩個有趣的發現。首先，比起提出要求的協商者，當協商者被指示提案時，其提議內容更有雄心壯志。協商者本能地知道，提出提案可以減少阻力，讓他們有信心要求更多回報。第二，協商者提出提案而非要求時，會被視為要求較低，較不具攻擊性。儘管協商者實際上要求的更多，卻會被看作要求較少。如同提出MESOs，提案能幫助我們贏得協商的大獎；我們獲得了啟發人心的結果，而且不會惹怒協商對象。

觀點取替、MESOs與提出提案，讓我們看起來就像好人，這些策略也會讓我們**成為**好人。當我們提出MESOs，就能在協商結束時，建立更高的合作意願。當我們取替協商對象的觀點，更深入理解其利益，便會感覺與他們的連結更

緊密。我們被視為好人時,就有資格享有好人折扣。

為什麼好人會獲得理想的結果

幾乎沒有什麼事情比早上醒來發現汽車電池沒電更令人沮喪,尤其是在芝加哥的寒冷早晨。15年前,我就遇到了這種情況。好消息是我的汽車是手動排檔,所以不需要拖吊。我只需要稍微推動車子,讓速度提高至足夠的程度,就能切入二檔,開往汽車修理廠。

將車子留在修理廠的幾個小時之後,我接到告知壞消息的電話。技師已經找到問題,但不是電池,也不是啟動馬達,而是交流發電機,但換掉會很貴!

一小時之後,我接到第二通電話。技師說:「我還有兩個壞消息。」技師解釋了「寄生放電」*的概念,以及我的電池如何遭受沒電和迅速耗電的雙重打擊。我需要更換交流發電機與另一個零件,將額外增加400美元的費用。隨後,他說:「第二個壞消息是我們今天沒辦法修好。很抱歉,車子要等到明天才會好。」

---

* 譯注:寄生放電(parasitic draw)是指在車輛熄火之後,某些電器或系統依然會消耗電量。這些消耗是正常的,但若耗電量過大,就會導致電池耗損太快,車輛無法啟動。

在完全理解情況與總費用之後，我做了一件以前從來沒做過的事情。我脫口而出：「所以算上好人折扣的最後價格是多少？」他很困惑。「好人什麼？」我回答：「我以為因為我是好人，也許你可以給我一些折扣。」他笑著說：「真的很抱歉，但我沒辦法給你折扣。」我回答：「沒問題，我完全理解。」

三個小時之後，他回電給我。「我現在有兩個好消息跟你分享。第一，我們將你車子的維修排程提前了，今天就可以開回去。第二，我們決定給你好人折扣，不會跟你收取第二個零件的費用。」

我脫口而出的詞語成為眾所皆知的「好人折扣」。我向全國公共廣播電臺（NPR）的商業新聞記者索納里‧格林頓（Sonari Glinton）分享了這個故事，後來成為全國公共廣播電臺節目《美國生活》（*This American Life*）的完整專題報導。以下是節目片段的一些摘錄。[7]

艾拉‧葛拉斯（Ira Glass）：好吧，這就是班感興趣的原因。他的朋友索納里告訴班，他想到了一件事。而且這件事不管怎麼說，聽起來都像是在賣電視廣告。但索納里正在做這件事，還因此省下不少錢。

索納里‧格林頓：我記得這件事，那是我採訪過的一個人所說的：好人折扣。

艾拉・葛拉斯：好人折扣？

班・卡洪（Ben Calhoun）：好人折扣，就是這個。索納里採訪了這位（來自哥倫比亞商學院的）協商談判專家。*那個人告訴索納里這個技巧，就是你問對方能不能給我好人折扣？你是好人，我是好人——拜託，你知道的，給我好人折扣。

索納里・格林頓：所以我說，嘿，有沒有好人折扣？那個店員說，什麼好人折扣？我告訴他，你一整天都看到我在這裡。你知道我很想要這雙鞋子。我真的很為難，諸如此類的。他看著我，然後他說，我跟你說，兄弟（他給了我折扣）。

班・卡洪：沒錯，我覺得這種方法有點像奉承⋯⋯我不知道，我覺得那不是好人的行為。

艾拉・葛拉斯：我贊成讓班試試看他有沒有那個能耐靠著自稱好人來得到免費的東西，儘管他擔心做這件事、嘗試這個方法，意味著他根本不是一個好人。

---

* 作者注：我們在第5章與第6章討論過，一個人的想法若沒有獲得應有的功勞，可能會特別令人生氣。請注意索納里和班都沒有提到我的名字、讓我獲得好人折扣概念的功勞，只有提到「這位（來自哥倫比亞商學院的）協商談判專家」。迄今依然讓我覺得有些鬱悶。

班在節目上四度嘗試要求好人折扣，**從未**成功。然而，我和技師成功了。索納里和鞋店店員也成功了。這是怎麼一回事？

班失敗的原因，正是 VEM 圖提到的所有理由。首先，他從未相信要求好人折扣的願景。其次，因為他不相信好人願景，他並未真誠地表現這個願景；他不是一個好人典範。最後，他在沒有與銷售人員建立友好關係的情況下，立刻提出好人折扣；他不是一個好人導師。

值得注意的是，索納里和我在提出折扣要求之前，已經與銷售人員建立了正在發展的連結。因為我的好人折扣要求是自然流露在我們的來回對話之中，既是真誠的表達，也被視為有趣。

索納里和我表現得像好人，是因為我們提出潛在折扣的**時機**。我們等到傾聽和觀察銷售人員之後才提出要求，也改變了我們提出要求的**方式**。作為對照，倉促提出折扣要求，導致情況變得尷尬，使得班完全不像一個好人。

班的經驗呼應了一個關於影響力和說服力的更龐大議題。我總是告訴人們，不要使用讓自己不自在的協商或影響力技巧。我們的不自在會讓我們的行動不真誠，我們的尷尬會讓他人感到不自在。因此，我們會表現得像一位惹怒他人的操控者，而不是好人。

為了今天與明天設計理想的結果

啟發人心的協商者像建築師一樣思考，他們設計自己的提案，為了今天與明天創造更好的協議。提出 MESOs 與提出提案（而不是要求），讓我們的協商對象在離開時，對於協商本身與他們獲得的結果更加滿意。他們離開談判桌時，對我們更為信任，將我們視為好人。

但重點在於，這些策略也會讓我們的**協商對象**成為好人。在大多數的協商中，達成協議之後，彼此的互動尚未結束。我們仍需擔心協議能否順利執行，或是我們必須面對持續的爭論。因此，確保協商對象離開時受到協商本身的啟發至關重要。他們完成協商時感到滿意，並將我們視為好人，就更有可能有效率地執行我們達成的任何協議，在心理上和經濟上同時降低我們的成本。

然而，讓我們的協商對象滿意地離開，還有第二個益處。當他們踩著滿足的步伐離開時，未來會想再度與我們協商。這件事很重要，因為正如我的研究所顯示，擁有許多潛在的協商夥伴，是談判桌上最大的權力來源之一。[8]替代方案給予我們選擇，選擇給予我們施力空間。藉由創造心滿意足的協商對象、觀點取替、MESOs 以及提案，不僅協助我們獲得今日的優秀成果，也給予我們未來的權力。作為對照，班面對的銷售人員可能不願再次與他打交道，這降低了

他未來的協商潛力。

　　啟發協商對象的滿足感,甚至還能帶來更好的消息。我們可以將他們今天的滿足,連本帶利地用於明天的好人折扣。比方說,我們在協商中提出 MESOs,而我們的協商對象離開時,覺得自己的需求被滿足了。下一次,我們和他們協商時,就能要求好人折扣:「記得上次我給你的好協議嗎?希望這次你可以稍微讓一點步。」

　　協商通常被定義為一種決策過程,然而,大多數的決策並非在談判桌上做出決定,而是在合作團隊中。讓我們來學習如何啟發與設計睿智的決策。

Chapter 10

啟發人心的睿智決策

2008年,全球經濟近乎崩解。數兆美元蒸發,數十億個工作消失,數百萬人剎那之間無家可歸,全都是因為一個人——喬瑟夫·卡薩諾(Joseph Cassano)——讓周圍的人們都噤聲。

卡薩諾在這次全球金融危機中扮演極為關鍵的角色,因為他的團隊必須為了發行信用違約交換(credit default swap)而負責,信用違約交換基本上是不動產抵押證券的保險政策。卡薩諾身為美國國際集團(AIG)金融商品部的主管,大量投資於信用違約交換。這原本可以帶來驚人的利潤……直到瞬間一文不值。

不動產抵押證券實際變得一文不值時,美國國際集團必須賠償損失。由於美國國際集團發行這些信用違約交換時,幾乎沒有提供擔保品,所以沒有資金可賠償數百億美元的損失。全球經濟瀕臨完全崩解邊緣,直到美國政府向美國國際集團提供高達1,820億美元的紓困金。

在美國國際集團獲得紓困之後,卡薩諾繼續領取每個月

百萬美元的薪酬,但他的交易員就沒這麼幸運了。由於許多交易員被要求接受數年的延遲支付半薪,他們最後落得兩手空空。

然而,卡薩諾的員工不只在財務上蒙受損失,他們還忍受了長年令人憤怒的不當對待。作家麥可‧路易士(Michael Lewis)如此描述卡薩諾的領導風格:「他有一種真正的才能,能夠霸凌所有質疑他的人……我們內心的恐懼非常強烈,晨會上只能報告不會讓他不高興的事情。如果你批評公司,就會打開地獄之門……你和喬打交道的方式,就是凡事開頭都要說:你說得對,喬。」[1]我有個學生的父親曾親身經歷卡薩諾的憤怒反應,他告訴我:「喬瑟夫‧卡薩諾是唯一讓我父親哭過的人,而且不只一次,幾乎是時時刻刻。他讓我父親陷入非常黑暗的境地。」

因此,當房貸抵押證券開始顯露根本問題時,卡薩諾的交易員不願表達自己的擔憂,自然不令人意外。他們已經學會將違背卡薩諾瑰麗市場預測的所有資訊,藏在自己心中。藉由將團隊成員噤聲,卡薩諾創造了一場集體的災難,幾乎炸毀了全球經濟。

領導者噤聲效應

美國國際集團做出錯誤的決策,即使投資信用違約交換

早已不再明智,他們仍持續投資。制定睿智的決策很複雜,有許多面向,但它需要的是在根本上非常簡單的事情:**將所有資訊擺上檯面**。想要制定睿智的決策,我們必須讓所有的相關資料、事實與數字都隨手可得。當我們未將所有資訊擺上檯面,如同卡薩諾和美國國際集團無法做到的,就會導致集體無知,集體災難便會接踵而至。

睿智決策的根基很簡單,但想要獲得做出睿智選擇所需的每項資訊卻很困難。人們可能會主動隱瞞或積藏資訊,而他人未必能意識到資訊的相關性。然而,遺漏資訊的關鍵動力是**恐懼**。這正是美國國際集團為什麼遺漏了房貸證券正在貶值的關鍵資訊:卡薩諾在所有員工心中灌輸了恐懼。

領導者放大效應在傳播這種恐懼時,扮演了重要的角色。領導者放大效應的意思是,領導者的言語和行為在他人心中的影響深遠,衍生為一種隱伏陰暗的變體,我稱之為**領導者噤聲效應**(leader silencing effect)。

領導者噤聲效應捕捉了一個事實:人們對於向掌權者分享誠實坦率的觀點感到不自在。權力的本質會讓權力較低者在直言不諱時必須承擔風險,當掌權者不願傾聽時(例如卡薩諾),更是如此。

領導者噤聲效應不僅會造成金融災難,也會帶來致命的結果。我教過的學生艾瑞克・安尼西奇現任職於南加大,在他主持的研究中,我們分析了過去百年間,前往喜馬拉雅山

的所有遠征隊，[2]涵蓋超過5,000支遠征隊，來自遍布56個國家，超過30,000名的登山客。此外，我們得以蒐集這些遠征隊的關鍵資訊：他們採取的路線、是否使用氧氣瓶、雪巴人是否參與，以及使用的繩索類型等。

分析資料時，我們發現一個引人注目的結果。當遠征隊來自階層制度更嚴格的國家——例如南韓、法國、委內瑞拉——隊員在山上**死亡**的機率更高。

重要的是，藉由提出來自階層制度分明之國家的登山客死亡率較高，僅發生在團體遠征而非單人遠征時，我們證明了這種有害影響是**團隊**運作失靈的結果。唯有當遠征是需要分享與整合成員觀點（獲得覆雪山巒的所有資訊）的團隊，階層制國家的遠征隊才會出現較高的致命災難機率。

我們推測，階層制度嚴格的國家遠征隊之所以發生更多的致命災難，是因為階層文化導致隊員不願向遠征隊領袖表達對環境條件惡化或潛在問題的擔憂。在階層制度嚴苛的國家，服從權威是一項基礎價值。這些國家的公民相信「權威（領導或發號施令的權利）擁有至高無上的重要性」，[3]而且「員工害怕向管理者表達不同意」。[4]正如卡薩諾的交易員，階層文化中權力較低者學會保持沉默。透過保持沉默，這些登山隊員得以安全行事，卻也將團隊與自身的性命置於險境之中。

領導者噤聲效應引發了許多原本可以避免的悲劇。請思

考看看金氏一家人的生活如何在2001年1月30日永遠改變了。[5]其他兄弟姊妹都在看電視時,家中最年幼的孩子,18個月大的喬西(Josie)感到無聊,決定上樓。突然間,一陣令人驚懼的痛苦尖叫撕裂了電視聲。喬西打開浴缸的熱水開關,爬了進去,導致身體近60%遭到燙傷,她的父母立刻帶著她趕往被譽為全球最佳醫院之一的約翰霍普金斯醫院。但喬西的燙傷嚴重程度,導致尋找導管注射的靜脈位置變得困難。為了讓喬西獲得維持生命所需的液體與養分,醫院在她頸部鎖骨下方插入所謂的中央靜脈導管;藉由這個方式,醫師不必每次都要先尋找靜脈位置,就能讓喬西接受藥物治療與抽血。

接受幾天的皮膚移植與植皮治療後,喬西看似已經度過難關。隨著情人節將近,她被轉出加護病房,喬西的兄弟姊妹興高采烈地規劃迎接她回家。

但喬西再也沒回到家。她的皮膚表層是癒合了,但皮膚之下的狀況岌岌可危。一次劑量致命的麻醉劑導致喬西的心臟停止,再也沒有恢復跳動。

喬西的命運急轉直下的原因是中央靜脈導管受到感染。感染又引發一連串問題,最終壓垮了喬西的生命系統。可悲的是,不只是喬西——每年有將近80,000名患者遭受靜脈導管感染的問題。

約翰霍普金斯大學的重症醫療專家彼得・普羅諾沃斯特

（Peter Pronovost）認為他找到了一個方法，可以用五步驟消毒檢查清單，將靜脈導管的感染情況降為零：[6]

一、進行靜脈導管程序前，使用肥皂或酒精洗手。
二、用氯己定殺菌劑清潔插入部位。
三、用無菌單完全覆蓋患者，穿戴無菌帽、無菌口罩、無菌袍，以及無菌手套。
四、若情況允許，勿將導管放在鼠蹊部，因其感染風險較高。
五、不需使用時，盡快移除導管。

這份五步驟檢查清單面面俱到：有科學依據，且簡單明瞭。因此，普羅諾沃斯特得知仍有感染發生時，大為震驚。他的檢查清單是否判斷錯誤？他是否遺漏某個步驟？步驟的順序是否錯誤？

事實證明，檢查清單無懈可擊，但執行清單的醫師並非如此。有些醫師不相信這份清單，有些醫師則是犯下常見的錯誤——可能是因為疲倦或壓力——意外遺漏了其中一個步驟。

但真正的問題實則更深層，根深蒂固於典型的醫院結構中。插入中央導管時，其他人也在場，大可指出醫師遺漏了其中一項消毒步驟，最有可能的人選是護理師。但護理師和

醫師之間有著巨大的權力差異，使得護理師無法在醫師犯錯時自在地提出質疑。儘管可能引發攸關生死的結果，護理師依然噤若寒蟬。護理師的洞察無法在手術檯上發揮效果。

疲倦的醫師與畏懼的護理師，這種有害的組合，導致近三分之一的患者承擔著遺漏消毒步驟的風險。感染依舊存在，不必要的死亡持續發生。

無論是金融崩解、遠征致命意外或是醫療疏失，這些悲劇皆肇因於相同的問題：珍貴的資訊和洞見沒有被擺上檯面。請注意，這些不同災難事件的問題來源均相同：領導者噤聲效應。權力較低的團隊成員無法自在地分享觀點，即便提出的洞見足以拯救生命，包括自己的生命；更高權力者的存在，讓他們的聲音沉默了。

如果我們想要做出最好的決策，就必須設法減少領導者噤聲效應，並協助權力較低者能夠自在地表達觀點。讓我們來學習如何將所有資訊擺上檯面。

💡 啟發人心的鼓勵

權力較低的人直言不諱、分享觀點時，你會如何回應？你會稱讚他們嗎？「寶拉，你的觀點很棒。」你會對他們的勇於發聲表達謝意嗎？「拉許，非常感謝你分享你的觀點。」你是否會以他們的想法為基礎來延伸？「我想繼續討

論肯塔羅剛剛提出的絕佳洞見。」

還是,你的臉上會流露厭惡或不悅,就像冷笑的節目主持人賽門・考威爾(Simon Cowell)?你是否會說出諾貝爾獎得主丹尼爾・康納曼對我說的:「完全不對」?你會像先前提到的跨國公司資深高層,在全體會議上對某位員工大發雷霆嗎?或者,你乾脆不回應,繼續你自己的談話,彷彿那個人從沒開過口。

身為領導者,我們所有的舉動——從鼓勵(稱讚、感謝及認可)到輕蔑(沉默、不悅與公開批評)——都會被放大。這就是為什麼領導者放大效應是領導者噤聲效應的基礎。每當權力較低的人直抒己見時,我們的反應就會被注意,其結果要不是鼓勵發言者與他人分享觀點,要不就是壓制未來的聲音。

當我們缺乏權力時,坦誠以對是令人恐懼的,[7]領導者的反應因而如此重要。我曾請全球各地的人們告訴我,他們在什麼時候覺得自己能夠自在地暢所欲言,即使他們沒有太大的權力。最常出現的答案之一就是感覺自己受到支持;知道他人支持我們,可以降低直言不諱的風險。因此,我們身為領導者的反應,無論是言語或非言語,都極為重要。我們的反應如果不是展現支持,就是表達反對。

領導者放大效應不僅解釋了領導者噤聲效應發生的原因,還讓我們知道,想要讓沉默變成發聲,鼓勵絕對是必要

的。我們個人的不鼓勵，會放大成為群體的**不鼓勵**，讓資訊無法擺上檯面。但我們個人的鼓勵，也會放大成為群體的**鼓勵**，讓人們得以分享觀點，甚至造就了環法自行車賽的冠軍。

* * *

戴夫・貝爾斯福德爵士（Sir Dave Brailsford）因為帶領英格蘭從自行車領域的底層居民變成踏板界的勇士，而且是在極為短暫的時間內達成這項成就，獲得了女王的授勳。2003年，他被任命為英國國家自行車代表隊的表現總監。一年後的2004年，英國取得了近一世紀以來的最佳奧運表現，贏得了兩面金牌。在2008年與2012年的奧運會上，英國是贏得最多自行車項目金牌的國家。

但光是征服奧運，並不足以讓貝爾斯福德爵士心滿意足。2010年，他成為以英國為根據地的自行車職業運動新隊伍「天空車隊」（Team Sky）的經理。他們幾乎立刻就成為全球最優秀的自行車競速隊伍，在2012年至2018年間，贏得**六次**環法自行車賽。

貝爾斯福德爵士是怎麼達成如此驚人的成就？大多數人認為是因為他的創新概念「邊際收益」，這個概念指出，「如果你能拆解騎乘自行車時想到的所有細節，並各自改善1%，再整合所有想法，便會得到驚人的提升」。[8]

然而貝爾斯福德的成功，尤其是天空車隊的成就，也仰

賴於他採納的另一個概念。自行車運動很複雜：它是一種團隊運動，但只有一個人可以得到殊榮。貝爾斯福德明白，想要讓車隊的成功最大化，輔助隊員必須感到自己被珍視和尊重。[9]他理解人類對地位的基礎需求，所以他特別努力認可每位隊員的付出與對團隊勝利的貢獻。

貝爾斯福德建立團隊的努力展現了我所謂「把地位的餅做大」的概念，我們在第5章曾經討論過。「把地位的餅做大」簡單得令人驚訝：我們只需要強調團隊中每位成員的獨特專長、貢獻及能力。例如，我們可以在請教某個人的想法時，強調其經驗，像是「我知道克勞蒂亞曾經在房地產業工作，我想知道她對次級貸款流動性的看法。」這種鼓勵讓人們知道，你認為他們的聲音是做出良好決策的關鍵，這有助於你將所有資訊擺上檯面。

強調專業性至關重要，因為當人們擁有獨特的知識或洞見，就會更自在地暢所欲言。當人們知道自己在說什麼，便會更願意說出自己知道什麼。除了覺得受到支持，具備專業也是低權力位階者能否直言不諱的最重要預測指標之一。事實上，人們認為自己擁有獨特且具相關性的觀點時，通常**會覺得有必要**將自己的洞見或資訊擺上檯面。這就是為什麼「將地位的餅做大」是關鍵解決方案，有助於做出睿智決策。

「把地位的餅做大」的另一個方法，是向權力較低的人請教**建議**。我和猶他大學的凱蒂・利簡奎斯（Katie Liljenquist）

的共同研究顯示,向他人請教建議非常有效,因為能夠同時完成許多人際目標。[10]請教建議會讓他人感覺自己像專家,同時展現我們的謙遜,進一步減少我們和他人之間的權力距離。請教建議還可以促進觀點取替;因為當某個人想要向我們提供有效的建議時,他必須從我們的角度觀察問題。他們的建議是對我們的心理投資,因此,他們會更致力於幫助我們解決困境。請教他人的建議可以啟發他人,同時讓我們獲得更多忠誠的支持者。

你的鼓勵是將所有資訊擺上檯面的必要條件,但這樣還不夠充分。

為什麼鼓勵和挺身而進還不夠

你是否曾思考過電視影集是如何誕生的?它始於編劇室,從提案會議開始,編劇在會議中提出對某一集劇情的想法。如果你的提案獲得熱烈支持,你就有撰寫腳本初稿的機會。如果初稿獲選,那集就會有**你的**名字,而且非常醒目。

某天,艾美獎獲獎影集《光頭神探》(*The Shield*)的執行製作人葛倫・馬薩拉(Glen Mazzara)離開提案會議時非常沮喪。[11]為什麼?因為那天沒有任何一位女性編劇提出想法。他在心中對自己說:「我要成為啟發人心的領導者;我要鼓勵她們暢所欲言。」當他這麼做時,女性編劇們的反應

讓他震驚：她們並未被他的鼓勵所啟發；相反地，她們嗤之以鼻。她們要他參加下次的編劇會議，觀察她們提出想法時會發生什麼事。

在下一次會議上，馬薩拉很快就理解女性編劇們為何嘲笑他的鼓勵：每當一位女性編劇開始提出想法，就會立刻被男性同事打斷。有時候是為了嚴厲批評她的想法，其他時候是那位男性編劇想要提出自己的想法。光是鼓勵並不足以協助女性在編劇室找到自己的聲音。葛倫需要想出另一個計畫，幫助女性把自己的想法擺在檯面上。

鼓勵不夠，挺身而進也不夠。雪柔・桑德伯格（Sheryl Sandberg）推廣的「挺身而進」（lean in）運動提出了一個概念：女性可以透過克服妨礙她們堅定自信的內在障礙，來面對性別的不平等。挺身而進一直被廣泛認為是一種強大的自我賦權意識形態：女性可以掌控自己的人生，勇往直前。「挺身而進」，昂然崛起。

但「挺身而進」的頌歌之中，原來隱藏了一個代價。杜克大學的研究人員發現，「挺身而進」傳達的訊息以弔詭的方式**指責**女性。[12] 它讓女性承擔性別不平等的責任，也要女性承擔**解決**性別不平等的責任。

鼓勵他人直言不諱是將所有資訊擺上檯面的必要條件，但不夠充分。我們還需要像建築師般思考，設計能夠減少領導者噤聲效應的程序，讓每個人勇於開口。

設計睿智的決策

讓我們回到手術室,以及因為中央靜脈導管感染而引發的數千起悲劇。我希望你暫停片刻,站在普羅諾沃斯特醫師的角度思考。你的五步驟消毒檢查清單已經是個完美的策略,簡單明瞭,能夠拯救生命。但醫師們並未忠實地遵守,當醫師疏漏其中一個步驟時,護理師也無法自在地挑戰醫師。你會如何解決這個問題,以確保檢查清單每次都會被忠實地遵守?

普羅諾沃斯特醫師和他的團隊做出激進的改變,他們讓**護理師**負責執行檢查清單。[13]

這份消毒檢查清單規範的重新設計非常簡單,但極具革命性,在許多層面上都非常有成效。首先,由於護理師被賦予這項重責大任,他們會一絲不苟地執行每個步驟,減少檢查清單的失誤次數。但如果護理師不慎疏忽了其中一項檢查,會發生什麼事?當權力較低的護理師未能確實遵守消毒規範,有權勢地位的醫師當然敢於直言指出。這個簡單的解決方法設計,讓護理師在負責執行消毒檢查清單上非常成功,中央導管插入手術的感染率也降為零。藉著讓護理師負責執行檢查清單,約翰霍普金斯醫院拯救了許多條人命。

但不只是患者受益——護理師亦是如此。賦予人們責任,滿足了驅使啟發人心的願景與導師原型的三個核心需

求：對於地位、掌控及意義的需求。當醫院認為護理師值得託付執行消毒清單的重責大任，護理師會覺得自己受到尊重。這也讓護理師可以掌控一項重要的任務，而這是在由醫師負責時，他們所缺乏的。護理師知道自己在拯救人命的偉大使命中扮演了關鍵角色，進而為零感染率而深感自豪。

約翰霍普金斯醫院的重新設計，提供了一個簡單但深刻的啟示：我們向團隊成員分享責任時，就是在表達對**他們的**信任和鼓勵。我們正在讓他們獲得力量，並減少領導者噤聲效應。我們正在成為啟發人心的導師。

另一個設計選擇是我們使用的語言。大韓航空試圖了解一連串的意外與驚險事件，而他們留意到副機長在機長犯錯時不敢坦誠告知。[14]即使飛機正在盤旋下降，副機長也只是安靜坐著，而不是挑戰機長的權威。這種人際互動的其中一個推動因素是韓語，韓語的本質具有階層制。為了減少階層制度的控制與領導者噤聲效應，航空公司將英語定為駕駛艙的官方用語。這項改變易於實施，因為所有飛行員早已被要求精通英語。將語言改為英語轉變了駕駛艙文化，不只是因為英語的階級制度不如韓語嚴格，也因為它有助於創造駕駛艙內的新團隊認同。

像建築師般思考，代表永遠都要考量我們賦予他人的角色與責任，以及我們使用的語言。但我們還可以做得更多：我們可以仔細設計主持會議的方式，確保所有觀點都能擺上

檯面。當你走進會議地點時，你會坐在哪裡？

如果你坐在會議桌的最前方，你已經強化了自己的權威，並強調你的權力。坐在會議桌的最前方看似微不足道，卻會助長領導者噤聲效應。藉由讓其他人坐在會議桌的最前方，我們可以賦予他們強烈的權威感和參與感，如同手術室中的護理師。你選擇的座位決定了多少資訊會被分享，並擺上檯面。

一位和我相處時找不到自己的聲音、但非常聰明的博士生，和我共同發現了「換座位遊戲」的力量。無論我如何鼓勵他，他總是緊張不安且語無倫次。我作為教授的地位顯然讓他感到焦慮。於是在某一天，我有了一個想法：如果我們**互換座位**會怎麼樣？他可以坐在我的教授椅上，而我坐在學生椅上。這個簡單的座位改變，讓一切變得截然不同。坐在較高的位置上，讓我的學生得到他需要的信心提升，得以表達卓越的見解。

我們的座位也會決定我們**何時**說話。當我們以領導者的身分說話，將會對領導者噤聲效應產生巨大的影響。作為第一個發言的人，我們設定了一個強大的錨點，從而抑制了整場討論。這會導致他人更難分享自己的觀點，尤其是當他們的觀點和我們剛剛所說的話不一致時。作為對照，如果我們最後一個發言，那麼他人在分享想法時，就比較不會覺得自己正在反駁領導者。當最後一個發言的人，便能讓領導者噤

聲效應降至最低。

歐洲中央銀行的做法是一個良好的範例。2003年至2011年的歐洲央行總裁尚—克勞德・特瑞謝（Jean-Claude Trichet）以頑固與控制欲聞名，而他的繼任者馬里奧・德拉吉（Mario Draghi）則是「因為鼓勵討論而備受讚揚」。[15] 據說特瑞謝總是以分享自己的觀點作為會議開場，隨後才詢問理事會成員的觀點。作為對照，德拉吉領導的會議有截然不同的氣象，他不會率先發言，而是等到聽完所有人發言後，才會分享自己的觀點。率先發言讓我們成為盛氣凌人的噤聲者，而最後發言則鼓勵更為健全堅實的討論。

即使我們並未坐在會議桌的最前方，就算我們最後才發言，他人依然能感受到我們存在的重量。這代表有時候，幫助團隊成員坦然分享觀點的唯一方法，就是完全不在場。美國前總統約翰・甘迺迪在面對古巴飛彈危機時，亟需有創意的想法，以避免核戰的潛在可能性。但他明白，只要他加入集思廣益會議，光是他的存在就會對會議室中的聲音產生噤聲效果。[16] 每次有人發言時，所有人的目光都會落在他身上，試圖尋找贊同或反對的跡象。他知道要將所有想法擺上檯面的唯一方法，就是讓自己離開會議室。

我們出席會議時的穿著，可能就是睿智決策與集體災難的分水嶺。正如我們在第7章的討論，美國軍方的任務匯報目標是要更清楚理解真正的任務經過，以及下次如何改善。

| 第10章 | 啟發人心的睿智決策　　275

為了呈現完整的情況，每個人都能分享自己的洞見是很重要的，但軍隊本身有階層制度的束縛，又被軍服更加強化。解決這個問題的方法是什麼？任務匯報以便服進行。藉由身穿便裝，等級階層的暗示減少了，自然會鼓勵更多元的聲音。[17]

衣服可以造成限制，規則亦是如此。事實上，大多數人厭惡規則。有些領導者盡可能嘗試實施極少的規則，賦予人們自由與自主感。但缺乏規則往往造成混亂，而不是解放。關鍵在於建立正確的規則。

讓我們回到電視影集《光頭神探》的編劇室，理解其中原因。[18]女性編劇鮮少提出想法，因為她們提出想法就會迅速遭到打斷。執行製作人馬薩拉想出一個難以置信的簡單解決方法，他唯一做出的改變是採用一個新規則：「禁止打斷」。這項規則規定，**在提案期間，除非編劇已經完成節目內容提案，否則沒有人可以打斷編劇**。非常簡單的規則，不是嗎？但這項規則帶來了徹底的改變。它有助於平衡性別競爭環境，因為知道自己不會被打斷，女性編劇終於能夠更自在地提出想法。重要的是，這項規則具有包容性的解放。不只是女性編劇，而是所有編劇都能從規則中受惠。每個人都提出了更好的提案，因為他們有空間分享與發展自己的想法。《光頭神探》劇組的故事，突顯了正確的規則如何讓人們發展出最好的想法，並做出最好的決策。

產品設計公司IDEO也了解簡單規則的創意力量。IDEO

以發明和創新聞名,從世界上第一支滑鼠到電影《威鯨闖天關》(*Free Willy*)使用的機械鯨魚。他們如何一次又一次地實現眾多的突破性想法?原因是他們在集思廣益會議時遵守了一項簡單的規則,名為「不批評規則」。IDEO在人們**產生**想法時,完全禁止批評。當然,他們會安排評估的時間與地點,但集思廣益會議的時間不會用於評估。為什麼?因為如果我批評前田的想法,可能會讓大衛不願提出他的想法。即使批評的對象是其他人,依然有可能引發自我審查。IDEO在集思廣益會議期間的另一個做法是寫下**所有**想法,這個方法解決了過度偏袒或某些想法比其他想法更受強調的問題。

降低直言不諱風險的最後一個方法,是匿名蒐集想法。經由私下蒐集資訊,我們可以真正理解人們的立場,這就是IDEO**評估**想法時的做法:以匿名方式進行。[19]人們可以坦白表達某個想法很糟糕,即使那個想法來自執行長,因為他們的評論不會連結到他們身上。知道匿名能降低分享觀點的風險,促使我在擔任哥倫比亞商學院管理學部門主任後,採取了第一個行動:我將投票程序從公開改為匿名。如此一來,即使是資歷較淺的教職同仁,也能自在分享意見。

制定睿智的決策,需要取得並將所有資訊整合在檯面上。禁止打斷、不得批評、寫下所有想法、匿名投票──這些規定解放了人們,讓他們可以產生與分享自己的洞見。但

即使我們已經做出睿智的決策,仍然需要取得他人的信任,讓他們跟隨我們選擇的道路。如果人們認為我們的決策不公平,他們的情緒就會經歷惹怒人心的沸騰鍋爐狀態。讓我們來探討如何設計良好的決策程序,藉以啟發公平性。

Chapter 11

啟發人心的公平性

你是器官移植審查委員會的委員,突然有一顆腎臟可供移植。[1]你必須在隨後的24小時內,決定將這顆來自一名43歲女子的腎臟,分配給哪位待腎者。共有四名符合條件的候選人,你會選擇誰作為這項稀缺資源的接受者?

候選人A:62歲的工程師,即將實現改變燃料電池科技的革命性突破,能夠充分供應乾淨能源。她是世上唯一擁有必要知識與專業能力,能夠實現這項計畫的人。鑒於這項科技取代化石燃料的潛力,其影響將遍及全球,可能提高全球生活水準。這顆腎臟的配對程度優於平均,但並非完美契合。

候選人B:51歲的牧場主人,因為終生糖尿病而罹患腎臟疾病。他已經在移植等待清單上超過四年,努力躋身前列。雖然他已在名單上等待許久,卻因為更緊急的個案與契合度更高的配對,而被略過數次。他目前無法工作,急切盼望恢復健康,養家活口。可移植的腎臟不是理想配對,但使用移植手術後的免疫抑制劑治療,可以讓他保持穩定。

候選人C：38歲的母親，育有四名年幼的孩子，她罹患高血壓，但沒有規律服用藥物。由於並未按時服藥，她現在出現腎臟衰竭問題。雖然她在等待名單上的時間只有五個月，但可移植的腎臟是完全配對，讓移植手術更有可能成功。

候選人D：23歲的法學院學生，他在18歲生日後不久，將一顆腎臟捐贈給自己的哥哥。雖然他知道自己有微小的風險可能會罹患和哥哥相同的腎臟疾病，依然堅持幫助哥哥，因為他的腎臟是完美配對。時至今日，五年之後，他罹患和哥哥相同的疾病。雖然他的病況較不嚴重，但他剩下的那顆腎臟開始衰竭。他的配對情況很糟，需要使用大量的免疫抑制藥物。

每位候選人都有令人信服的理由。功利主義者喜歡候選人A，因為她會向社會提供最大的潛在價值，但在意腎臟使用壽命的人，對她的年紀感到擔憂。其他人認為候選人B應該得到那顆腎臟，因為他在等候清單上的時間最久，還有必須仰賴他的家人，但他的配對情況不佳，令人質疑移植的成功機率。效率的追隨者會支持候選人C，因為她的移植成功機率最高，她有四名年幼的子女要養育，但其他人認為腎臟受損是她自己的責任，因為她並未按時服藥。想要獎勵與鼓勵犧牲奉獻精神的人，則是受到候選人D的吸引，候選人D曾經勇敢地捐贈自己的腎臟；儘管他也是最年輕的候選人，

可以讓這顆腎臟獲得最長久的使用時間，但他的配對情況尤其糟糕，降低了移植手術的成功機率。

值得注意的是，我詢問你會選擇**誰**作為器官的接受者。但也許更好的問題是，你會**如何**做出決定？為了幫助你回答問題，讓我們一起回到希臘神話。

藉由預先選定的資料，設計公平性

奧德賽想要完成一件不可能的事。他聽過海妖賽蓮的傳說故事，那是一群極為漂亮的女性，對著行經的船隻吟唱最誘人動聽的旋律。由於她們的歌聲極為美妙，水手無法抗拒磁石般的吸引，一聽見賽蓮的和聲，他們就會立刻棄船，急迫地想要游上岸。但那令人神魂顛倒的樂音只是誘餌，岸上沒有美麗的女人在等待水手，只有可怕的怪物將他們帶向死亡。

奧德賽極為渴望親耳聽見賽蓮的歌聲，但他知道，沒有任何程度的訓練或自制力足以抵抗賽蓮的誘惑。他需要像建築師般思考，設計一個程序，讓他可以聆聽那使人著魔的歌聲，同時保持安全。他的過程包含兩個步驟。首先，他將自己牢牢綁在桅杆上，無論多麼用力掙扎，都無法掙脫。其次，他用蠟緊密封住水手的耳朵，讓他們無法聽見賽蓮的歌聲，以及奧德賽的鬆綁懇求。

你可能正在猜想，荷馬的著名傳說與公平性有什麼關係？好吧，請思考歐洲工商管理學院的艾瑞克·烏爾曼（Eric Uhlmann）所做的研究。[2]想像你正在評估兩名警長候選人：葛瑞格和愛蜜莉。兩位警官各自在某個標準上表現出色：愛蜜莉的教育程度更高，而葛瑞格有更多實務經驗。你會選擇誰？

這只是艾瑞克研究中的一個情境。在另一個情境中，葛瑞格的教育程度更高，而愛蜜莉有更多實務經驗。**現在**，你會選擇誰？

艾瑞克發現人們在兩種情境中都挑選了男性候選人。在第一個情境中，人們提到實務經驗，以及實務經驗為何如此重要。但在第二個情境中，人們強調教育的價值是成功擔任警長的關鍵。

這究竟是怎麼一回事？人們偏愛男性候選人，透過專注在男性更為優秀的標準，輕易地解釋自己的決策，甚至是說服自己。當男性候選人有更好的實務經驗，人們便討論實務經驗的重要性。但當男性候選人有更高的教育程度，畢業證書卻突然變得很重要。這是個例子，作為一種微妙形式的偏見，以不公平的方式妨礙某些團體獲得聘任與晉升。

鑑於人們往往不知道自己的偏見，許多公司都嘗試過採用無意識的偏見訓練，以促進公平性並減少偏見。但問題就出在這裡，因為無意識偏見訓練似乎沒有成效。普林斯頓大

學的貝姿・理薇・帕魯克（Betsy Levy Paluck）分析了985項針對反偏見訓練效果的研究，發現幾乎毫無效果。[3]讓人們意識到其偏見，似乎也無法阻止偏見滲透影響他們的決策。奧德賽和賽蓮的故事揭示了無意識偏見訓練為什麼大多無效。如同奧德賽的故事，一旦偏見的反應進入我們的腦海，幾乎不可能再抹去。正如意志力訓練不能幫助奧德賽克服賽蓮的誘惑，無意識的偏見訓練也無法消除偏見的傾向。

　　但情況其實更糟。無意識偏見訓練不只無效，甚至往往適得其反。哈佛大學的法蘭克・杜賓（Frank Dobbin）分析過去30年間，超過700家公司的升遷比例，發現推動無意識偏見訓練，反而**降低**了公司裡女性和少數族裔的升遷比例。[4]這究竟是怎麼一回事？白人員工完成偏見訓練課程之後，經常感到困惑又挫折。他們帶著偏見來上課，下課時則帶走偏見與**憤怒**。

　　為什麼許多人完成訓練課程時會帶著憤怒？因為缺乏啟發的無意識偏見訓練涉及了指責，沒有人喜歡被特別針對羞辱。正如我的研究所顯示，讓人們覺得羞愧，會導致他們反對訓練內容想傳達的訊息，並採取鴕鳥心態。[5]無意識偏見訓練觸發了我們的戰鬥或逃跑反應。

　　但奧德賽也提供了一個解決方法：如果我們在看見候選人之前，就將自己捆綁在作為桅杆的標準上，那我們就很難改變標準來符合我們的偏好。這正是艾瑞克・烏爾曼的發

現。他要求評估者在審查申請人*之前*，先選定標準，性別偏見就消失了。

當我開始在哥倫比亞大學擔任系主任，便實踐了艾瑞克的研究成果。正如我在第8章提到的，我首創了哥倫比亞商學院教職員招聘的人才搜尋與投票程序。這些準則要求人才搜尋委員會在審查任何候選人*之前*，先討論並擬定用於評估候選人的標準。為了強化這些預先選定的標準，我們也根據這些標準設計了面試後調查表。

自從我們實施預先建立的標準，管理學部門的女性教職員數量增加了一倍，有色族群的教職員數量增加為三倍。藉由預先確立標準，我們創造了更公平的過程，這個過程減少了偏見與偏好影響我們原則的可能性。

在審查候選人之前預先選定標準，也有助於解決我們剛剛討論的腎臟難題。值得注意的是，我在要求你選定標準之前，先讓你接觸了候選人。因此，許多次要與造成偏見的資訊可能已經影響你的決定。讓我們來看看美國的器官移植系統是如何設計，以避免這種類型的偏見，並啟發更公平的結果。

* * *

器官是稀缺資源，需要移植的人數遠遠超過可移植的器官數。2024年2月，美國有103,223人在迫切等待器官移植。[6]

為了建立一套公平分配可移植器官的系統，我們需要像建築師般思考。

1984年，「器官分享聯合網絡」（United Network for Organ Sharing）正式成立，旨在協助推動美國的器官移植。他們的首要任務是建立用於配對患者與可移植器官的標準。

許多不同的價值觀都可以構成任何資源分配系統的基礎。例如，我們能夠展望未來，將資源分配給針對社會創造最大價值的個人或團體，也就是功利主義者所說的「最大多數人的最大幸福」。我們可以回顧過去，獎勵依循我們價值觀生活的人們，並懲罰偏離正軌的人們。我們能夠聚焦於現在，將資源提供給眼前最需要的人。我們也可以專注於資源本身，尋求最有效率的使用方式；在這個情況中，我們會選出最能善用資源的人。或者，我們也能採取市場機制，將資源提供給最高出價者。

器官分享聯合網絡拒絕功利主義、道德標準以及市場機制，他們在現行網站上明確主張：「唯有醫學和運輸因素會用於器官配對。個人或社會特質，例如名人地位、收入或保險給付，不會影響移植的優先性。」[7] 這套系統創立時，其主要焦點是器官的**有效**使用。由於患者和捐贈器官在免疫系統上相容時，移植器官會更成功，所以配對程度較高時，患者可以獲得更高的排序分數。同樣地，器官運輸時間較短時，器官移植更有可能成功；因此，捐贈者和移植醫院的距

離較短時,患者獲得的排序分數也更高。

器官分享聯合網絡的次要標準是患者的**需求**。醫療情況較緊急的患者,例如缺乏洗腎等替代方案者,會獲得更高的排序分數。最後,他們也考量了某些患者在生理上處於劣勢的事實,即患者較難找到匹配對象。該系統的設計旨在提供補償分數給難以配對成功的患者。

舉例而言,器官分享聯合網絡在腎臟分配系統最初建立時,使用以下的分數系統:[8]

效用:六種可能的抗原配對各2分,若運送腎臟給患者的運輸條件是合適的,最高可增加6分。若發現器官與等候清單上的患者完美配對,則必須分配給該患者。

需求:醫療緊急情況為6分。

劣勢:若患者對於每10%的群體產生抗體反應,加1分。

自從建立原始的架構之後,器官分享聯合網絡的系統持續演變,更進一步最大化其效用。免疫系統的相容和地理位置依然重要,但體型大小也成為重要因素,因為隨著時間過去,醫師們逐漸了解到移植器官的尺寸應該接近於原始器官;也就是說,不能讓小孩接受成人尺寸的器官。對腎臟和肺臟來說,患者的等待時間很重要,但就心臟和肝臟而言並非如此。患者過去的行為可能很重要,但僅限於腎臟,而

且只能是正面行為：活體捐贈者，也就是過去曾經捐贈腎臟者，享有高優先權。

有一個爭議性問題是，年齡是否應該影響優先順序，也就是年輕人的優先順序是否應該高於年長者。對於重視效用或器官使用壽命的人來說，年齡應具重要性。但目前在美國，腎臟移植給年長者的可能性與青少年相同。

公平分配系統不只適用於人體的內部器官。請思考美國軍方在1945年德國投降後所面臨的艱難決策。有些士兵得以退役返家，其他士兵則需前往亞洲，繼續對日作戰。軍方的做法簡單明瞭，但也相當聰明：他們調查士兵的意見，確認他們認為哪些因素是最重要的。軍方最初納入問卷的因素包括：服役時間、海外服役時間、年齡以及撫養人數。但士兵可以自行寫上其他標準，而「參戰經歷」成為其中一項重要標準。軍方透過多種調查方法，最後決定採用類似器官分享聯合網絡器官分配系統的直接評分系統。[9]

服役時間長度：每個月1分。

海外服役時間長度：每個月1分。

戰役勛章或戰鬥獎章：每個獎章5分。

撫養人數：18歲以下的孩子，每位12分，至多計算三位孩子。

這套系統不只容易實施與管理，且被認為是公平的。毫不意外地，在能夠返鄉的士兵中，82％對這套系統讚譽有加。但更值得注意的是，即使是那些必須繼續作戰的士兵中，也有65％將這套系統評為「好或非常好」。因為這套系統是以士兵們的整體偏好為基礎，即使是獲得劣勢結果的士兵，也不會覺得被惹怒。

公平性的本質是確保即使是未獲理想結果的人，仍會認為系統合理。研究顯示，啟發人心的公平性包含四個因素。首先，我們需要具備遠見，找到構成標準的價值。其次，我們需要成為良好的導師，考量受到分配系統影響最深者的聲音。第三，我們需要根據這些價值和聲音，選擇分配標準。最後，我們需要確保這套系統可以一致且透明地適用，也就是成為公平性的典範。

這正是美軍在退役情境中的做法。大量要求特殊待遇的請求使其應接不暇，但軍方解釋，他們只是遵守士兵本身主張的偏好標準，若違反系統只會惹怒服役的軍人。

器官捐贈和士兵退役系統都是簡單的分數基礎系統，但分數系統未必永遠都適用於職位招聘過程，因為在許多情況中，我們需要面試潛在的職位候選人，才能選出最佳人選。讓我們一起探索如何在面試過程中設計公平性。

透過結構化的面試,設計公平性

預先確立標準是創造更公平遴選過程的第一步,但面試階段往往充滿其他潛在的偏見,在面試中,求職者受到區別待遇的其中一種方式是他們被問到的問題。

我們審查履歷時,往往會因為求職候選人和我們讀過同一所學校,或者主修相同科系而感到興奮。但真正讓我們興奮的,是與我們有相同嗜好的人。「你打壁球嗎?我也打壁球!你一定會成為隊上的一大助力。」西北大學的蘿倫・李維拉(Lauren Rivera)發現,對於和面試者有相同興趣的求職候選人來說,整個面試過程是完全不同的。[10] 請思考這個情況:面試者和求職者沒有相同的嗜好,這時候面試可能更為正式,而且會遵循相似的模式。作為對照,當他們有共同的嗜好時,面試就會變成隨興的對話。

履歷表上的次要資訊並非導致不同類型面試的唯一因素,事實證明,男性和女性也會在面試中被問到不同的問題。為了理解原因,讓我們前進資本投資的高風險世界。2016年,美國所有私人持有的公司有40%由女性創立,但女性創辦人只獲得2%的風險投資資金。[11] 曾就讀哥倫比亞大學,現任職於倫敦商學院的戴娜・肯澤(Dana Kanze)對其中的原因有一個想法。

戴娜在哥倫比亞大學取得博士學位之前,曾經花了五年

的時間為自己的新創公司募資。她向投資人提案自己的事業並參加多次融資競賽時，發現她被提問的問題，與她的男性共同創辦人截然不同。他被問到的問題內容著重於事業的優勢，作為對照，戴娜的問題則關注事業可能面臨的所有風險。起初，戴娜以為是**她**做錯了什麼；也許她的簡報內容不經意地強調了缺點。但當她意識到她的簡報內容與共同創辦人的簡報並無不同，她開始思忖女性是否更普遍被問到與男性不同的問題。

來到哥倫比亞大學後，戴娜分析了紐約市TechCrunch公司自2010年成立後舉辦的所有融資競賽。[12] TechCrunch很重要，它是Dropbox和Fitbit公司的起點。重要的是，戴娜不只取得了企業簡報時的影片，還有隨後的六分鐘問答影片。

戴娜分析資料時，發現一個驚人的結果。雖然新創公司的男性創辦人和女性創辦人的簡報方式沒有差別，但男性領導的新創公司募得的資金為女性領導新創公司的五倍。當戴娜控制了通常會影響融資結果的其他變數後，包括新創公司成立的時間長短、創辦人過往的經驗等，同樣的差異依然存在。

不過，戴娜分析新創企業與風險投資人在提案簡報**之後**的六分鐘問答影片時，女性獲得較少融資的原因變得顯而易見。正如戴娜的男性共同創辦人，男性會被要求闡述事業的

優勢，例如：「你們預計在今年取得多少新客戶？」作為對照，女性企業家則會被問及悲觀的問題，讓她們必須採取守勢，例如：「你們計劃如何留住現有客戶？」事實上，男性企業家獲得的問題有67％著重在事業的潛在優勢，而女性創辦人被問到的問題有66％充斥著對劣勢的質問。

這些問答過程對融資結果有巨大的影響，當新創公司被問到的大多是關於優勢的問題，它所募集到的資金，是被問及悲觀問題的新創公司的**七倍**。

但情況甚至變得更為耐人尋味。問題之所以重要，是因為問題限制了答案。優勢問題會導向聚焦潛力的答案，而劣勢問題則會產生專注於風險的答案。以關注劣勢的問題開場，就會帶來六分鐘的黯淡無望循環。

我們都傾向於提出符合問題結構的答案。我的指導教授喬爾·庫柏在1970年代進行了一項突破性的研究，[13] 他發現黑人求職者在面試中經常因為用不良的文法回答問題而遭到扣分，但當他分析面試的錄影帶時，發現白人面試官在向黑人求職者提問**那些問題**時，語法上有更多的錯誤。由於我們的答案傾向於符合問題的風格，黑人求職者因而顯得缺乏溝通能力。然而，他們的回答只是鏡像反映了面試官語法不佳的問題。喬爾甚至指出，當白人求職者被問到有語法錯誤的問題時，他們的答案同樣會在文法上有缺陷。

所以，解決方法是什麼？

我們可以訓練女性創辦人在回答時始終專注於優勢，戴娜發現這個方法確實有幫助。相較於用劣勢答案回答劣勢問題，創辦人用優勢答案回答劣勢問題時，可以募得14倍的資金。但這種方法不公平，因為它讓女性承擔了解決性別偏見的責任。與其如此，不如讓我們像建築師般思考，如何設計出更公平的問答過程？

答案其實出奇地簡單。想要在融資過程中創造良好的公平性，所有創辦人都應該被問及完全相同的問題。事實上，研究發現，相較於並未事先確立結構的面試，讓所有面試者獲得相同問題的結構化面試，可以大幅提高公平性。

值得注意的是，向所有人提出相同的問題時，不僅解決了性別偏見，也可以解決蘿倫・李維拉發現的相似偏見。與其將整個面試時間用於和某些候選人暢談共同的愛好卻排除其他人，不如讓每個人獲得相似的對待。當我們任憑面試的互動自然發展，偏見就會悄悄滲入，導致不同的求職者被提問截然不同的問題。使用結構化的面試，我們便能平衡競爭環境，創造更公平的機會。

為了選出最有才華的候選人，我們可以更進一步延伸結構化面試的想法。想要選出特定工作的合適人選，我們也需要在應徵過程中採用**結構化任務**（structured tasks）。

擔任哥倫比亞大學管理學部門主任時，我負責監督部門工作人員的聘任。然而，到了遴選我們的電腦與科技專家

時，我就必須仰賴更廣大的科技團隊。當我們需要聘請一位新的專家時，科技團隊來找我，表示：「我們找到完美的人選，經驗非常豐富。你要見他嗎？」我不只要見他，我還想見名列前三的三位候選人，並堅持讓三位候選人接受測試。我們請三位應徵者過來，讓他們執行這個職位經常面對的兩三樣日常工作，而不只是與那位頂尖的候選人進行隨興的交談。我們可以用這個方法衡量他們處理日常工作的速度和準確度。

請應徵者完成相似的指派任務，有助於我們徹底避免犯下糟糕的錯誤。被科技團隊譽為完美的人選，在指定任務的表現上並非如此完美。事實上，他徹底失敗了。他說得頭頭是道，但我們很快就清楚看見他缺乏有效執行工作所需的知識。作為對照，其中一位候選人則完美通過測試。最終，他的表現非常出色，在六個月內就在我任教的學系中獲得晉升。

我之所以決定在面試過程中使用與工作相關的任務，並非出於偶然的直覺。我知道傳統的面試方法非常善於選出──這麼說吧──擅長面試的人。但面試很少能告訴我們一個人在**工作上**的表現如何。公平的聘任流程不僅會向所有應徵者提出相同問題，也必須包括相同的工作相關任務。這就是為什麼顧問公司要求潛在應徵者解決案例，因為這些案例體現了他們將為客戶處理的問題類型。

設計公平的升遷

在決定接受面試的人選時,我們需要公平性。在面試中,我們需要公平性。一旦聘任某個人,在他的評估和升遷中,我們也需要公平性。

安‧霍普金斯(Ann Hopkins)在競爭資誠聯合會計師事務所(PwC)的合夥人資格時,是88位候選人中唯一的女性。[14]她的計費工時更多,而她為事務所帶來的業務,多過於其他87位候選人中的任何一位。她收到各種讚美,被譽為「傑出的專業人士」,具備「堅強的品格、獨立性且正直」。然而,她被告知需要「參加魅力學校的課程」,她太過「陽剛」,這種評論大多來自於幾乎不曾與她共事過的合夥人。

安並未被選為晉升合夥人的47名候選人之一。她提起訴訟。最高法院做出對安有利的判決,並將她提升為合夥人。最高法院的意見書指出:「雇主反對女性表現積極進取,但其職位要求此特質,導致女性陷入難以自處的兩難困境:如果女性的行為表現出積極進取,就會失業,倘若她們不表現出積極進取,也會失業。」[15]

安‧霍普金斯受到的待遇,與男性候選人不同。她面臨雙重困境,成功所需的行徑——雄心壯志——因其性別而不被允許。她表示:「這不公平。」

要設計出更公平升遷系統的關鍵,與我們討論聘任、器

官分配及士兵退役返家時,所提出的解決方法相同。我們需要預先選定標準,一致應用於可能獲得升遷的每個人。在安‧霍普金斯的案例中,有一個客觀的成功指標:為組織所帶來的業務。此外,對於其行徑的批評,主要來自那些與她合作經驗最少的合夥人。為了設計出更公平的流程,我們應該確保最重要的意見出自與待晉升候選人有最密切合作經驗的人。

當我們像建築師般思考,便能在聘僱流程的每個階段設計更公平的系統,從篩選申請人、面試到升遷。我們也可以透過擴大考量的標準來設計公平性。

將標準的餅做大,設計公平性

在制定分配決策——從面試機會、升遷到器官捐贈——之前,預先選定標準可以促成更公平、偏見更少的決策。但唯有選擇的標準本身是公平的,亦即標準能精確地反映該職位成功所需的特質,才能實現真正的公平性。

在第10章中,我們討論了貝爾斯福德爵士如何在七年內達成六次環法自由車賽的勝利,部分原因在於他認可每位團隊成員多元且獨特的貢獻。我稱之為「將地位的餅做大」,我們在此可以採用相似的標準選定邏輯,選擇有助於體現職位成功的所有標準。

請思考倫敦大學學院菲利斯‧丹博德（Felix Danbold）的優秀研究。[16] 菲利斯花費數十個小時，在南加州地區觀察與採訪多所消防局的消防員，讓自己沉浸在消防的世界。毫不令人意外地，他發現英雄行為與體能強壯是消防員工作的關鍵。但他也看見同情心這類成為偉大消防員的必要特質，而這些特質在刻板印象中屬於女性。問題在於，同情心在正式和非正式的評估中，向來遭到貶抑。菲利斯好奇，如果這些同等必要卻被視為女性化的特質，與刻板印象中男性的特質處於平等地位時，會發生什麼事。

菲利斯和400多位現役消防員進行了實驗，測試其假設。所有人都觀看了一位男性消防隊長回答這個問題的影片：「為了在消防任務中取得成功，現代消防員最重要的特質是什麼？」在傳統標準情境中，體能強健被強調為消防員成功的關鍵。但在擴大標準情境中，除了體能強健，隊長還會強調同情心的重要性，並解釋為什麼同情心對於成為成功的消防員來說如此重要。值得注意的是，這個情境強調了女性特質的重要性，但並未否認男性特質的必要性。

菲利斯的發現是什麼？擴大標準情境讓消防員明白女性是合格的同事，同時降低他們對於招募女性會危害安全的疑慮。透過強調一組擴大的檢驗標準，菲利斯協助開啟了女性消防員的機會。

菲利斯的研究擴展了我與加州大學柏克萊分校的羅菈‧

克雷在將近20年前共同發現的成果。[17]和菲利斯一樣，我們分析了成功協商者的必備特質。我們發現，有些特質能夠預測協商者的成功，在刻板印象上屬於男性，例如堅定自信與理性。但其他特質在刻板印象上屬於女性，例如善於傾聽、取替他人觀點，以及善於口語溝通。如同菲利斯的做法，我們隨後也進行了實驗，協商新手（第一天上課的企業管理碩士班學生）被隨機分配至控制組或正面女性特質組。在正面女性特質組中，我們告訴協商者：「技巧高明的協商者有幾個特質。（一）口語表達想法的敏銳能力；（二）良好的傾聽技巧；以及（三）洞察其他協商者的感受。」隨後，我們請一位男性協商者和一位女性協商者，針對藥廠出售進行協商。在控制組中，男性的表現勝過女性協商對手，結果符合先前提到的菲利斯研究。[18]然而，當我們強調女性特質的重要性，便扭轉了性別表現差異，女性在談判桌上的表現勝於男性。在這個組別中，女性認為她們具備成為出色協商者的條件，而男性認為他們並未符合標準。

請留意，我們的實驗並未和菲利斯一樣擴大標準，而是僅聚焦於一組能夠預測協商成功的特質，而這些特質在刻板印象中通常被歸屬於女性。相反地，我們當初應該列出成功協商者的所有特質以創造一組更公平的標準，其中有些特質在刻板印象中屬於男性，另一些屬於女性。

擴大標準不只會減少偏見，也會擴展有興趣申請者的數

量。請思考一下徵才廣告，其內容將協助決定誰會申請、而誰不會申請。杜克大學的亞倫·凱發現，男性主導產業的徵才廣告，例如工程師和電腦程式設計師，均傾向於強調男性特質（如雄心壯志、堅定自信、有競爭心），但幾乎不提及同等重要的女性特質（比如支持與投入）。[19]對於只強調刻板印象男性特質的職位，女性幾乎沒有興趣應徵；基本上，這些廣告是在告訴女性：「你不屬於這裡。」但亞倫改變了銷售經理職位的廣告用詞，減少強調男性特質後（例如，他將「有挑戰性」改為「鼓舞人心」），他發現女性的應徵意願有所提升。

過去五年，我與一個由男性主導的產業──紅酒與烈酒批發商──合作，以增加成功女性的人數。這個行業將產業經驗視為基本標準，尤其是高階職位。他們甚至在徵才廣告中強調「需要15年產業經驗」。問題在於，在一個由男性主導的產業中，男性更有可能具備該產業經驗，也就更容易獲得追求高階職位的機會。所以，解決的方法是什麼？在這個案例中，我建議他們思考為什麼**產業**經驗如此重要，並考量其他產業能否提供可相提並論的經驗與能力培養。除了擴大經驗標準，我們也可以考慮提供培訓，以彌補不同的經驗程度，讓所有人都能迎頭趕上。

藉由擴展用於招募、評估與晉升候選人的標準──從消防員、協商者到電腦程式設計師──我們可以確保所有必要

的能力都被體現。如此一來，我們便能建立更公平的招聘與升遷系統。

在公平性的拼圖中，還有一塊拼圖需要我們思考。請留意，器官分配與士兵退役採用的分數系統，只記錄預先選定標準的數值。這確保了系統對於可能導致偏見的其他因素視而不見；例如，在分配腎臟時，你是否為人父母或你從事什麼職業都無關緊要。為了真正啟發公平性，我們還需要讓自己對造成偏見的潛在資訊置若罔聞。

藉由盲目，設計公平性

讓我們回到奧德賽船上的水手們，他們單純因為聽不見賽蓮的催眠旋律，所以受到保護。避免潛在偏見資訊影響的一種保護方式，就是限制接觸那些資訊。

這正是交響樂團的做法，使其從性別隔閡最嚴重的行業之一，轉變為性別最多元的行業之一。在1970年代，茱利亞音樂學院是交響樂團成員的頂尖培育所之一，班級裡有45％的學生是女性，但美國頂尖管弦樂團中只有不到5％的女性成員。[20]如今，這些管弦樂團正在趨近性別平等；紐約愛樂在2022年時，女性成員的數量甚至多過男性：45名女性，44名男性。[21]是什麼原因導致了此一性別平等的劇變？

簾幕。

對於這個表面上奠基於音樂實力的行業來說,關於性別的想法卻在評估時扮演了過重的角色。有些指揮家就是不認為女性屬於管弦樂團,其他指揮家則是無法想像女性相對較小的體型能夠應對沉重且仰賴肺活量的樂器,例如低音號和長號。在1970年代末與1980年代初,美國的管弦樂團開始在舞臺上甄選樂手候選人,但樂手被要求待在簾幕後。評審再也不能用眼睛「聆聽」,只能用樂音判斷這位演奏家的才能。正如諾貝爾經濟學獎得主克勞蒂亞・高爾丁(Claudia Goldin)在研究中所指出的,「盲選程序孕育了招聘的公平性,提高女性在交響樂團中的比例。」[22]

管弦樂團徵選的簾幕也揭示了性別暗示的強烈程度。雖然評鑑人看不見候選人,卻依然能聽見候選人走上舞臺就位的聲音。高跟鞋的喀喀作響,清楚透露表演者是女性。評審需要奧德賽船上水手使用的蠟。幸運的是,有一個直接又簡單的解決方法:在舞臺上鋪設地毯,或者讓所有候選人赤腳表演。

我們還有其他方法讓人們看不見造成偏見的資訊,例如,蘿倫・李維拉建議移除履歷中的嗜好。[23]她主張,嗜好出現在履歷表上大多會引起偏見,因為與工作無關的嗜好不太可能用於預測未來的工作表現。

提到履歷,傳統履歷的結構對於有就業空窗期的人極為不利。許多人的履歷都有就業空窗期,但女性特別容易受

影響,因為女性在生育之後更有可能出現就業空窗。由於傳統履歷列出過往職位時會附帶就職時間,因此強調了就業空窗,例如:西北大學教職,2002年1月至2012年9月。在這種格式中,就業空窗在履歷上簡直閃閃發亮。

我在哥倫比亞大學的同事艾莉雅拉・克里斯托(Ariella Kristal)提出了巧妙的替代格式,減少就業空窗的顯眼程度。[24] 她設計的履歷格式只列出經驗年資,例如:西北大學教職員,10.5年。這種格式可以如實傳達求職者的就業經驗,同時簡單地讓就業空窗期不那麼明顯。艾莉雅拉在英國進行大規模的田野實驗時,發現有就業空窗的求職者以工作年資的方式列出就業經歷後(並未提到任職日期),回電率增加了15%。列出經驗年資而非任職日期,不只幫助女性,也幫助有就業空窗的任何人獲得更高的回電率。

啟發人心的無知之幕

哲學家約翰・羅爾斯(John Rawls)創造了「無知之幕」的概念,避免我們的偏好凌駕於原則之上。羅爾斯指出,由於偏好在本質上就是偏見,因此我們設計的任何系統,即使我們認為確實公平,也永遠都是為了裨益自身而建造的。他的解決方法是創造一種系統,讓我們看不見自己在系統中的地位,也就是我們不知道自己在新系統中是執行

長還是無家可歸者。當我們知道自己貧困和富裕的機率相等時，會建立何種規則與結構？對羅爾斯來說，他會最大化那個世界處境最惡劣者的福祉。但更廣泛地說，他認為無知之幕是邁向公義社會的唯一道路。

在前一所大學，我的同事和我使用無知之幕設計出更為完善的教職招聘系統，減少造成系上分裂的普遍衝突。我們過去總是在招聘會議上針對投票規則不留情面地爭執。我們爭論投票門檻（例如多數決與絕對多數決）、否決權，甚至是投票形式（匿名或公開）。每個人都試圖操弄投票程序，最大化聘請我們偏愛候選人的機會。這種針對招聘過程的持續爭執不僅沒有效率，也讓人精疲力盡且腐蝕人心。這導致我對某些同事懷抱著難以平息的憤恨。

當我們的爭執達到臨界點時，一位同事建議我們採用無知之幕。他提議在非徵才招聘期間，舉行夏季休閒研討會，建立教職招聘流程與投票原則。因為在那個時間點，我們沒有需要爭執的偏好候選人，可以確實地待在無知之幕後。少了彼此競爭的偏好，我們得以建立可適用於所有招聘情境的投票原則。

因為在無知之幕下建立的系統普遍被視為具公平性，故得以提供多項益處。我們的會議變得更有效率，因為我們迅速無縫地做出決定。我們的會議變得更穩定；過往會議的衝突和積怨大幅減少，因為已經無法相互嘗試操弄。但最驚

人的效果也許是,我們承諾採用預先決定的程序,使得我們心甘情願接受所有結果。在傾盡全力的激烈爭執中輸掉表決時,我對程序的不公感到激動憤怒。但實施有原則的程序之後,即使結果不符我的偏好,我依然接受。我會失望,但從未感到憤怒。我發現這個過程本身很啟發人心。

公平的流程較不惹怒人心,也可以減少偏見,增加更為平等的機會。因此,公平是促進多元性的關鍵方法,而多元性則會成為新觀念和創新的催化劑。但多元性也是衝突與分裂的起因。讓我們來看看多元性如何同時帶來最好與最壞的結果,以及我們該如何設計多元性,以啟發更多沒有衝突的創新。

Chapter 12

啟發人心的多元性和包容性

我們在第7章中討論了艾卡教練的精彩故事,關於他如何激勵他的青少年足球隊,在缺乏食物和飲水的情況下、受困於遭潮水淹沒的睡美人洞整整十天,是如何存活下來。但發生在洞穴之外的搜救努力同樣引人注目。[1]

男孩們在第一天晚上沒有回家時,搜尋行動立刻展開。驚慌失措的家屬聯絡當地府尹納隆薩‧奧索塔納恭(Narongsak Osottanakorn),他迅速通知泰國軍方。然而,等到軍方於次日早晨抵達睡美人洞時,水位已經過高,水流過強,泰國海軍海豹特種部隊無法取得任何進展。

危機進入第三天,納隆薩府尹向全世界懇求協助。「昨天,我們說每分鐘都是關鍵。今天,對那些男孩來說,每三十秒,每十秒都是關鍵。但我們就快要輸掉這場與水對抗的戰鬥。」

英國財經顧問維農‧昂思沃斯(Vernon Unsworth)在當地被稱為「瘋狂的外國洞穴探險家」,很快就意識到這次的救援行動需要潛水員,而且必須精通潛水運動最危險的形

式,也就是洞穴潛水領域。國際洞穴潛水社群的渺小程度驚人,全球預估不到100人。維農直率地告訴府尹,「長官,你這次的救援行動只有一次機會」,並交給內政部長一張手寫紙條:「時間不多了!一、朗恩・哈波(Ron Harper),二、瑞克・史坦頓(Rick Staton),三、約翰・瓦倫坦(John Volanthen)。他們是全球最頂尖的洞穴潛水員,請**盡快**透過英國大使館聯絡他們。」

幾個小時內,退休消防員瑞克和資訊科技顧問約翰搭上從英格蘭飛往泰國的班機。危機進入第四天,瑞克與約翰抵達現場,立刻嘗試進入洞穴,但泰國海軍海豹部隊禁止他們通過。正如約翰的說法:「如果你是泰國海軍海豹部隊,突然有兩個外表邋遢的中年男子出現,我可以理解,這對人際關係來說真的不是很好的開始。」瑞克與約翰最終還是獲得了潛水許可,但當地指揮官也提出警告:「如果你們死在裡面,不要指望我們去打撈你們的屍體。」

由於水流極強,瑞克與約翰用了將近一天,才終於抵達洞穴的第三石室。他們浮出水面時,四個身影變得清晰可見。興奮很快就被困惑取代——那不是一群青少年,而是四名成年男子。他們是泵浦工人,在沙洲上睡著時,被突如其來的洪水困住,甚至沒有人知道他們失蹤了。鑒於石室隨時可能會被淹沒,瑞克與約翰立刻帶著泵浦工人潛水離開。

經過四天艱難的潛水之後(男孩們受困第八天),約翰

感到挫敗。「洞穴中的情況宛如不可能的任務⋯⋯搜救現場有一種強烈的感覺,認為孩子們不可能還活著,就是不太可能。我們失去了希望⋯⋯我們開始懷疑『我們真的需要待在這裡嗎?』」約翰和瑞克請英國領事館幫忙查詢回家的班機。

瑞克和約翰懷疑他們是否應該繼續投入時,援救行動並未停歇。一群全球工程師團隊成功從洞穴中導出足夠的水量,緩和水勢,讓泰國海軍海豹部隊得以架設所有搜救行動需要使用的關鍵潛水繩索。在英國領事館的強烈督促下,瑞克和約翰決定重新加入救援行動,但他們現在被禁止進入洞穴。美國軍方必須介入,說服泰國軍方同意讓瑞克和約翰回到洞穴。

由於抽水引流成功,瑞克和約翰得以在第10天抵達芭達雅海灘,每個人都盼望男孩們就在睡美人洞的這個區域。但他們不在這裡,這個區域的淹水情況太嚴重了。

隨著他們繼續前進,瑞克和約翰來到一個狹窄通道的小開口,立刻因為一股刺鼻的惡臭而動彈不得。「那是瞬間發生的,一股刺鼻的臭味。沉默。我們兩個人都以為自己聞到了屍體腐爛的味道。」但隨後,他們在黑暗中看見一道亮光,伴隨著「謝謝,哈囉,謝謝」。

當每個男孩都擁抱了潛水員後,瑞克和約翰承諾他們一定會回來接這些男孩。但他們完全不知道要怎麼救他們出去,他們潛水回去的時候,才意識到「我們可能是唯一看見

他們活著的人」。

救援團隊探索了眾多選項。他們考慮在洞穴中鑽洞，試著將男孩們拉出來，但岩石太厚了。他們討論過讓男孩們留在洞穴中，直到漫長的雨季結束，但人體排泄物會造成不衛生的環境。還有一個更急迫的擔憂是，洞穴中的氧氣正在迅速減少。第13天，約翰注意到空氣變得沉悶，於是打開他的氧氣偵測器，偵測器立刻發出警示，因為氧氣濃度（15％）已經低於維持生命的標準！他們必須**現在**就救出男孩們。

帶著男孩們潛水出去是一個選項，看似簡單，但沒有經驗的人被貿然帶入水下時，會被恐懼征服。瑞克潛水領著四名泵浦工人離開時有親身經驗。「在水下被引導時，基本上就像失明，會使人嚴重失去方向感……我將這件事稱為水下摔角比賽。那四位水力工人在水下只不過待了30或40秒，仍然感到非常恐慌，而且他們還是成年人。我們現在討論的是一群孩子以及兩個半小時的潛水。我們不認為自己可以將孩子們救出來。」

瑞克思考著如何控制男孩們在水下的恐懼，並讓他們的踢水動作減少至最低限度，他的第一個念頭是讓他們服用鎮定劑，但他意識到這也不足以完全避免他們產生恐慌。他迅速斷定男孩們必須被完全麻醉。

出人意料的是，在洞穴潛水員的小社群中，就有一個人

剛好是麻醉醫師,但理查・哈里斯(Richard Harris)醫師正在遙遠的澳洲照顧生病的父親。第12天,瑞克傳訊息給哈里斯醫師:「有可能麻醉那些孩子嗎?」哈里斯立刻回覆:「絕對不行,不可能的。」

哈里斯醫師詳細解釋:「我可以想到那些孩子迅速死亡的100種方式⋯⋯在潛水期間的任何一個時刻,他們的面罩可能會進水,導致他們溺斃⋯⋯或者他們的鼻竇充滿血液,導致他們在自己的唾液中溺斃⋯⋯他們的呼吸道可能阻塞,他們會窒息⋯⋯水溫以及洞穴的空氣,加上三個小時的潛水過程,在麻醉狀態下⋯⋯他們會逐漸凍死。」

哈里斯醫師決定搭機飛往泰國,親自潛水觀察男孩的情況。眼前的景象讓他震驚。「他們的消瘦模樣讓我驚恐。我聽見幾個人在咳嗽,非常溼的咳嗽聲。」潛水回去的路上,他終於明白不採用麻醉潛水的結果,就是男孩們必定會死。「我想,到最後,我用這個方式說服自己:『如果我做了麻醉,他們可能還是會死,但至少他們是在深沉睡眠中死去』。」

即使男孩們成功接受麻醉,仍有面罩可能進水導致溺斃的問題。這次救援需要一種特殊類型的面罩——正壓面罩——可以讓任何洩漏往外流出,而不是往內流入。好消息是美方有這種特殊面罩,壞消息是他們只有四個,這代表救援行動必須分成多天進行,使得風險更高。

正如美國海豹部隊第六小隊突襲賓拉登的建築群,潛水員理解他們必須徹頭徹尾練習這項任務。美國軍方盡其所能地協助他們在陸上模擬救援行動,並與當地志工一起練習。

　　開始最後的準備時,救援團隊遇到一個熟悉的障礙:泰國海軍海豹部隊不允許他們潛水。經過幾個小時的溝通之後,泰國軍官終於讓步,但提出另一次警告。根據一位澳洲外交官員表示,如果出現任何問題,泰國監獄可能正在等待他們。瑞克非常嚴肅看待這個威脅,他已經擬好一個「詹姆斯·龐德風格」的計畫,倘若事情出錯,他會逃離這個國家。

　　到了第16天,只要第二劑麻醉藥——加上15個屍袋——送到第三石室,救援行動就可以準備進行。哈里斯醫師確保每名潛水員都知道「這是一次單程任務。一旦開始⋯⋯你就不能回頭找我。我無能為力。如果你最後帶著一具屍體離開洞穴,那就是你必須帶離洞穴的東西。」

　　讓第一位男孩穿上潛水衣、裝上氧氣瓶後,哈里斯醫師和一位泰國醫師準備施用精心調配的藥劑雞尾酒。首先是一錠贊安諾,緩解焦慮。其次是阿托品,一種唾液抑制劑,降低被自己唾液溺死的可能性,注射在腿上。最後,全身麻醉劑注射在另一隻腿上。

　　男孩們失去意識後,哈里斯醫師將他們的臉壓入水下,再將他們的手綁於背後。「基本上就是試著幫布偶戴上面具。對於我們所做的事情,我完完全全無法用任何方式感到

自在。對我而言,那感覺就像安樂死。」

第一位男孩終於抵達了洞穴的未淹水區域,活著,而且正在呼吸,200個人排成一列將他送往洞穴入口。第一天的救援行動取得難以想像的成功,四名男孩全數從洞穴中平安撤離。第二天同樣進展順利。但在危機進入第18天的前一夜,更大的豪雨來臨,讓潛水不只變得極度危險,也成了他們完成救援任務的最後機會。即使經歷多次的驚險時刻,最後的五個人也活著離開洞穴了。受困足球隊的13名成員全員奇蹟般生還。

多元團隊帶來最好與最差的結果

驚人的泰國洞穴救援事件展現了多元性的力量,也突顯出其中隱藏的危險。這個事件更呼應了一項科學事實,多元團隊會帶來**最好**與**最差**的結果。

多元團隊會帶來最好的結果,因為他們往往更有創意,做出的決策也更好。[2] 這就是為何多元市場出現較少的價格泡沫與更穩定的價格平衡,而多元領導團隊則創造出更高的公司價值。[3] 即使是城鎮內的地理多元性,也能預示未來更繁榮的經濟發展。[4]

洞穴救援清楚展現了多元性的創意與協同益處。這次救援行動聚集了來自世界各地的人員,例如,除了平民繩索專

家之外，潛水繩索團隊的成員還包括泰國、美國、澳洲及中國軍方人員。泰國與外國工程師的多元組合協助強化抽水系統，緩和湍急的水勢，才有機會搭建潛水繩。四名泰國海軍海豹部隊成員在第九石室陪伴男孩們將近一個星期。最後的潛水救援團隊包括五名泰國潛水員與十三名國際潛水員。

成功的救援不只整合了多元能力，還有龐大團隊的多元經驗。要是沒有救援泵浦工人的經驗，瑞克可能不會意識到必須讓男孩們在潛水期間完全麻醉。沒有哈里斯醫師作為麻醉醫師的經驗，就不可能執行這項計畫。

然而，多元團隊也會帶來最差的結果。我們在洞穴救援中看到了這個現實的根源，儘管最終任務的順利程度驚人，也有傑出的成果。泰國軍方將外國洞穴潛水員視為好管閒事的外來者，而不是合作者，因而引發多次對峙衝突。救援行動中持續出現的緊張關係，清楚展現了多元性的核心缺陷：多元性產生區別，而區別往往引發爭執。毫不意外地，研究顯示多元鄰里的居民之間信任程度較低，社群參與較少。[5] 多元團隊對自身表現的信心較低，即使其決策與成果勝過同質團隊。[6]

那麼，我們該如何解決多元性的問題？我們要如何獲得最好的結果，同時避免最差的結果？我們該如何讓多元性真正啟發人心？

多元性問題可以透過兩個表面看似矛盾的想法來解決：

多元性和**一致性**。雖然多元性和一致性的概念可能看似不協調,但卻能協同幫助多元團隊成為最佳團隊。

💡 用多元性解決多元性的問題

從表面上來看,藉由多元性解決多元性問題的想法聽起來很荒謬。但多元性不只代表人口統計上的差異(性別、種族、年齡、社會經濟地位等),也包括人們彼此不同的其他面向。

近來,多元性的一個顯學領域是認知並非每個人都用相同的方式處理訊息,即心理學家所說的「神經多樣性」(neurodiversity)。洞穴救援的菁英潛水員團隊明確展現了這種神經認知的相異性(neurodivergence),潛水員們在成長的過程中與他們的同儕截然不同,但這個差異讓他們在地下的狹窄空間裡,找到在遊樂場無法尋得的慰藉。理查·哈里斯如此總結他們的認知差異價值:「我們是板球隊的最後選擇,洞穴救援的首選。」要是沒有這些洞穴潛水員的獨特天賦、一套源自其獨特認知取向的能力,這次奇蹟般的救援行動就不可能成功。

我們可以將目光延伸超越**人際**的差異,更進一步擴展多元性的概念。我們也能將多元性想像為出現在人的**內在**,也就是經驗的多元性。事實上,藏於人們**內在**的多元性,正

是解決**人際**多元性問題的關鍵。多元經驗讓我們直接接觸新觀念與新視角。這就是瑞克與泵浦工人進行水下摔角時的體悟，他親眼目睹只需要進入水下30秒，泵浦工人就會被驚恐占據。假如沒有這個經驗，瑞克永遠不會意識到必須讓男孩們接受麻醉，當然也無法即時拯救他們。他與泵浦工人的經驗，幫助他創造了一種有創意的救人方法。但多元經驗不只會改變我們的**想法**，也會改變我們思考的**方式**。

＊　＊　＊

我對於多元經驗改變我們思考方式的洞察，始於2005年冬季的某個星期一晚上。新聘博士後研究員威爾・麥達斯和我正在準備一場跨文化溝通講座，對象是數百位即將展開為期兩週國際旅行的企業管理碩士班學生，那時，我腦中突然閃過一個想法。我轉身告訴威爾：「我好奇曾經待在國外的人是不是比較有創意。」我們迅速搜尋科學文獻，但沒有發現任何一篇研究曾經提出這個問題，所以我們決定測試自己的想法。

那天晚上，威爾和我一起設計了一份簡單的調查問卷，內容只有三個問題，並將調查問卷寄給兩天後來聽我們演講的250位企管碩士班學生。

一、你是否曾經出國旅行？如果有，為期幾個月：＿＿＿＿

二、你是否曾經住在國外？如果有，爲期幾個月：____
三、請解答以下問題。

這是我們請學生解答的問題：[7]

紙板牆邊有一張桌子，桌上有三個物體：一根蠟燭、一束火柴，以及一盒圖釘。只能使用桌上的物體，你如何將蠟燭固定在牆上，讓蠟燭燃燒時，蠟不會滴到桌上或地板上？

這是一個創意洞察力的經典測驗問題——稱為鄧可蠟燭問題（Duncker candle problem）——而且不是容易解開的問題。我在1990年代向普林斯頓的大學生提出這個問題時，只有6%的人能夠在沒有任何介入提示的情況下解開。[8]

這是正確的解答：清空圖釘盒，將圖釘盒釘在牆上，再將蠟燭放在圖釘盒中。看起來非常簡單明瞭，是吧？但為什麼只有6%的常春藤聯盟大學學生能夠解開？因為我們受限或固著於物體的常用功能，難以看出它們的眾多其他用途。在這個情況中，小盒子不只是圖釘的容器，也能作為燭臺。

蠟燭問題可能有些艱難，但呈現了一個更大的現象，稱為功能固著（functional fixedness）。[9]當我們受限於只能從一個角度觀看問題或情境，便往往看不見藏在眼前的許多其他可能性。

威爾和我查看問卷調查結果時，發現曾出國旅行與不曾出國旅行的學生，在解決蠟燭問題方面沒有差異。這個結果不令人驚訝，鑒於幾乎所有人（99％）都曾經造訪其他國家。此外，我們發現出國旅行的時間長度實際上與創意呈現**負相關**。學生出國旅行的時間愈長，成功解決蠟燭問題的**可能性愈低**。

我們隨後分析在國外生活是否重要。[10]略為超過半數的學生曾在人生的某個時期住在國外。我們發現，比起不曾住在國外的學生，曾住在國外的學生解開問題的比例多出40％。我們也發現住在國外的時間與解開蠟燭問題之間呈現**正相關**。

我們對這些結果感到震驚，尤其是因為蠟燭問題與他們住在國外的經驗沒有關聯；解答不需要任何特定的文化知識，也不取決於人們的思考**內容**。相反地，我們的調查結果顯示，多元經驗改變了人們的思考**方式**。我們發現，唯有住在國外的經驗可以提高解答比例，也顯示了多元經驗必須有特定的深度，才會產生這種創意能力的轉變。

為了確保我們的結果不是一時僥倖，且不侷限於蠟燭問題，威爾和我在接下來的15年間，運用多種創意任務進行了數十項研究。在其中一項研究，我們使用與第9章討論內容相同的餐廳協商。這個協商也許看似與蠟燭問題截然不同，但在結構上是相似的：在兩個案例中，我們都需要思考

替代功能來尋找解決方法。在這個協商中，一開始看似不可能達成協議，因為賣家的要價高於買家願意支付的金額。但我們深入觀察時，就能明白賣家希望獲得更高的金額以支付廚藝學校的費用，而買家則是希望聘請傑出的主廚。為了解決這個協商問題，我們必須停止固著於售價，並考慮其他的價值來源。如果買家支付底價但聘請賣家擔任主廚，且願意資助主廚的廚藝教育，就能達成協議。

這項研究的結果非常值得注意：買家與賣家皆不曾住在國外時，解決協商問題的比例為0%。但雙方都曾經住在國外時，達成創意協議的比例為70%！

在使用許多不同創意任務的多項研究中，我們找到了三個重要的發現。首先，我們無法複製出國旅行的負相關。在我們的研究中，出國旅行與創意就是沒有相關性。其次，曾經住在國外的人傾向於比一直住在國內的人更有創意。第三，住在國外的時間與預測創意能力呈正相關。擁有更深刻的國外經驗，改變了人們應對世界的**方式**，從陳舊的概念窠臼中解放了他們的心智，用新的方式觀看世界。

在我們的研究中，相較於出國旅行，住在國外對於改變我們的思考方式而言，始終具有較高的重要性。但威爾和我也發現，真正的祕訣其實不是在國外生活。在國外生活只是一個管道，能與另一種文化建立深刻且有意義的互動。例如，在一項關於企業管理碩士班學生的縱貫研究中，我們在

新生入學時測量其創意能力,並於畢業時再度測量,發現與來自另一種文化的學生交往,可以提高學生產生創意想法以及解決如蠟燭等創意問題的能力。[11]正如旅行,跨文化友誼與創意的提高沒有相關性。

但如同住在國外,其效果並非來自於交往。祕訣在於與來自不同文化的人形成**深刻**連結。我們分析J-1簽證持有人(在美國參加工作交流或學習交流的外國人)的調查問卷時發現,他們返鄉之後與美國友人的聯繫頻率愈高,在故鄉創業的可能性就愈高。[12]因此,對於改變我們的思考方式來說,關鍵是連結的深度,而不是類型。

重要的是,深刻文化交流經驗的創意益處不侷限於實驗室或教室環境。在歐洲工商管理學院的佛雷德里克・戈達特(Frédéric Godart)主持的計畫中,我們分析了270家頂尖時尚品牌在21季期間的創意成果。[13]我們將注意力聚焦在創意總監身上,因為他們身為負責設計的高層主管,掌控品牌每年兩次系列新裝的所有面向,從觀念創作到米蘭、巴黎、紐約及倫敦的時尚週走秀。為了測量其國際經驗,我們詳盡研究這些創意總監的職業經歷,並仔細查明他們前往國外工作的時間與地點。為了測量其創意,我們有幸發現法國時尚貿易報社《紡織日報》(Le Journal du Textile)會邀請時尚專家評價每家品牌系列新裝在四大時尚週期間的創意,而非其銷售潛力。即使在頂尖時尚環境中,我們仍成功複製了先

前的研究發現。創意總監在國外的工作時間愈長，其設計的系列新裝就更有創意。

全球領導者啟發全球團隊

與其他文化建立深刻的連結，會擴展我們的心智，改變我們思考與應對世界的方式。事實證明，藉由確保領導者擁有與其他文化的深刻連結，我們可以解決多元團隊的矛盾難題——也就是多元團隊可能會帶來最好的結果與最差的結果。為了更明確理解原因，讓我們一起前往英格蘭。

如同你可能知道的，英國人對足球極為狂熱。他們主要的足球聯盟是英格蘭足球超級聯賽（EPL），是全球收視最高的體育聯盟；光是在2019年賽季，就有超過32億人收看英超賽事。英超也是最多元的足球聯盟之一，外國球員的比例超過三分之二。

我教過的學生陸冠南（Jackson Lu）現任職於麻省理工學院，在他主持的研究中，我們著手探討球隊的多元性是否能預測其球場表現。[14]我們蒐集自英超創立以來的每季資料，涵蓋從1992年到2017年共25個球季，涉及47支獨特的球隊，以及4,781名獨特的足球員。我們透過確認每名球員的祖國來衡量每支球隊的國家多樣性，並建立了球隊層級的多樣性指標；球隊涵蓋的國家愈多，該球隊的多元程度

就愈高。我們評估球隊表現的方式，則是使用英超決定排名與冠軍的積分系統（該積分系統也用於世界盃的小組賽階段）：敗場0分，平手1分，勝場則是3分。

當我們分析球隊的國家多元性（即球員的國籍數量）能否預測球隊表現時，發現是無法預測的。國家多元性程度高的一些球隊經常獲勝，其他多元球隊則屢戰屢敗。多元性造就了某些頂尖球隊，但也有最差的球隊。

我們的研究並未就此止步。我們接著探討球隊領導者是否會決定多元性何時帶來勝利，何時導致失敗。英超球隊的領導者是總教練，這個角色承擔的責任遠遠超過美國的職業教練。基本上，英超球隊的總教練集教練、球隊總經理及球隊總裁於一身。

我們的分析揭示了兩個引人入勝的發現。首先，如果總教練在某個球季開始前曾經在更多國家工作過，他的球隊就會在那個球季獲得更多分數。假如總教練在另一個國家工作過，球隊表現會額外增加3.42分，相當於一場額外的勝利。

增加3分可能看似微不足道，但這個數字可以決定奪冠或屈居第二。例如，曼城在2024年僅以2分之差擊敗阿森納。這些分數也可能決定球隊能否留在英超，或被降至次級聯盟——英格蘭足球冠軍聯賽（Championship League）。萊斯特城是2016年的英超冠軍，在2023年球季結束時，因為落後艾佛頓2分而遭到降級。被降級不只是屈辱，也是

球隊財務的災難。被降級的球隊通常會損失超過50％的收益，金額可能接近一億英鎊。

由於VEM的所有原因，其他文化帶來的深刻經驗讓我們更能啟發人心。透過脫離傳統的脈絡與日常習慣，我們可以後退一步，看見大局。接觸其他文化的價值，幫助我們釐清對自己真正重要的事情，並闡述更為鮮明的願景。這就是為什麼《侏儸紀公園》的作者麥可・克萊頓（Michael Crichton）會說：「我常常覺得，自己前往世界上某些偏遠地區，就是為了提醒自己究竟是誰。」[15] 藉由激發我們的熱情與好奇心，深刻的外國經驗讓我們成為期望行為的典範，同時使我們感到更真誠、更有人性。[16] 我們成為更加啟發人心的導師，因為這增進了我們的同理心以及對他人的欣賞。

第二個結果甚至更為有趣，我們發現球隊多元性對表現的影響，**取決**於總教練的國外經驗。讓我們解析一下這個發現。倘若總教練在某個球季前曾經有多個國家的工作經驗，球隊的國家多元性程度與表現之間會呈現強烈的正相關。但若總教練只有極少或完全沒有國外經驗，球隊的國家多元性對表現則會有輕微的負面影響。多元球隊確實能帶來最好的結果，但**前提**是球隊有一位具備多元國際經驗組合的總教練。然而，當總教練的整個執教生涯僅限於英格蘭時，多元球隊傾向於產生最差的結果。

學習外國文化的「為什麼」

為什麼英超總教練的國外經驗,對於發揮多元性益處來說如此重要?當我們深刻接觸另一種文化時,我們會**學習**該文化的行為傾向與習俗。但更重要的是,我們通常會學習這些外國風俗與習慣**為什麼**存在,進而開始理解其根本文化功能。正是學習另一種文化的眾多「為什麼」,改變了我們的思考方式。

以在盤中留下食物這種簡單的事情為例,在不同的文化中,這承載了不同的意義。我高中時曾與一戶印尼人家一起生活,我學到在盤中留下食物是一種侮辱,因為這代表食物不好吃。但在中國的某些地區,盤中留下食物是一種讚美,因為這代表主人提供足夠的食物。正如圖釘盒的形體有許多功能,相同的形式(盤中留下食物)在不同的文化中,也有不同的意義。

讓我們回到英超的總教練。在許多不同的國家工作,要求這些教練透過理解人們在不同國家分享與接收資訊的不同方式,學習如何與來自不同背景的人們溝通。國外經驗幫助這些總教練理解球隊中不同國家文化的細微差異與根本價值,讓總教練成為整體更為出色的溝通者。正如在盤中留下食物在不同文化中會具備不同意義,請思考以下關於時間的

例子。阿爾賽納‧溫格（Arsene Wenger）曾帶領阿森納贏得三次英超冠軍，他描述自己在法國和日本的執教經驗如何協助他理解時間在文化上的細緻差異，並調整自己的溝通風格，以適應這些情境與球員。「對日本人和法國人來說，守時是不同的事情──法國人遲到五分鐘時，依然認為自己準時。在日本，若在約定時間前五分鐘抵達，人們會認為自己遲到了。」[17]

在後來的研究中，威爾‧麥達斯和我證實，學習其他文化的**為什麼**──我們稱為功能學習（functional learning）──是跨文化經驗發揮了力量，改變我們思考**方式**的關鍵催化劑。作為對照，單純觀察另一個國家的行為、並未理解其功能，則會讓人們依然受困於自身的傳統框架。

威爾和我用以下方式論證了學習其他文化的**為什麼**所帶來的轉變力量。[18]我們請每位參與者在跨文化實驗中寫下他們觀察到另一種文化有什麼新奇的行為，但我們的變項是他們**能不能**釐清這些新奇行為存在的根本**原因**。能夠理解新奇行為背後**原因**的人，解開蠟燭問題的比例提高了40％。

學習其他文化的**為什麼**不只會改變我們的思考方式，也會改變我們的溝通方式。在一項縱貫研究中，威爾和我詢問即將畢業的企業管理碩士生，他們在碩士班期間對於新文化的了解程度。[19]在開始就讀企管碩士班與即將畢業時，學生都會被要求撰寫一篇短文，探討「在跨文化團隊工作的優

缺點」。我們對這些短文進行編碼分類，以評估他們對不同主題之觀點的整合能力。毫不意外地，第一次測量時的整合思考能力，可以預測他們第二次測量時的整合思考能力。但更令人著迷的是，在就讀企管碩士班期間，學習更多其他文化，將會**增加**從第一次測量到第二次測量之間的整合思考能力。此外，我們發現，改變人們的思考與溝通方式、學習其他文化的**為什麼**，有助於學生在面試時更成功：在攻讀企管碩士期間，深刻學習其他文化的學生獲得更多的工作聘任邀約。甚至更有趣的是，學習文化之所以會產生對求職面試的影響，是因為學生整合不同觀點的能力增加了。學習其他文化的**為什麼**，幫助學生獲得在求職面試中發揮啟發能力所需的願景。

＊　＊　＊

多元團隊產生了一個悖論：更多元的團隊同時帶來最好與最差的結果。好消息是我們可以擴展對於多元性的理解，以解決多元性本身的問題。領導者內在的多元性，有助於啟發多元團隊登峰造極。從足球到時尚，當領導者具備更豐富的多元經驗時，多元團隊可以實現更偉大的成功。

在拿護照訂機票之前，請記得一個重點，你不必搭上飛機，就能成為更有創意的思想家、更好的溝通者，或者更成功的領導者。你只需要投入**學習**其他文化，尤其是文化實務

背後的**為什麼**，這代表你在家中就可以深入接觸其他文化。當我們理解並欣賞不同文化背後的**為什麼**，也幫助了自己的心智從傳統框架中獲得解放，駕馭多元性的力量。

解決多元性問題的第一個關鍵是多元性，第二個關鍵是一致性，讓我們來討論一致的過程如何幫助多元團隊中的每個人感到自己真正獲得接納。

透過一致化程序來設計包容性

在上一章中討論如何啟發公平性時，我們指出建立與領導多元團隊需要一致的程序。讓每個人在應徵遴選、面試及升遷時接受相似的程序，可以同時啟發公平性與多元性。不過，一致的政策不只會增加多元性。一致應用於每個人的政策，也能在多元團體內啟發一種包容感，避免多元差異引發衝突。

包容性與多元性密不可分。人們之所以關注如何確保包容性，往往是因為需要提升有色人種與女性員工被接納的感受，他們在組織中經常處於人數不足的狀況。但是，若要創造真正具備包容性的實務做法，我們必須一致應用至每個人身上。與其建立專為裨益單一人口族群，或者只適用於特定員工的政策，我們需要確保這些實務做法是全公司的努力，適用所有成員。事實上，正如我們即將討論的，最能替

有色人種員工營造包容感的實務做法,其實不是專為他們設計的。

設計具包容性與一致性的願景

每個團隊都需要一個啟發人心的願景,但這點對多元團隊尤其重要。要是沒有啟發人心的願景,多元團隊會迅速轉向分裂與衝突。作為對照,一個清晰明確的願景有助於多元團隊保持在追求最佳結果的正軌上。

我們在泰國洞穴救援行動中看見共同願景的價值。擁有拯救男孩們的共同目標,讓廣大的救援團隊得以克服因為國籍和專業差異而引發的緊張。在衝突爆發時,重申共同目標,能夠讓每個人克服不滿的情緒,專注於手上的任務。

唯有人人同心,多元性才能繁榮發展。這就是為什麼多元團隊需要一個具**包容性**的願景,能夠與**所有**成員產生共鳴。若要理解一致團結的願景為何如此重要,請想像你是 GO 顧問公司的執行長,正在考慮兩種不同的使命宣言。你認為何者能夠提高所有員工的參與及投入?

願景一:在 GO 顧問公司,我們相信當工作團隊反映日益多元化的市場時,客戶將會得到最高品質的顧問服務。我們的員工也受益於我們致力追求多元性:我們認可與讚美員

工自身的背景。我們培養包容且開放的職場，重視多元背景和經驗，而這種實踐方式也會反過來裨益我們的員工、客戶與整體產業。在GO顧問公司，我們對於多元性的投入，有助於公司的成功。

願景二：在GO顧問公司，我們相信當工作團隊由能力最優秀的人才組成時，客戶將會得到最高品質的顧問服務。我們的員工也受益於我們致力追求才能：他們享有平等的成功與獎勵機會。我們尋找最優秀的人才加入公司，並實現其潛能，而這種實踐方式也會反過來裨益我們的員工、客戶與整體產業。在GO顧問公司，我們對於才能的投入，有助於公司的成功。

這是一道陷阱題：你不應該選擇其中任何一個願景！在我和阿姆斯特丹大學的瑟華・岡德米爾（Seval Gundemir）共同進行的研究中，我們發現兩個願景都不是非常成功。[20]

讓我們來討論第一個願景：這個願景承諾投入、頌揚多元性。毫不意外地，它會提高有色人種員工的參與及投入，同時提升其自我效能感。聽起來很棒，是吧？這個願景的問題在於引發白人員工的不滿，並導致白人員工以更為刻板印象的方式看待少數族群同事。此外，這個願景對有色人種員工來說也並非盡善盡美，因為它增加了他們符合族群既有刻板印象的傾向。

現在讓我們思考第二個願景：這個願景致力於追求才能。看似很公平，不是嗎？問題在於，有色人種員工往往認為不考量膚色的做法並未認知到他們持續面對的刻板印象與阻礙，或者他們帶來的獨特觀點。因此，他們對專注於才能的使命宣言心存質疑。

審視這兩個原型願景時，瑟華和我有了一個想法。如果我們結合並融入兩者呢？如果我們不在沒有多元性的情況下提到才能呢？我們將這種類型的願景稱為「多元文化才能制度」（multicultural meritocracy）。以下是我們創造的多元文化才能制度願景。

在GO顧問公司，我們相信當工作團隊是由最優秀的人才組成，且反映日益多元化的市場時，客戶將會得到最高品質的顧問服務。我們的員工也受益於我們致力追求才能與多元性：我們的員工有同等的成功機會，而他們自身的多元背景也會受到認可與頌揚。我們尋找最優秀的人才加入重視差異的包容職場，而這種實踐方式也會反過來裨益我們的員工、客戶與整體產業。在GO顧問公司，我們對於才能與多元性的投入，有助於公司的成功。

事實證明，我們整合才能與多元性的願景打出了一支全壘打。所有員工都表示，在多元文化才能制度願景下，他們

更為投入。相較於純粹投入多元性的願景,有色人種員工甚至覺得更有參與感,認為這個願景比其他任何願景都更具包容性。白人員工也認為自己從多元文化才能制度願景中獲得的參與感,高過於純粹投入才能的願景,且認為這個願景比其他任何願景更公平。整體而言,藉由同時頌揚多元性,**並且強調公平與平等機會待遇**,我們的多元文化才能制度願景實現了兩種不同願景各自的優點,但沒有其受限的缺點。其意義顯而易見:若要領導多元團隊,我們需要確保團隊願景能與所有成員產生共鳴。

擁有具包容性的願景,不僅可以吸引多元員工與團體成員,也能吸引多元的潛在求職者。如同我們在公平性的討論中所見(第11章),採用一致的程序有助於提高多元性。一致的程序也能讓我們心中的名片收納盒變得更具包容性。

擴展你的名片收納盒

想像你是電影製作人,你需要為了即將拍攝的動作驚悚電影,提出潛在的演員名單。請寫下三個名字。

很好,現在,請你加入另外三個名字,擴展這份短名單。

接著,想像你是科技新創公司的董事會成員,正在尋找新的執行長。寫下名單,列出三位應該接受職位面試的人選。很好,現在再增加三個名字。

在兩種情況中，你都提出了三個名字，緊接著又被要求提出另外三個名字。看似簡單，對嗎？但我教過的學生，現任職於康乃爾大學的布萊恩・魯卡斯發現，這個技巧對於創造更平等的機會有轉變性的影響。[21] 要求別人擴展短名單，能夠大幅增加求職者人才庫的性別多元性。事實上，這個方法讓進入名單的女性人數幾乎增加一倍。我稱這個方法為「擴展我們心智的名片收納盒」。

為什麼擴展我們心智的名片收納盒對提高多元性來說，有如此強烈的影響？將短名單加長，會促使我們的回應遠離產業的標準原型。當我們想到電影導演或科技公司的執行長，男性的形象會浮現在腦海中。但當我們被要求擴展短名單，我們的心智會自然地突破這種狹窄的觀點，主動轉變為思考較不符合典型印象的範例。

這個影響並不侷限於男性典型人物。如果是以女性為主的產業或職位，則擴展短名單會讓人們納入更多男性候選人。布萊恩進行了巧妙的研究，證明了這個發現。他請家長為孩子列出三個模範人物，隨後增加另外三個名字，擴展這份短名單。當他們的孩子是男性時，擴展短名單會增加女性模範人物的數量。但當孩子是女性時，擴展短名單則會增加男性模範人物的數量！這個實驗的啟示非常明確：透過一致擴展短名單，我們可以擺脫一成不變的狹隘類型，讓自己的心智開放，接受更多元的可能性。

一致應用規則與價值，設計包容性

建立一致的程序不僅能提高多元性，也有助於有效管理多元性，因為這個方法同時減少了偏見的可能性與表象。讓我們回到電視影集《光頭神探》，我們曾在第10章中討論過，編劇團隊的性別多元，但參與卻不平等：女性鮮少提出想法，因為她們提案時會立刻被男性打斷。但影集的其中一位執行製作人實施禁止打斷的規定之後，提案過程的性別平等便提升了。

請注意，禁止打斷原則並非針對男性打斷女性。雖然這項規定的啟發靈感確實是為女性創造更平等的機會，但並非適用於單一性別。相反地，這項規定平等適用於男性與女性，因此，它幫助了每個人創造出更好的想法。這個簡單的規定極為有效，既一致又包容地適用於每個人。

為了提高代表性不足的團體成員的包容感，我們往往強調希望這些成員能自在地展現真誠的自我。但正如我們在第11章討論的無意識偏見訓練研究，將少數族群放在聚光燈下的包容措施，只會造成這些員工感到被暴露，同時讓白人員工覺得不悅。此外，這些措施並未完全處理在歷史上被邊緣化的員工對於能否真誠展現自我的不確定性。

我以前的學生王欣蒂（Cindy Wang；音譯）現任職於西北大學，她和我一起研究與訪問黑人員工時，我們發現，他

們在真誠和融入之間感受到一種強烈的緊張。[22]他們擔心真誠表達自我認同時只會突顯差異,並強化負面刻板印象。其中一位受訪者明確表示,對黑人女性來說,看似非常簡單的髮型決定是多麼複雜:她不確定同事是否會欣賞她展現天然髮型,或者會認為那是非常不專業的舉動。

欣蒂和我發現,當公司鼓勵**所有員工**都展現真誠,在職場欣然接受並分享真誠的自我時,可以培養一種強化的包容循環。由於有色人種員工不是焦點,白人員工可以自在地表達自我認同的不同面向。看見白人同事真誠表達自我,進而讓我們研究中的黑人員工更有信心,相信他們的真誠表達會被欣然接受,而非遭到駁斥。請思考看看綺拉(Keira)如何描述在一致鼓勵真誠表達的公司工作的喜悅:

> 他們是用真誠的自我來工作,無論那是什麼。例如,有一位素食主義的朋友對工作場所產生了正向影響……好的,還有一個人不浪費資源,所以這個人讓我不想使用紙盤或類似物品。因此,單純只是來上班,就能讓他們看清楚我是什麼樣的人,「看看我,我是住在芝加哥南區的黑人,你們每天都會看到我,你們知道我是什麼樣的人。」只要跟我說說話,也許可以幫助你更理解黑人並建立良好的關係。

誠如綺拉所言,具包容性地鼓勵真誠,可以讓每位員工

（包括代表性不足的少數群體）更自在地分享真誠的自我，並成為完全投入的團隊成員。

　　創造包容真誠的文化，這個想法也許看似空泛，但以下是我在西北大學任職時看見的一個具體實務做法。每年，西北大學商學院都會舉行國際美食競賽，學生會準備來自祖國家鄉的料理。每個國家都有一個美食攤位，提供多樣料理。教職員、學生及工作同仁，可以在每個攤位選購來自不同國家的料理。但我們不使用現金，而是用票券。為什麼呢？因為票券是競賽的通用貨幣；在市集結束時，擁有最多票券的國家就會成為贏家！我穿梭在美食市集時，每個攤位都在大聲爭取我的注意，引誘我品嚐他們的家鄉菜（並交出我的票券）。雖然活動的競賽性質激發了一股活力，但真正讓我驚訝的是，每個人在分享家鄉獨特料理時的那份強烈自豪。我看見每個攤位上的學生們引以為傲地說明那道菜的烹飪方式，或是那道菜於其文化中的重要性。當他們分享個人故事，述說那道料理帶給他們的童年喜悅時，我總會在他們的聲音之中聽見滿滿的情感。

　　禁止打斷規定、真誠氛圍，以及西北大學的美食市集，各自體現了設計的力量，展現了像一位包容性建築師那樣思考的方式。

讓非正式變得正式,設計包容性

娜歐蜜提議和老闆見面喝咖啡,傾聽老闆如何學會在組織的隱藏障礙道路中前進。娜歐蜜著迷了,吸收著所有的內幕資訊,而她的老闆則覺得自己受到認可,老闆成為了娜歐蜜的導師。

看似簡單明瞭,對嗎?但這個行為有問題。等等,什麼?員工向老闆學習怎麼會是錯的?

問題在於,其他員工可能並不清楚他們也可以用相同的方式接觸老闆。他們可能有相同的想法,卻因為認為「不適當」而作罷。或者,他們害怕老闆會拒絕見面喝咖啡的提議,由於領導者放大效應的影響,那種感覺會像是被徹底拒絕。當個人的主動行為帶動了非正式的互動,我們只會提拔那些被教導過這種主動行為是被允許或被鼓勵的人們。

然而,讓指導關係用非正式的方式發展,還有第二個問題:容易出現性別和種族區別。前哈佛大學商學院教授,現任摩爾豪斯大學校長的大衛·湯瑪斯(David Thomas)發現,跨種族與跨性別的指導關係鮮少自然發展。[23] 跨性別指導關係也有障礙:男性老闆往往害怕主動指導女性員工,擔心會被放在「意圖不軌」的稜鏡下檢視。

因此,解決方法是什麼?在上述提到的娜歐蜜例子中,錯誤的方法是完全禁止與老闆喝咖啡聊天。相反地,我們可

以清楚讓團隊的所有人知道，他們隨時都能邀請老闆喝咖啡聊天。更好的解決方法可能是建立一致且包容的流程，安排與**每位**直屬員工的定期咖啡聊天時間。

我稱之為「讓非正式變得正式」。將非正式變得正式，涉及將自然演變但不平等的互動轉變為一致性的程序。這只是簡單的流程標準化，一致地提供機會給每個人。如同面試時採用標準化與一致化的問題，確保每個人都有平等的機會獲得指導，可以讓競爭環境變得平衡。

我在寫作本章時，一名博士生問我是否願意使用我的研究經費，支付她參加研討會的開銷，她將在研討會上報告我們的研究。我出於本能地同意了。然而，就在隔日，我恍然意識到自己的同意並不公平，也沒有包容性。那些沒有問我的博士生該怎麼辦？他們可能不知道自己可以問我。我的研究經費是有限的，我不能資助所有要求。所以，隔天我告訴那位學生我不能同意，但這不代表答案是否定的。我需要像建築師般思考，為了這種類型的要求，設計一致且公平的程序。

為了理解非正式程序如何導致不平等，以下是一名顧問在1997年與我分享的故事，當時我正在讀研究所。這位顧問正在與法律事務所合作，想要提高事務所內女性與有色人種助理律師升任合夥人的低迷比例。顧問的團隊進行了深入分析，找出能夠預測升任合夥人的關鍵變數。其中一個變數

特別突出,因為它與法律和事務所毫無關係。

高爾夫。

原來,會打高爾夫的助理律師更有可能升任合夥人,但原因不只是裙帶關係。打高爾夫的助理律師確實值得升任合夥人,因為他們也有客觀上非常優秀的成績。

究竟是怎麼一回事?

合夥人經常尋找高爾夫球友參加他們在高級鄉村俱樂部的戶外活動,因為他們需要四個人才能預約週末的開球時間。當他們缺一名高爾夫球友時,就會從自己的法律事務所邀請助理律師加入。對年輕的助理律師來說,高爾夫是非常好的方法,能夠與有權勢的合夥人建立關係。因為打高爾夫的時間很長,通常超過四個小時,助理律師有很多時間與事務所內有權勢的成員面對面相處。重要的是,花在高爾夫球場的時間並非持續氣喘吁吁,而是有許多休息時間及大量的交談。酒精通常也會參與其中,讓可能拘謹僵硬的互動變得放鬆。雖然他們遠離了辦公室,身處自然環境,但對話中必然會提及工作與機會。合夥人可能會問助理律師對哪種法律有興趣,接著調整機會,以符合那位助理律師的熱忱。或者,合夥人可能會提到他們正在處理一件受到高度關注的案子,邀請那位助理律師加入。因此,打高爾夫的助理律師獲得更多優質的機會。這些機會帶來新的機會,在高爾夫球場上最初的提議,隨著時間經過,產生了複利。於是,等到

要決定合夥人的時候，打高爾夫的助理律師就成了最耀眼的人選。

高爾夫的問題甚至更嚴重，因為它絕對不是最具包容性的運動。高爾夫所費不貲，包含球具、課程、高價的球場費用，以及鄉村俱樂部的會員費用。因為合夥人只會邀請已經有在打高爾夫的助理律師，所以有優勢的人獲得更多優勢。

問題並非在於高爾夫本身，而是會吸引特定成員熱情、但並非所有人皆熱衷的任何一種活動。對於一家投資銀行來說，週日晚間的籃球活動創造了非正式的指導關係。在某家顧問公司，指導關係隨著每個月的撲克牌比賽而逐漸發展。

我們可以從這些例子中學到什麼？解決方法不是開始打高爾夫、籃球或撲克牌，也不是主動禁止任何一項共同活動。關鍵的洞見是，非正式的互動往往帶著最美好的善意進行，卻創造了某些人的機會，而不是所有人。但是，只要將這些非正式互動重新設計為更有結構的程序，就能創造平等且包容的機會。

基於共同興趣的互動，也突顯了本章的另一個主題：解決多元性問題的關鍵就是**多元性**。在這個情境中，關鍵是確保我們提供多元的聯繫活動。重點是選擇不需要特定技能，或者人們不必主動參與也能加入的活動。卡拉OK是一個例子，許多人和我一樣是音痴，但仍然熱愛在卡拉OK高歌一曲。對於光是想到在別人面前唱歌就會害羞的人來說，他們

仍然能享受當聽眾的樂趣。鑒於有些員工是晨型人,其他員工可能是夜貓子,而有些員工已經為人父母,週末行程往往受到限制,我們甚至可以讓活動時間多元化。

包容型指導的啟發力量

在處理女性和少數族群的不平等升遷比例問題時,許多公司設計了只有這些團體成員可以參加的導師計畫。例如,許多組織建立了組織內部女性員工與女性導師配對的計畫。這些計畫的用意良善,動機是年輕的女性員工可以從曾經面對相似問題與經驗的管理階層身上,學到重要的洞見。但這些計畫帶來限制,因為它們加劇了大衛‧湯瑪斯在研究中發現的問題:大多數的指導關係各自隔離在性別與種族之中。此外,這些計畫讓女性管理階層肩負沉重的負擔。

那麼,解決方法是什麼?我們需要設計具備幾項關鍵要素的導師計畫。第一,必須涵蓋所有員工。這項計畫不能只是瞄準代表性不足的團體,或者作為展現良好潛力的獎勵;以此方式建立的計畫,是分裂與不平等的溫床。因此,關鍵在於我們的導師計畫要能包容地適用於每個人。

其次,我們應該根據興趣而不是人口特徵,來建立導師與門生的配對。因為共同的興趣會建立在共同的熱忱上,就本質上而言,能夠激勵人心並連結彼此,這種類型的配對系

統會確保導師與門生有共同點。

包容型導師計畫的益處顯而易見。法蘭克・杜賓分析30年間的各家公司時發現，涵蓋所有員工的導師計畫，可以提高女性與少數族群的升遷率。[24]重要的是，他也觀察到這些導師計畫並未降低白人男性的升遷率。

我最近與由多位商學院院長組成的工作小組會面，討論如何設計更有效的導師計畫。我們認同建立**多元**導師計畫的價值，這種導師計畫向每位新員工或資淺員工指派多位導師，一位來自其部門，另一位來自其他部門。由於許多升遷決策是在部門內做出，因此，讓人們持有成功所需的內部知識至關重要。但若能擁有一位主要專業領域之外的導師，年輕員工將能獲得更寬闊的組織觀點，培養更廣泛的社交網絡，並得到更多機會。

其次，我們強調採用輪值系統，可以減少導師計畫的潛在風險，每位員工每一年或每兩年會獲得一組新導師。輪值系統有兩個優點。第一，進一步擴展與多元化導師和門生的社交連結。許多員工會與最初的導師保持聯絡，同時接觸額外的新觀點。輪值系統也可以解決成效不彰的問題，或惹怒人心的指導關係。當員工不滿意自己的導師時，往往覺得受困。請記得，新進員工的定義就是權力地位較低者。許多人擔心，如果他們希望更換新的導師，會將原本的導師轉為敵人。但輪值系統解決了這個問題。更換導師只是導師計畫

的一部分,而非基於不滿或指控。輪值系統考量了非正式的更換導師需求,轉變為一致的部分程序。這就是為什麼我們始終都需要像建築師一樣思考,當我們設計出正確的導師系統,便能打開啟發型人際關係的正確通道,並關閉通往激怒型人際關係的錯誤通道。

像包容性建築師那樣思考,有助於我們設計一致的實務做法與政策,能夠平等地適用於每個人。請記住:設立旨在裨益單一團體的政策,不只會造成差異,引發不公的指控與爭執,也無法總是讓目標團體受惠。

最有效的政策就是一致適用於組織全體成員的包容性做法;與每個人共享的包容願景,適用於每個人的真誠氛圍,向所有人開放的成功導師計畫。真正的包容性有助於多元團隊實現摘星的遠大理想,而那就是真正的啟發人心。

後　記

更具啟發性的明日

美國前總統吉米・卡特（Jimmy Carter）和唐納・川普可說是截然不同的兩種人，一位是來自喬治亞州、口氣溫和的謙遜花生農夫，另一位是來自紐約競爭激烈的房地產世界、大膽自誇的人物。他們離開白宮後，持續走向不同的道路。卡特專注在慈善事業，因為努力在全球衝突中促成和平解決方式而榮獲諾貝爾和平獎。[1]作為對照，川普將卸任後的注意力轉向其商業版圖，在離開白宮的三年後，他的商業資產成長了一倍（也同時在進行多起法律訴訟戰）。[2]

但卡特和川普有一個共通點：他們都輸掉了連任選舉。他們的單任總統經驗揭示了本書核心前提的一個難題：領導者存在於一個恆久的啟發人心—惹怒人心光譜之上，而這個光譜由三個普遍的因素構成（遠見、典範與導師）。卡特和川普都呼應了我經常被問及的一組問題：唯有當我在這三個因素上都表現出色時，我才能啟發人心嗎？如果我是出色的導師與閃耀的典範，但缺乏願景會怎麼樣？如果我極具遠見和勇氣，但我是鐵絲網型導師呢？卡特和川普既啟發人心，

也惹怒人心,但卻是在不同的時間,而且是對不同的人。

受到重生基督信仰的激勵,卡特對政府誠信與人權懷有強烈熱忱。他在競選時承諾,要將榮譽和尊嚴帶回白宮的橢圓辦公室,並支持每個人的權利。這些承諾與因為前總統尼克森(Richard Nixon)的欺騙行為而感到震驚的選民產生了共鳴,尼克森是唯一一位不光彩辭職的美國總統。

即使卡特的慷慨精神始終顯而易見,但他的總統任期只有一屆,因為他在職掌橢圓辦公室期間從未清晰闡述過一個明確的願景。作家史帝芬・海斯(Stephen Hess)在1978年,卡特任期近半時,完美捕捉了卡特願景失敗所導致的結果:「當總統缺乏他希望政府如何運作的主導規畫時,他的部會首長被迫在虛空中準備提供給總統的選項……白宮的幕僚或內閣官員都未能獲得妥善完成工作所需的前瞻能力。總統的部下——即便是內閣層級也是如此——只能依照過去的某些模式進行規畫。」[3]在卡特的領導下,行政部門缺乏一個「標題」(請記得「洗衣服」這個標題的力量)。儘管他對人權具備熱忱關懷,也從未在執政時期轉變為有意義且可執行的願景。

因為卡特沒有向自己的政府提供一個明確且樂觀的「**為什麼**」,他的總統任期只能在官僚內鬥和混亂中掙扎。他將親自管理白宮網球場使用時間表的消息傳出時,此事「成為一個熱門的象徵,許多人認為那是卡特總統任期的致命缺

陷：不願委任小事的權限」。[4]

缺乏願景讓卡特看起來很渺小，當他面臨任期中最大的危機——伊朗人質危機時，他似乎無法勝任。1979年11月4日，距離下次總統大選正好一年時，超過50名美國人在伊朗被囚為人質，但卡特始終無法讓他們獲釋。[5]在他卸下總統職權時，未能成為人民的英勇守護者。卡特也許滿足了人們對於尊重的需求，但無法實現他們對於掌控或保護的需求。最終，明顯的軟弱使得卡特激怒人心。

但卡特在離開橢圓辦公室之後找到了救贖，他致力於最初競選的其中一項核心熱忱：對於普世人權的願景。他成為啟發人心的領袖，親自參與仁人家園（Habitat for Humanity）的屋宅建設。[6]而他**以人待人**的優雅能力，使他成為啟發人心的導師，儘管他單一任期的總統表現依然揮之不去。

川普也啟發了數百萬人，從VEM的觀點來看，毫不令人驚訝。他具有遠見，正如我們曾經討論的，「讓美國再度偉大」的聰明之處在於簡單、以樂觀帶來激勵，其意義感也具吸引力，特別是對美國人口結構改變感到不滿的人。川普也詳細描述讓他成為啟發人心典範的許多特質，他將自己描繪為英勇的守護者，在2016年的全國代表大會演講上宣稱：「沒有人比我更了解這套系統，這就是為什麼我一個人就能修好。」[7]他解釋他的眾多成功如何來自其創意才華。

即使是他的批評者，也認為川普充滿熱情且真誠。雖然這些典範特質的準確性有待爭論，但川普使其呈現為既定的事實，數百萬美國人則是視之為福音。

與此同時，川普連任失利的部分原因也在於兩個VEM理由。雖然川普顯然具有遠見，但他的願景並未被普世接受。他的「讓美國再度偉大」願景惹怒了許多人，他們認為這個願景充斥著分裂意涵，是企圖撤回女性與少數族裔應得成果的反動呼籲。因為這是一種極為分裂的願景，導致許多人在2020年大選中投票**反對**川普。

其次，川普將人視為**物件**，亦即他政治操弄的棋子。他的總統任期特徵是人事動盪、每個重要角色的持續更換，這絲毫不令人意外；例如，他在不到四年間更換了四位幕僚長。[8] 他惡名昭彰地出賣部屬，獨攬所有成功的果實，而且不為任何難題承擔責任。[9]

川普特別令人感興趣，是因為他那種惹怒人心的指導方式在競爭的情境中，竟也能顯得像是一種典範的力量。事實上，他對共和黨初選候選人同志的輕蔑態度，幫助他成為共和黨2016年的總統提名人。他用於削弱對手的一個策略就是為每位候選人取一個羞辱性的綽號，巧妙地捕捉其最大的弱點。[10] 他將泰德‧克魯茲（Ted Cruz）稱為「說謊的泰德」，突顯克魯茲的不誠實。他說傑布‧布希（Jeb Bush）是「沒活力的傑布」，強調布希沒有能力與他人互動。馬

| 後記 | 更具啟發性的明日　343

可・盧比歐（Marco Rubio）是「小馬可」，不只強調其體型身材，也指盧比歐缺乏存在感與威嚴。川普用相同的策略對付民主黨對手希拉蕊・柯林頓（Hillary Clinton），她成為「人格扭曲的希拉蕊」，強調她備受質疑的道德品行。

和卡特不同，川普重振旗鼓，成為美國史上第二位在四年前輸掉連任之後，再度贏得總統大位的人物。川普在2024年並未改變，但我們對他總統任期的記憶改變了。川普的「讓美國再度偉大」願景、真誠的熱情以及自詡的強大，持續啟發數百萬名美國人。作為對照，第一任時的分裂、衝動的失控、利用與拋棄他人的傾向，逐漸消失在過去。因為他不是在位總統，他的言語和行為的後果較少。因為他以**挑戰者**的姿態競選，競爭的脈絡有助於將他那些更惹怒人心的評論，變成選民支持的浪潮。

卡特和川普揭示了少有人能完全且永恆地啟發人心，他們也體現了啟發人心—惹怒人心光譜永遠存在於情境脈絡中。作為公民，卡特是有遠見的典範與導師，但作為國家象徵或行政首長時並非如此。卡特的啟發特質適合更受限的情境；例如，他可能會是更啟發人心的內閣成員，而不是總統。同樣地，川普對他人的貶抑可以在總統初選的競爭環境中帶來動力，但在其他許多情況中則是激怒人心。

沒有領導者是完美的。約翰・甘迺迪與馬丁・路德・金恩（Martin Luther King Jr.）是遠見的巨擘，但他們一再對

配偶不忠。翁山蘇姬（Aung San Suu Kyi）熱誠地提倡緬甸民主，讓她在遭軟禁十年後贏得諾貝爾和平獎；但當她終於成為國家的最高文官領袖時，卻在攻擊少數族群的殘忍暴行中扮演要角。[11]

鑒於我們內在的不完美，我們該如何抵達光譜上的啟發人心那端，並盡可能保持這個狀態？

* * *

我們這場旅程的起點是認知我們所有人都有潛力啟發人心。要走向光譜上的啟發人心那端，乍看之下似乎簡單得令人驚訝，我們只需要培育並發展啟發人心的普遍特質即可。但啟發人心─惹怒人心的光譜也帶來一個警告：每個人都有可能隨時滑落至光譜的惹怒人心那端。我們少了一些睡眠，我們錯過了一餐，我們覺得有些不安，我們無法負擔責任，咻一聲，突然之間，我們開始變得惹怒人心。

本書的一個基礎前提是我們並非天生啟發人心或惹怒人心的個體；相反地，是我們**當前**的行為──我們的言語、行動及互動──如果不是啟發他人，就是惹怒他人。我曾經用「普世之道」一詞來形容朝向啟發人心那端的旅程，因為我們永遠無法真正抵達永恆的啟發人心境界。每一天，我們都有可能變得惹怒他人。讓自己保有啟發人心的動力是一生的追求，永遠無法真正完整實現。

若要在更多時刻更啟發人心，需要練習、反思，以及具體的投入。正如我們在第7章所見，專業來自於深化我們的經驗、反思那些經驗，然後承諾投入讓下一次的經驗更為啟發人心。我們不能只反思一次，只參與一次實踐，或者只做出單一的承諾投入。這正是為什麼像建築師般思考是如此重要：我們需要將這些程序深植在日常生活中。

當我們滑落至光譜的惹怒人心那端，也需要耐心和寬恕感，才能尋找回到另一端的方向。這需要放下我們的羞愧，但也要同時運用這種沉痛，承諾下一次會做出更啟發人心的付出。正如戲劇角色泰德・拉索的意見：「我希望人們評判我們時，不是根據我們在最脆弱時刻的行為，而是根據我們在得到第二次機會時所展現出的力量。」[12] 請回想史帝芬・羅格伯格的自我對話研究；[13] 惹怒人心的自我對話，內容包括譴責自己過去的惹怒人心行為並預期未來的惹怒人心行徑，而這種自我對話預測了較低的創意領導力。少了自我寬恕，我們就有可能掉入惹怒人心的惡性循環。

但有好消息。我們在VEM每章描述的技巧，都是為了提供我們啟發人心的助力。為了進入有遠見的心智狀態，我們討論了三個擴展視野的策略。首先，我們可以反思自己的核心價值。價值反思不只幫助我們看見大局，也在我們最消沉的時刻拉我們一把。當我和我的同事請失業人士反思自己的價值15分鐘，他們在接下來兩個月內找到工作的機會提

高了三倍。[14]其次，我們可以反思過去以及通往現在的蜿蜒道路。我發現，回憶未行之路，在我們的人生中注入了一種新生的意義感，幫助我們滿足人類對意義的基礎需求。[15]最後，我們可以在心理上躍入未來。透過鮮明地想像明天，我們幫助自己與他人更深刻地體會我們的願景。[16]進入有遠見的心智狀態，有助我們打造與表達一種綜覽全局、樂觀、有意義、簡潔的明日願景，以啟發周圍的每個人。

我們可以透過回想自己擁有權力、感到安全、能夠掌控局面、處於最佳自我的時刻，來啟動典範的運作動力。權力反思讓我們更能成為典範、更有遠見。全球各地的研究者發現，光是回想擁有權力的一種經驗，就能讓我們在生理上更為平靜，在心理上更有自信且真誠。[17]權力反思有助我們提高創造力，看見並表達大局，以打造更能讓他人信服的願景。權力反思甚至讓我們的聲音更有動態。進入典範的心智狀態，幫助我們把握當下，成為冷靜英勇的守護者，或者有創造力且充滿熱情的超人。

若要進入導師的心智狀態，我們可以專注於向等級階層地位較低的人學習。光是回想我們曾經向權力較低者學習的一個時刻，就能讓我們變得更投入，更有可能提出更多縝密的建議，成為更啟發人心的導師。門生也會因而將向下學習的導師評為更出色的鼓舞者、更有同理心的支持者。為了成為啟發人心的導師，我們也需要讓視野超越他人與我們相似

的特質,進而學會欣賞每個人獨一無二的特質。請記住,不同的人在不同的時間,有不同的需求。進入導師的心智狀態,有助我們提升、鼓勵與挑戰他人成為他們最好的自己。

這些技巧全都仰賴於自我覺察。如同自我覺察可以幫助我們解決領導者放大效應問題,自我覺察也是讓我們更長久停留在光譜啟發人心那端的關鍵。我們需要找出並強化我們的啟發人心優點,同時認清自身的惹怒人心缺點。我們可以透過設計一組系統化的實務做法、承諾投入以及習慣,來減少那些惹怒人心的缺點。但有時候,我們無法獨自完成,而是需要建立啟發人心的夥伴關係,才能遠離光譜的惹怒人心那端。

啟發人心的夥伴關係

我在芝加哥生活超過十年,我愛我的工作,也熱愛這座城市,但我完全不幸福。在搬到紐約市的短短幾個月內,我感受到從未有過的幸福。究竟是什麼改變了?

部分原因與愛情有關,我在結束一段長達十年的感情關係之後,搬到了芝加哥,卻從未在風城找到一位長久的愛情夥伴,然後,在我搬到紐約三個月後,認識了現在的妻子珍。但還有其他原因。

我非常擅長看見大局,也是後勤專業人士,但我非常不

善於做計畫；而珍恰好是極為出色的生活規劃師。我們交往之後，珍很快就開始規劃每個週末的有趣行程。作為對照，在芝加哥時，我只會坐在家中，內心憂鬱，百般無聊。因為工作而出國旅行時，我鮮少安排任何短程遊覽。但珍第一次陪我到泰國出差時，她規劃了一場穿梭柬埔寨和寮國的文化沉浸與冒險之旅。

為了變得完整，我需要一位夥伴，能夠與我的啟發人心元素互補，同時彌補我惹怒人心的缺陷。珍和我建立了完美的旅途夥伴關係：她策劃旅程，而我負責後勤。這也是為什麼我們的兩個兒子能夠在他們兩歲前就遊遍各大洲。

珍最近進行了單獨國際旅遊，是我們結婚以來的第一次。她搭機出國時排錯安檢隊伍，回國時排錯入境隊伍。沒有珍，我可能會坐在家裡無所事事。沒有我，她可能會排錯隊伍。但兩人齊心，我們過著充滿啟發人心的冒險生活。

啟發人心的夥伴關係不僅限於婚姻。兩個人可以互補彼此的啟發人心優點，彌補彼此的惹怒人心缺點，這個想法是一種普遍的現象。但這不代表啟發人心的夥伴關係很常見，或者容易建立。我以前的學生艾瑞克・安尼西奇，現任職於南加大，他和我一起調查500多名企業管理碩士生時，我們發現其中87％的人曾有共同領導團隊的經驗，但絕大多數都表示，他們共同領導團隊的成效**不如**獨自領導的團隊。[18]擁有啟發人心夥伴關係的少數人，則是讚美這種關係的互補

和彌補特質,是其成功的關鍵。一位學生如此描述其共同領導團隊成功的原因:「我們的成功來自從一開始就校正調整彼此的目標,分擔工作量,倚重彼此的長處。例如,她更擅長需要創意的任務,而我則更擅長專案計畫管理。」

啟發人心的夥伴關係也許罕見,然而一旦發揮作用,甚至會為世界帶來革命性的轉變。這正是兩位史帝夫創造世上第一臺個人電腦時的作為。史帝夫‧賈伯斯(Steve Jobs)是聰穎的策略思想家與行銷天才,但他缺乏工程技術能力。[19] 他的夥伴史帝夫‧沃茲尼克(Steve Wozniak)是科技奇才,能夠構思電腦領域的激進創新,但缺乏野心與策略願景。[20] 他們攜手互補優點,彌補彼此的缺點,合作成果是一家改變我們生活的公司——Apple。

對於珍和我、我的企管碩士班學生,以及兩位史帝夫來說,一段啟發人心的夥伴關係始於共同的願景。那是所有成功團隊的關鍵,一如我們先前的討論,對多元團隊來說,它更是至關重要。正如多元團隊,共同領導團隊具備著超凡的潛力,但也容易陷入激烈的衝突與導致停擺的混亂。因此,共同領導團隊和多元團隊都迫切需要共同的願景,方能生存與繁榮。珍和我都相信旅遊冒險的重要性。我的企管碩士班學生和他的共同領導者校正調整了他們的目標。兩位史帝夫都投入於創造一臺個人電腦。共同的願景創造了互補與彌補才能所需的支架,建立起啟發人心的夥伴關係。

啟發人心的夥伴關係也呼應了一個更為龐大的領導重點：即使在我們最能啟發人心的時刻，我們仍然無法事事親力親為。我們需要其他人的能力，即使是簡單的目標也是如此，遑論最崇高的目標。這就是為什麼啟發人心如此重要。透過我們的願景、典範及指導，我們能夠建立、點燃與整合周圍的眾多人才。藉由領導，我們的團隊可以啟發人心。

　　在他人心中灌溉啟發人心的能力之所以重要，不只是因為我們無法凡事親力親為，也是因為沒有人可以永生。我們的身體會崩解，我們的心智會凋零，因此，我們需要教導並啟發他人，讓他們啟發更多人。啟發人心的領導者孕育啟發人心的領導者，這正是創造「更啟發人心的明天」的普世之道。

終曲

　　我希望用自己對父母的一個重要體悟，結束我們這趟旅程。我的爸媽並不完美。我爸爸生氣時非常火爆，而他過於真實的玩笑往往會刺痛他人最敏感的神經。我媽媽很容易焦慮、好勝，有些過於頑固。

　　這個體悟並非我所獨有，而是所有人終究會對父母的發現。我們年幼時，往往將父母崇拜為超級英雄，認為他們持續處於光譜的啟發人心那端。然而，我們終究會明白他們只

是凡人，有各種缺點。到了我們的青春期，父母在我們眼中變成純粹的惹怒人心，他們的每個動作都讓我們覺得羞愧。好消息是，對許多人來說，我們的觀點會在成年初期重新平衡，我們開始認為父母雖不完美，但卻能以獨有的方式啟發人心。

這就是我的親身經驗。在我25歲左右時，我重新找到方法，更大方地欣賞我爸媽的眾多育兒才能，也學會用更不惱怒的方式，接受他們的缺點。我爸爸的創意解決才能、以開放胸襟接受批評的能力，每每讓我感到驚奇。我珍惜我媽媽表達支持和情感連結的小小舉動，從自製的生日卡片，到帶著禮物前往餐廳，為某位剛結婚或甫為人父母的員工慶祝。兄弟姊妹和我甚至開始讚揚她古怪的一面，將她不按牌理出牌的行徑形容為「那真是太梅達了」。

我在2019年撰寫媽媽的追悼文時，有了一個頓悟，我突然明白我的爸媽真正啟發我的地方是什麼。我的爸媽真正啟發人心之處在於，他們都很努力讓今天的自己比昨天的自己更好。他們也致力於讓明天的自己比今天的自己更好，他們永遠都在追求光譜的啟發人心那端。他們實現了我的妻子珍所說的生命改善（kaizen）之道，也就是日語中的持續改進。

我的爸媽終生致力於成為更加啟發人心的人，這也體現在我爸爸最喜歡的其中一本書《大亨小傳》上，他可以背出最後一頁的內容。為了向他致敬，我在高中的畢業致詞中引

述了那一頁。

當我坐在那裡沉思著這個古老而陌生的世界，我想起蓋茲比第一次在黛西碼頭的盡頭發現那盞綠光時的驚奇……蓋茲比相信綠光，相信在我們眼前年年模糊的狂熱未來。它逃離我們，但無所謂——明天，我們會跑得更快，將我們的手臂伸得更遠……然後在一個美好的早晨——我們奮力前行，如同逆流而上的舟船……[21]

蓋茲比和我爸爸的綠光，呼應了普遍的啟發人心—惹怒人心光譜。值得追求的生活，是我們恆久追求啟發人心那端的生活。雖然我們可以短暫地觸碰那盞綠光，也能深刻地啟發人心，但我們始終無法緊緊抓住。沒有人可以永遠啟發人心。我們永遠都會傾斜至、有時是掉落至普遍光譜的惹怒人心那端。但如同我的爸媽，每個人都可以努力讓今天的自己比昨天的自己更為啟發人心。

我希望這本書能啟發你採用生命的改善之道，永遠都要追逐那盞綠光與啟發人心的明天，即使必須奮力對抗日常生活中惹怒人心的浪潮。

每個月，讓我們問自己一組關鍵的 VEM 問題：我何時有遠見，何時沒有？我在何時未能、又在何時能夠成功成為啟發人心的典範？最近哪些條件情境讓我成為啟發人心的導

師,而非惹怒人心的導師?現在,做出具體的承諾,我們要如何在下個月變得更有遠見、更能擔任典範,並成為更好的導師。

　　如果我們將這些反思與具體的承諾轉變為終生的習慣,我們的生活與周圍人們的生活便能充滿啟發。

Acknowledgments
致謝

　　這本書代表了我的心與靈魂，非常感謝許多人的啟發付出，幫助實現這本書的誕生。吉姆·李維（Jin Levine）擔任我的經紀人超過十年，他精妙地結合了毫不留情的誠實與充滿同理心的鼓勵，永遠都將我帶往正確的方向。我也非常幸運能擁有一位如此無懼的編輯荷麗絲·海姆波奇（Hollis Heimbouch），她幫助我駕馭自己的願景，簡化為可理解的形式。她也接受了我的完美主義，幫助我在這本書已經做好準備時放手。

　　在創作路上的每一步，我有兩位協助我的副駕駛：我的研究協調人克蘿伊·列文（Chole Levin）和寫作教練瑞娜·賽澤（Rena Setzer）。克蘿伊聰明、有創意，也是我所見過最優秀的編輯。她不僅幫助我找到許多精彩的案例，當例子或論述不合適時，她也永遠不會猶豫，而是立刻讓我知道。她擁有老靈魂的睿智，儘管她依然能享受年輕的益處。近三年來，我每週和瑞娜見面一次，要是沒有她結構化的指引、

挑戰性的質問，以及富有生產力的想法，我必定會迷失在知識的迷宮裡。克蘿伊與瑞娜體現了本書的精隨：她們的願景和真誠的洞見鼓勵了我，也挑戰我寫出能力所及的最佳作品。簡單地說，沒有她們，就沒有這本書。

我要感謝尼基爾・薩爾達納（Nikhil Saldana），他提出富有生產力的例子，啟發我開始寫這本書。羅莎琳・瑞瑟的熱情與洞見，協助推動我邁向終點。我要特別感謝珍妮特・羅森伯格（Janet Rosenberg）負責本書最終版本的文稿編輯。她對細節的注意以及具洞察力的問題，讓我的論述更犀利。她是文字的魔法師，讓我的沉思看似更有魔力。

假如沒有我在哥倫比亞大學那些啟發人心的教學夥伴們，這本書也不會存在。十多年來，我和莫杜普・阿基諾拉（Modupe Akinola）、珊卓拉・麥茲（Sandra Matz）、麥可・莫里斯（Michael Morris）、凱西・菲利普斯，以及瑞貝卡・彭斯・德里昂（Rebecca Ponce de Leon）合作教導企業管理碩士班學生的領導課程。我們多年來的集體對話，磨練了我對何謂啟發的思考。他們是我所能期盼最聰明、最機智、最有趣、最慷慨大方的同事。

我要感謝麗莎・安杜哈（Lisa Andujar）與安娜・坎波維德（Ana Campoverde），她們是我的夥伴，一起讓哥倫比亞商學院成為更具包容性與公正性的地方。她們不只持續提供協助，還在我一邊埋首寫書一邊處理日常工作時鼓勵我。

我最感謝我的家人——珍、亞瑟以及亞當，還有我的岳母薇琪（Vicki），人稱羅菈（Lola）——他們在整個過程中持續鼓勵我。珍不只是我的婚姻伴侶，也是知識夥伴，始終督促我在寫作和舉例時要更為明確、更具包容性。我們的男孩們容忍我在深夜和週末的寫作時光，更在我接近終點時為我歡呼。羅菈用源源不絕的菲律賓佳餚餵飽我，確保我有充足的寫作精力。沒有他們，我將永遠困在光譜上惹怒人心的那端。相反地，他們對我的信念，啟發我繼續前行。

NOTES
附注

前言

1. R. Minutaglio, "How Southwest Pilot Tammie Jo Shults Landed Fatal Flight 1380," *Elle*, October 8, 2019, https://www.elle.com/culture/books/a29355725/tammie-jo-shults-book-interview/.
2. T. J. Shults, *Nerves of Steel: How I Followed My Dreams, Earned My Wings, and Faced My Greatest Challenge* (Nashville, TN: Thomas Nelson, 2019).
3. Interview on *The 700 Club*, October 19, 2019, https://www.youtube.com/watch?v=RjJXxurSZ8o.
4. Marty Martinez, Facebook post, April 17, 2018.
5. Shults, *Nerves of Steel*.
6. 同上。
7. 同上。
8. 同上。
9. Interview on *CBS Mornings*, May 23, 2018, https://www.cbsnews.com/news/southwest-flight-1380-captain-tammie-jo-shults-crew-live-interview/.
10. B. Little, "The Costa Concordia Disaster: How Human Error Made It Worse," History.com, June 23, 2021, https://www.history.com/news/costa-concordia-cruise-ship-disaster-sinking-captain.
11. 同上。
12. Francesco Schettino, "Telephone call between Costa Concordia Captain and

Italian Coast Guard," 2012, https://youtu.be/WX_08zcCmx8?si=HbRT8_KPY8-eTWDV.
13. S. Ognibene and I. Binnie, "Costa Concordia captain sentenced to 16 years for 2012 shipwreck," Reuters, February 11, 2015, https://www.reuters.com/article/idUSKBN0LF12H/.

第1章　領導者放大效應

1. "Flight Attendant Critically Hurt as United Jet Hits Turbulence," NBC News, February 18, 2014, https://www.nbcnews.com/news/us-news/flight-attendant-critically-hurt-united-jet-hits-turbulence-n32506.
2. J. R. Pierce, G. J. Kilduff, A. D. Galinsky, and N. Sivanathan, "From glue to gasoline: How competition turns perspective-takers unethical," *Psychological Science* 24 (2013): 1986–94.
3. J. C. Magee and A. D. Galinsky, "Social hierarchy: The self-reinforcing nature of power and status," *Academy of Management Annals* 2 (2008): 351–98.
4. G. Shteynberg, J. B. Hirsh, E. P. Apfelbaum, J. T. Larsen, A. D. Galinsky, and N. J. Roese, "Feeling more together: Group attention intensifies emotion," *Emotion* 14 (2014): 1102–14.
5. A. D. Galinsky, "Research on power teaches why Blagojevich did what he did," Huffington Post, August 23, 2012; A. D. Galinsky, J. C. Magee, D. H. Gruenfeld, J. A. Whitson, and K. A. Liljenquist, "Social power reduces the strength of the situation: Implications for creativity, conformity, and dissonance," *Journal of Personality and Social Psychology* 95 (2008): 1450–66.
6. B. Keysar, D. J. Barr, J. A. Balin, and J. S. Brauner, "Taking perspective in conversation: The role of mutual knowledge in comprehension," *Psychological Science* 11, no. 1 (2000): 32–38; G. Ku, C. S. Wang, and A. D. Galinsky, "The promise and perversity of perspective-taking in

organizations," *Research on Organizational Behavior* 35 (2015): 79–102.
7. J. A. Yip and M. E. Schweitzer, "Losing your temper and your perspective: Anger reduces perspective-taking," *Organizational Behavior and Human Decision Processes* 150 (2019): 28–45.
8. J. C. Magee and A. D. Galinsky, "Social hierarchy: The self-reinforcing nature of power and status," *The Academy of Management Annals* 2, no. 1 (2008): 351–98.
9. A. D. Galinsky, J. C. Magee, M. E. Inesi, and D. H. Gruenfeld, "Power and perspectives not taken," *Psychological Science* 17 (2006): 1068–74.
10. B. E. Pike and A. D. Galinsky, "Power leads to action because it releases the psychological brakes on action," *Current Opinion in Psychology* 33 (2020): 91–94.

第2章　普遍的啟發

1. M. L. Gick and K. J. Holyoak, "Analogical problem solving," *Cognitive Psychology* 12, no. 3 (1980): 306–55; D. Gentner, J. Loewenstein, and L. Thompson, "Learning and transfer: A general role for analogical encoding," *Journal of Educational Psychology* 95, no. 2 (2003): 393–408.

第3章　啟發人心的遠見

1. D. Kahneman, A. B. Krueger, D. A. Schkade, N. Schwarz, and A. A. Stone, "A survey method for characterizing daily life experience: The day reconstruction method," *Science* 306 (2004): 1776–80; M. Luhmann, W. Hofmann, M. Eid, and R. E. Lucas, "Subjective well-being and adaptation to life events: A meta-analysis," *Journal of Personality and Social Psychology* 102 (2012): 592–615; J. M. Twenge, W. K. Campbell, and C. A. Foster, "Parenthood and marital satisfaction: A meta-analytic review," *Journal of Marriage and Family* 65 (2003): 574–83.

2. F. Nietzsche, *Twilight of the Idols: Or How to Philosophize with a Hammer* (Indianapolis, IN: Hackett Publishing, 1997).
3. J. D. Bransford and M. K. Johnson, "Contextual prerequisites for understanding: Some investigations of comprehension and recall," *Journal of Verbal Learning and Verbal Behavior* 11 (1972): 717–26.
4. A. Luck, S. Pearson, G. Maddem, and P. Hewett, "Effects of video information on precolonoscopy anxiety and knowledge: A randomized trial," *The Lancet* 354, no. 9195 (1999): 2032–35; E. B. Erturk and H. Unlu, "Effects of pre-operative individualized education on anxiety and pain severity in patients following open-heart surgery," *International Journal of Health Sciences* 12 (2018): 26–34.
5. J. Lebovich, "Faithful see Mary on underpass wall," *Chicago Tribune*, April 19, 2005.
6. 同上。
7. B. Weiner, " 'Spontaneous' causal thinking," *Psychological Bulletin* 97, no. 1 (1985): 74–84.
8. J. A. Whitson and A. D. Galinsky, "Lacking control increases illusory pattern perception," *Science* 322 (2008): 115–17.
9. B. Malinowski and R. Redfield, *Magic, Science and Religion, and Other Essays* (Boston: Beacon Press, 1948).
10. P. V. Simonov, M. V. Frolov, V. F. vtushenko, and E. P. Sviridov, "Effect of emotional stress on recognition of visual patterns," *Aviation, Space, and Environmental Medicine* 48, no. 9 (1977): 856–58.
11. R. M. Kramer, "The sinister attribution error: Paranoid cognition and collective distrust in organizations," *Motivation and Emotion* 18 (1994): 199–230.
12. Whitson and Galinsky, "Lacking control increases illusory pattern perception," 115–17.
13. J. A. Whitson, A. C. Kay, and A. D. Galinsky, "The emotional roots of conspiratorial perceptions, system justification, and belief in the paranormal,"

Journal of Experimental Social Psychology 56 (2015): 89–95.
14. Whitson and Galinsky, "Lacking control increases illusory pattern perception," 115–17.
15. S. M. Sales, "Threat as a factor in authoritarianism: An analysis of archival data," *Journal of Personality and Social Psychology* 28, no. 1 (1973): 44–57.
16. A. C. Kay, S. Shepherd, C. W. Blatz, S. N. Chua, and A. D. Galinsky, "For god (or) country: The hydraulic relation between government instability and belief in religious sources of control," *Journal of Personality and Social Psychology* 99 (2010): 725–39.
17. K. M. Douglas, "COVID-19 conspiracy theories," *Group Processes & Intergroup Relations* 24, no. 2 (2021): 270–75; M. Lynas, "COVID: Top 10 current conspiracy theories," Alliance for Science, April 20, 2020, https://allianceforscience.org/blog/2020/04/covid-top-10-current-conspiracy-theories/.
18. A. D. Galinsky and L. J. Kray, "How COVID created a universal midlife crisis," *Los Angeles Times*, May 15, 2022, https://www.latimes.com/opinion/story/2022-05-15/covid-universal-midlife-crisis.
19. K. Wade-Benzoni, H. Sondak, and A. D. Galinsky, "Leaving a legacy: Intergenerational allocations of benefits and burdens," *Business Ethics Quarterly* 20 (2010): 7–34.
20. A. D. Galinsky, T. Mussweiler, and V. H. Medvec, "Disconnecting outcomes and evaluations: The role of negotiator focus," *Journal of Personality and Social Psychology* 83, no. 5 (2002): 1131–40; A. D. Galinsky, G. J. Leonardelli, G. A. Okhuysen, and T. Mussweiler, "Regulatory focus at the bargaining table: Promoting distributive and integrative success," *Personality and Social Psychology Bulletin* 31 (2005): 1087–98.
21. J. Berger and K. L. Milkman, "What makes online content viral?," *Journal of Marketing Research* 49 (2011): 192–205.
22. Franklin Delano Roosevelt Inaugural Address, March 4, 1933, https://historymatters.gmu.edu/d/5057/.

23. John F. Kennedy Inaugural Address, January 20, 1961, https://www.jfklibrary.org/learn/about-jfk/historic-speeches/inaugural-address.
24. Abraham Lincoln Second Inaugural Address, March 4, 1865, https://www.nps.gov/linc/learn/historyculture/lincoln-second-inaugural.htm.
25. A. Hassan and S. J. Barber, "The effects of repetition frequency on the illusory truth effect," *Cognitive Research* 6 (2021).
26. A. M. Carton, C. Murphy, and J. R. Clark, "A (blurry) vision of the future: How leader rhetoric about ultimate goals influences performance," *Academy of Management Journal* 57 (2014): 1544–70.
27. https://www.zoomgov.com/about; J. Luna, "Eric Yuan on Keeping Customers and Employees Happy," Insights by Stanford Business, November 29, 2022, https://www.gsb.stanford.edu/insights/eric-yuan-keeping-customers-employees-happy.
28. A. Tversky and D. Kahneman, "Extensional versus intuitive reasoning: The conjunction fallacy in probability judgment," *Psychological Review* 90, no. 4 (1983): 293–315.
29. Carton et al., "A (blurry) vision of the future," 1544–70.
30. V. Akstinaitė and A. D. Galinsky, "Words matter: The use of vivid imagery in convention speeches predicts presidential winners," working paper.
31. I. M. Begg, A. Anas, and S. Farinacci, "Dissociation of processes in belief: Source recollection, statement familiarity, and the illusion of truth," *Journal of Experimental Psychology: General* 121 (1992): 446–58.
32. C. B. Horton, S. S. Iyengar, and A. D. Galinsky, *Say Your Name; The Competitive Advantages of Name Repetition*, working paper.
33. M. Kelly, "The minimally acceptable man," *The New Yorker*, August 5, 1996, https://www.newyorker.com/magazine/1996/08/05/the-minimally-acceptable-man.
34. Z. Brown, E. A. Anicich, and A. D. Galinsky, "Compensatory conspicuous communication: Low status increases jargon use," *Organizational Behavior and Human Decision Processes* 161 (2020): 274–90.

35. A. M. Carton and B. J. Lucas, "How can leaders overcome the blurry vision bias? Identifying an antidote to the paradox of vision communication," *Academy of Management Journal* 61 (2018): 2106–29.
36. "Sample Value Words for Reference," https://tinyurl.com/2yrn89nt.
37. J. Pfrombeck, A D. Galinsky, N. Nagy, M. S. North, J. Brockner, and G. Grote, "Self-affirmation increases reemployment success for the unemployed," *Proceedings of the National Academy of Sciences* 120 (2023). e2301532120.
38. G. L. Cohen, J. Garcia, N. Apfel, and A. Master, "Reducing the racial achievement gap: a social-psychological intervention," *Science* 313 (2006): 1307–10; G. L. Cohen, J. Garcia, V. Purdie-Vaughns, N. Apfel, P. Brzustoski, "Recursive processes in self-affirmation: intervening to close the minority achievement gap," *Science* 324 (2009): 400–403; G. L. Cohen and D. K. Sherman, "The psychology of change: Self-affirmation and social psychological intervention," *Annual Review of Psychology* 65 (2014): 333–71.
39. S. Lyubomirsky, K. M. Sheldon, and D. Schkade, "Pursuing happiness: The architecture of sustainable change," *Review of General Psychology* 9 (2005): 111–31.
40. L. J. Kray, L. G. George, K. A. Liljenquist, A. D. Galinsky, P. E. Tetlock, and N. J. Roese, "From what might have been to what must have been: Counterfactual thinking creates meaning," *Journal of Personality and Social Psychology* 98 (2010): 106–18.
41. H. Ersner-Hershfield, A. D. Galinsky, L. J. Kray, and B. King, "Company, country, connections: Counterfactual origins increase organizational commitment, patriotism, and social investment," *Psychological Science* 21 (2010): 1479–86.

第4章　啟發人心的典範

1. J. M. Jachimowicz, C. To, S. Agasi, . Cote, and A. D. Galinsky, "The gravitational pull of expressing passion: When and how expressing passion elicits status conferral and support from others," *Organizational Behavior and Human Decision Processes* 153 (2019): 41–62.
2. B. Mishkin, "One on 1 Profile: Wall Street Executive Carla Harris Forges Unique Path to the Top," Spectrum Local News, June 8, 2015, https://ny1.com/nyc/bronx/one-on-1/2015/06/8/one-on-1-profile--wall-street-executive-carla-harris-forges-unique-path-to-the-top.
3. "New Zealand's PM stays calm during an earthquake on live TV –BBC News," October 7, 2020, https://www.youtube.com/watch?v=qCycOM8YsuU.
4. 同上，第一則評論來自@muskansahay2645，第二則評論來自@ryan-phillips4448。
5. "'Sorry, a slight distraction': Jacinda Ardern unruffled as earthquake interrupts press conference," *The Guardian*, October 21, 2021, https://www.theguardian.com/world/2021/oct/22/earthquake-shakes-new-zealand-parliament-during-jacinda-ardern-press-conference.
6. B. J. Lucas and L. F. Nordgren, "The creative cliff illusion," *PNAS* 117, no. 33 (2020): 19830–36.
7. Interview in *Harvard Business Review*, July–August 2010, https://hbr.org/2010/07/lifes-work-james-dyson.
8. N. Ramkumar, "The Greatest Inventor 'Thomas Alva Edison's' vision on Failures," LinkedIn, 2019, https://www.linkedin.com/pulse/greatest-inventor-thomas-alva-edisons-vision-failures-narayanan/.
9. A. Duckworth, C. Peterson, M. D. Matthews, and D. Kelly, "Grit: Perseverance and passion for long-term goals," *Journal of Personality and Social Psychology* 92 (2007): 1087–101.
10. J. Useem, "Is grit overrated?," *Atlantic*, May 15, 2016, https://www.theatlantic.com/magazine/archive/2016/05/is-grit-overrated/476397/; J.

Barshay, "Grit under attack in education circles," *U.S. News & World Report*, April 18, 2016, https://www.usnews.com/news/articles/2016-04-18/grit-under-attack-in-education-circles; D. Denby, "The limits of 'grit,' " *The New Yorker*, June 21, 2016, https://www.newyorker.com/culture/culture-desk/the-limits-of-grit.

11. J. M. Jachimowicz, A. Wihler, E. R. Bailey, and A. D. Galinsky, "Why grit requires perseverance and passion to positively predict performance," *PNAS* 115, no. 40 (2018): 9980–85.

12. L. Rottenberg, *Crazy Is a Compliment: The Power of Zigging When Everyone Else Zags* (New York: Portfolio, 2016).

13. 同上。

14. A. D. Galinsky, D. H. Gruenfeld, and J. C. Magee, "From power to action," *Journal of Personality and Social Psychology* 85 (2003): 453–66.

15. P. C. Schmid and M. S. Mast, "Power increases performance in a social evaluation situation as a result of decreased stress responses," *European Journal of Social Psychology* 43 (2013): 201–11.

16. J. Lammers, D. Dubois, D. D. Rucker, and A. D. Galinsky, "Power gets the job: Priming power improves interview outcomes," *Journal of Experimental Social Psychology* 49 (2013): 776–79.

17. S. K. Kang, A. D. Galinsky, L. J. Kray, and A. Shirako, "Power affects performance when the pressure is on: Evidence for low-power threat and high-power lift," *Personality and Social Psychology Bulletin* 41, no. 5 (2015): 726–35.

18. S. J. Ko, M. S. Sadler, and A. D. Galinsky, "The sound of power: Conveying and detecting hierarchical rank through voice," *Psychological Science* 26 (2014): 3–14.

19. Y. Kifer, D. Heller, W. E. Perunovic, A. D. Galinsky, "The good life of the powerful: The experience of power and authenticity enhance subjective well-being," *Psychological Science* 24 (2013): 280–88.

20. Lammers et al., "Power gets the job," 776–79.

21. Galinsky et al., "Social power reduces the strength of the situation," 1450–66.
22. P. K. Smith and Y. Trope, "You focus on the forest when you're in charge of the trees: power priming and abstract information processing," *Journal of Personality and Social Psychology* 90, no. 4 (2006): 578–96.
23. J. P. Simmons and U. Simonsohn, "Power posing: P-curving the evidence," *Psychological Science* 28, no. 5 (2017): 687–93.
24. A. D. Galinsky, T. Turek, G. Agarwal, E. M. Anicich, D. D. Rucker, H. R. Bowles, N. Liberman, C. Levin, and J. C. Magee, "Are many sex/gender differences really power differences?," *PNAS Nexus* 3, no. 2 (2024): 025.

第 5 章　啟發人心的導師

1. G. J. Leonardelli, J. Gu, G. McRuer, V. H. Medvec, and A. D. Galinsky, "Multiple equivalent simultaneous offers (MESOs) reduce the negotiator dilemma: How a choice of first offers increases economic and relational outcomes," *Organizational Behavior and Human Decision Processes* 152 (2019): 64–83.
2. S. J. Wu and E. L. Paluck, "Having a voice in your group: Increasing productivity through group participation," *Behavioural Public Policy*, 1–20.
3. E. Chou, N. Halevy, A. D. Galinsky, and J. K. Murnighan, "The goldilocks contract: The synergistic benefits of combining structure and autonomy for motivation, creativity, and cooperation," *Journal of Personality and Social Psychology* 113 (2017): 393–412.
4. G. A. Nix, R. M. Ryan, J. B. Manly, and E. L. Deci, "Revitalization through self-regulation: The effects of autonomous and controlled motivation on happiness and vitality," *Journal of Experimental Social Psychology* 35 (1999): 266–84.
5. "Survive and Advance," *30 for 30* TV episode, ESPN, 2013.
6. C. Anderson, J. A. D. Hildreth, and L. Howland, "Is the desire for status a fundamental human motive? A review of the empirical literature," *Psychological Bulletin* 141, no. 3 (2015): 574–601.

7. C. Swain, "Claudine Gay and My Scholarship," *Wall Street Journal*, December 17, 2023, https://www.wsj.com/articles/claudine-gay-and-my-scholarship-plagiarism-elite-system-unearned-position-24e4a1b1.
8. M. Hoff, D. Rucker, and A. D. Galinsky, "The Vicious Cycle of Insecurity," working paper.
9. Q. Sima, *Records of the Grand Historian: Han Dynasty*, vol. 65 (New York: Columbia University Press, 1993).
10. H. F. Harlow and R. R. Zimmermann, "Affectional response in the infant monkey: Orphaned baby monkeys develop a strong and persistent attachment to inanimate surrogate mothers," *Science* 130, no. 3373 (1959): 421–32.
11. A. D. Galinsky, J. C. Magee, D. Rus, N. B. Rothman, and A. R. Todd, "Acceleration with steering: The synergistic benefits of combining power and perspective-taking," *Social Psychology and Personality Science* 5 (2014): 627–35.
12. B. Blatt, S. F. LeLacheur, A. D. Galinsky, S. J. Simmens, and L. Greenberg, "Perspective-taking: Increasing satisfaction in medical encounters," *Academic Medicine* 85 (2010): 1445–52.
13. T. Zhang, D. Wang, and A. D. Galinsky, "Learning down to train up: Mentors are more effective when they value insights from below," *Academy of Management Journal* 66 (2023): 604–37.
14. Galinsky et al., "Power and perspectives not taken," *Psychological Science*, 17 (2006), 1068–74.
15. J. Launay and R. I. M. Dunbar, "Playing with strangers: Which shared traits attract us most to new people?," *PLOS ONE* (2015): 10.
16. K. W. Phillips, "Why Diversity Matters," https://www.youtube.com/watch?v=lHStHPQUzkE.
17. A. R. Todd, K. Hanko, A. D. Galinsky, and T. Mussweiler, "When focusing on differences leads to similar perspectives," *Psychological Science* 22 (2011): 134–41.

第6章　惹怒人心的惡性循環

1. Magee et al., "Social hierarchy," 351–98.
2. A. R. Fragale, J. R.O verbeck, and M. A. Neale, "Resources versus respect: Social judgments based on targets' power and status positions," *Journal of Experimental Social Psychology* 47, no. 4 (2011): 767–75.
3. Anderson et al., "Is the desire for status a fundamental human motive?," 574–601.
4. N. J. Fast, N. Halevy, and A. D. Galinsky, "The destructive nature of power without status," *Journal of Experimental Social Psychology* 48, no. 1 (2012): 391–94.
5. E. M. Anicich, N. J. Fast, N. Halevy, and A. D. Galinsky, "When the bases of social hierarchy collide: Power without status drives interpersonal conflict," *Organization Science* 27, no. 1 (2016): 123–40.
6. Hoff et al., "The Vicious Cycle of Status Insecurity."
7. A. R. Todd, M. Forstmann, P. Burgmer, A. W. Brooks, and A. D. Galinsky, "Anxious and egocentric: how specific emotions influence perspective taking," *Journal of Experimental Psychology: General* 144, no. 2 (2015): 374–91.
8. J. A. Yip and M. E. Schweitzer, "Losing your temper and your perspective: Anger reduces perspective-taking," *Organizational Behavior and Human Decision Processes* 150 (2019): 28–45.
9. S. G. Rogelberg, L. Justice, P. W. Braddy, S. C. Paustian-Underdahl, E. Heggestad, L. Shanock, and J. W. Fleenor, "The executive mind: leader self-talk, effectiveness and strain," *Journal of Managerial Psychology* 28, no. 2 (2013): 183–201.
10. Andrew C. Hafenbrack et al., "Helping people by being in the present: Mindfulness increases prosocial behavior," *Organizational Behavior and Human Decision Processes* 159 (2020): 21–38.

第7章　啟發人心的練習

1. Full Georgia School Shooting 911 Call with Antoinette Tuff, 2013, https://edition.cnn.com/videos/us/2013/08/22/raw-ga-school-shooting-911-call-syndication.cnn.
2. 這個故事是由多部紀錄片匯編而成，包括2021年的《洞穴救援行動》（*The Rescue*）與2022年的《受困13人：我們的泰國洞穴生還錄》（*The Trapped 13: How We Survived the Thai Cave*）。
3. Anderson Cooper, *360 Degrees*, CNN, August 22, 2013.
4. "How One Woman's Faith Stopped A School Shooting," January 31, 2014, https://www.npr.org/2014/01/31/268417580/how-one-womans-faith-stopped-a-school-shooting.
5. N. Schmidle, "Al Qaeda and the SEALs," *The New Yorker*, August 7, 2011.
6. A. B. Zegart, *Spies, Lies, and Algorithms: The History and Future of American Intelligence* (Princeton, NJ: Princeton University Press, 2022).
7. Schmidle, "Al Qaeda and the SEALs."
8. B. Simmons, "The Sports Guy," ESPN, May 19, 2008, https://www.espn.com/espnmag/story?id=3403820.
9. P. T. Bartone and A. B. Adler, "Event-oriented debriefing following military operations: what every leader should know," US Army Medical Research Unit–Europe, Unit, 29218, 1995, 1–9; G. Hammett, "Military leaders know the power of reflection. Here's how you too can use the debrief in business," Inc., https://www.inc.com/gene-hammett/military-leaders-know-power-of-reflection-heres-how-you-too-can-use-debrief-in-business.html.
10. K. Epstude and N. J. Roese, "The functional theory of counterfactual thinking," *Personality and Social Psychology Review* 12, no. 2 (2008): 168–92.
11. A. D. Galinsky, V. Seiden, P. H. Kim, and V. H. Medvec, "The dissatisfaction of having your first offer accepted: The role of counterfactual thinking in negotiations," *Personality and Social Psychology Bulletin* 28 (2002): 271–83.

12. Chesley Sullenberger, commencement speech at Purdue University, May 15, 2011.

第 8 章　啟發人心的建築師

1. H. Leventhal, R. Singer, and S. Jones, "Effects of fear and specificity of recommendation upon attitudes and behavior," *Journal of Personality and Social Psychology* 2 (1965): 20–29.
2. https://www.hudsonyardsnewyork.com/discover/vessel.
3. C. Burlock, "Why is it so easy to jump off a bridge," *The Atlantic*, December 21, 2022.
4. A. Wachs, "What do New Yorkers get when privately-funded public art goes big?," *Architect's Newspaper*, December 12, 2016, https://www.archpaper.com/2016/12/heatherwick-hudson-yards-vessel-public-space-art/.
5. L. Crook, "Heatherwick's Vessel closes again after fourth suicide," *Dezeen*, August 2, 2021, https://www.dezeen.com/2021/08/02/heatherwick-vessel-hudson-yards-suicide/.
6. T. R. Simon, A. C. Swann, K. E. Powell, L. B. Potter, M. J. Kresnow, and P. W. O'Carroll, "Characteristics of impulsive suicide attempts and attempters," *Suicide and Life-Threatening Behavior* 32, supplement to issue 1 (2001): 49–59.
7. E. A. Deisenhammer, C. M. Ing, R. Strauss, G. Kemmler, H. Hinterhuber, and E. M. Weiss, "The duration of the suicidal process: how much time is left for intervention between consideration and accomplishment of a suicide attempt?" *Journal of Clinical Psychiatry* 70 (2009): 19.
8. A. Hemmer, P. Meier, and T. Reisch, "Comparing different suicide prevention measures at bridges and buildings: lessons we have learned from a national survey in Switzerland," *PLOS ONE* 12 (2017).
9. I. B. Singer, *The Collected Stories of Isaac Bashevis Singer* (New York: Vintage, 1982).

10. J. Adam and A. Galinsky, "Enclothed cognition," *Journal of Experimental Social Psychology* 48 (2012): 918–25.
11. C. B. Horton Jr., H. Adam, and A. D. Galinsky, "Evaluating the Evidence for Enclothed Cognition: Z-Curve and Meta-Analyses," *Personality and Social Psychology Bulletin* 01461672231182478 (July 17, 2023).
12. M. G. Frank and T. Gilovich, "The dark side of self-and social perception: Black uniforms and aggression in professional sports," *Journal of Personality and Social Psychology* 54 (1988): 74–85.
13. R. D. Johnson and L. L. Downing, "Deindividuation and valence of cues: Effects on prosocial and antisocial behavior," *Journal of Personality and Social Psychology* 37 (1979): 1532–38; A. Galinsky, "Why Outfitting Police in Military Uniforms Encourages Brutality," *Fast Company*, June 17, 2020, https://www.fastcompany.com/90517517/why-outfitting-police-in-military-uniforms-encourages-brutality.
14. 同上。
15. E. R. Bailey, B. Horton, and A. D. Galinsky, "Enclothed harmony or enclothed dissonance? The effect of attire on the authenticity, power, and engagement of remote workers," *Academy of Management Discoveries* 8 (2022), 341–56.
16. E. R. Bailey, J. Carter, S. Iyengar, and A. D. Galinsky, "The Privilege to be Yourself Depends on What Others Think of You: Status Increases Authenticity More than Power," unpublished manuscript.
17. D. Burkus, "The Real Reason Google Serves All That Free Food," *Forbes*, July 2, 2015, https://www.forbes.com/sites/davidburkus/2015/07/02/the-real-reason-google-serves-all-that-free-food/?sh=57b4bdc195f6.

第9章　啟發人心的協商

1. J. Squires, "Man says he has a bomb, tries to rob Watsonville bank," *Santa Cruz Sentinel*, September 11, 2010.
2. M. Eddy, "She Thought He Would Kill Her. Then She Complimented His

Orchids," *The New York Times*, July 30, 2019.
3. A. D. Galinsky, W. W. Maddux, D. Gilin, and J. B. White, "Why it pays to get inside the head of your opponent: The differential effects of perspective taking and empathy in negotiations," *Psychological Science* 19 (2008): 378–84.
4. G. J. Leonardelli, J. Gu, G. McRuer, V. H. Medvec, and A. D. Galinsky, "Multiple equivalent simultaneous offers (MESOs) reduce the negotiator dilemma: How a choice of first offers increases economic and relational outcomes," *Organizational Behavior and Human Decision Processes* 152 (2019): 64–83.
5. J. Kanter and N. Kitsantonis, "Greece's request for loan extension is rejected by Germany," *The New York Times*, February 19, 2015, http://www.nytimes.com/2015/02/20/business/greece-bailout-program-european-union.html; R. Maltezou and J. Strupczewski, "Greece offers new proposals to avert default, creditors see hope," Reuters, June 22, 2015, https://www.foxbusiness.com/politics/greece-offers-new-proposals-to-avert-default-creditors-see-hope.
6. J. M. Majer, R. Trotschel, A. D. Galinsky, and D. D. Loschelder, "Open to offers, but resisting requests: How the framing of anchors affects motivation and negotiated outcomes," *Journal of Personality and Social Psychology* 119, no. 3 (2020): 582–99.
7. "Good Guys," *This American Life*, episode 515, National Public Radio, January 10, 2014.
8. A. D. Galinsky, M. Schaerer, and J. C. Mage, "The four horsemen of power at the bargaining table," *Journal of Business and Industrial Marketing* 32 (2017): 606–11.

第10章　啟發人心的睿智決策

1. M. Lewis, *The Big Short: Inside the Doomsday Machine* (London: Penguin UK, 2011).
2. E. M. Anicich, R. I. Swaab, and A. D. Galinsky, "Hierarchical cultural values

predict success and mortality in high-stakes teams," *Proceedings of the National Academy of Sciences* 112, no. 5 (2015): 1338–43.
3. S. H. Schwartz and K. Boehnke, "Evaluating the structure of human values with confirmatory factor analysis," *Journal of Research in Personality* 38, no. 3 (2004): 230–55.
4. G. Hofstede, *Culture's Consequences: International Differences in Work-Related Values*, 2nd ed. (Thousand Oaks, CA: Sage Publications, 2001).
5. S. King, "Josie's Story," Oprah.com, https://www.oprah.com/relationships/josies-story-by-sorrel-king/all.
6. A. Gawande, "The Checklist," *The New Yorker*, December 10, 2007, 86–95.
7. A. D. Galinsky, "How to speak up for yourself," TED talk, 2016, https://www.ted.com/talks/adam_galinsky_how_to_speak_up_for_yourself?language=en.
8. M. Slater, "Olympics cycling: Marginal gains underpin team GB dominance," BBC Sport, https://www.bbc.com/sport/olympics/19174302.
9. D. Brailsford, "How to foster a culture of excellence," presentation in Palm Springs, CA.
10. K. A. Liljenquist and A. D. Galinsky, "Turn your adversary into your advocate," *Negotiation* 10 (2007): 1–3.
11. A. Grant and S. Sandberg, "Speaking While Female," *The New York Times*, January 12, 2015, 12.
12. J. Y. Kim, G. M. Fitzsimons, and A. C. Kay, "*Lean in* messages increase attributions of women's responsibility for gender inequality," *Journal of Personality and Social Psychology* 115 (2018): 974–1001.
13. Gawande, "The Checklist," 86–95.
14. M. Gladwell, *Outliers: The Story of Success* (New York: Little, Brown, 2008).
15. J. Moulds, "Is Mario Draghi the saviour of the eurozone?," *The Guardian*, September 6, 2012.
16. R. F. Kennedy, *Thirteen Days: A Memoir of the Cuban Missile Crisis* (New York: W. W. Norton & Company, 1999).
17. P. T. Bartone and A. B. Adler, "Event-oriented debriefing following military

operations: what every leader should know," US Army Medical Research Unit–Europe, Unit, 29218 (1995): 1–9; G. Hammett, "Military leaders know the power of reflection. Here's how you too can use the debrief in business," Inc., 2018, https://www.inc.com/gene-hammett/military-leaders-know-power-of-reflection-heres-how-you-too-can-use-debrief-in-business.html.
18. Grant and Sandberg, "Speaking While Female," 12.
19. "Innovative Design to Improve the Shopping Cart," *Nightline*, television broadcast, ABC, February 2, 1999, New York: American Broadcasting Company, ABC News Home Video N 990209-01.

第 11 章　啟發人心的公平性

1. 此範例來自於：D. Austen-Smith, T. Feddersen, A. Galinsky, and K. Liljenquist, "Kidney Case: Negotiation, teamwork, and decision-making exercises," Northwestern University, Kellogg School of Management, Dispute Resolution Research Center，由 drrcexercises.com 取得。
2. E. L. Uhlmann and G. L. Cohen, "Constructed criteria: Redefining merit to justify discrimination," *Psychological Science* 16 (2005): 474–80.
3. E. L. Paluck, R. Porat, C. S. Clark, and D. P. Green, "Prejudice reduction: Progress and challenges," *Annual Review of Psychology* 72 (2021): 533–60.
4. F. Dobbin, S. Kim, and A. Kalev, "You can't always get what you need: Organizational determinants of diversity programs," *American Sociological Review* 76, no. 3 (2011): 386–411; F. Dobbin and A. Kalev, "Why doesn't diversity training work? The challenge for industry and academia," *Anthropology Now* 10 (2011): 48–55.
5. J. J. Gladstone, J. M. Jachimowicz, A. E. Greenberg, and A. D. Galinsky, "Financial shame spirals: How shame intensifies financial hardship," *Organizational Behavior and Human Decision Processes* 167 (2021): 42–56.
6. "Organ Donation Statistics," HRSA, February 2024, https://www.organdonor.gov/learn/organ-donation-statistics.

7. UNOS, "How we match organs," https://unos.org/transplant/how-we-match-organs/.
8. T. E. Starzl, R. Shapiro, and L. Teperman, "The point system for organ distribution," *Transplantation Proceedings* 21, no. 3 (1989): 3432.
9. P. Young, *Equity: In Theory and in Practice* (Princeton, NJ: Princeton University Press, 1994), 23–27.
10. L. A. Rivera, *Pedigree: How Elite Students Get Elite Jobs* (Princeton, NJ: Princeton University Press, 2016).
11. Amex, "The 2016 state of women-owned businesses report," New York, NY: American Express Pitchbook & National Venture Capital Association, 2016, Pitchbook–NVCA 4Q 2016 venture monitor.
12. D. Kanze, L. Huang, M. Conley, and T. Higgins, "We ask men to win & women not to lose: Closing the gender gap in startup funding," *Academy of Management Journal* 61 (2018): 586–614.
13. C. O. Word, M. P. Zanna, and J. Cooper, "The nonverbal mediation of self-fulfilling prophecies in interracial interaction," *Journal of Experimental Social Psychology* 10, no. 2 (1974): 109–20.
14. Joseph L. Badaracco Jr. and Ilyse Barkan, 1991, revised 2001, Ann Hopkins (A), Harvard Business School Case, 391-155.
15. Price Waterhouse v. Hopkins, 1989, Justia, https://supreme.justia.com/cases/federal/us/490/228/#:~:text=Hopkins%2C%20490%20U.S.%20228%20(1989)&text=Discrimination%20against%20an%20employee%20on,Civil%20Rights%20Act%20of%201964.
16. F. Danbold and C. Bendersky, "Balancing professional prototypes increases the valuation of women in male-dominated professions," *Organization Science* 31, no. 1 (2020): 119–140.
17. L. J. Kray, A. D. Galinsky, and L.Thompson, "Reversing the gender gap in negotiations: An exploration of stereotype regeneration," *Organizational Behavior and Human Decision Processes* 87, no. 2 (2002): 386–409.
18. L. J. Kray, L. Thompson, and A. Galinsky, "Battle of the sexes: gender

stereotype confirmation and reactance in negotiations," *Journal of Personality and Social Psychology* 80, no. 6 (2001): 942–58; J. Mazei, J. Huffmeier, P. A. Freund, A. F. Stuhlmacher, L. Bilke, and G. Hertel, "A meta-analysis on gender differences in negotiation outcomes and their moderators," *Psychological Bulletin* 141, no. 1 (2015): 84–104.

19. J. P. Friesen, A. C. Kay, R. P. Eibach, and A. D. Galinsky, "Seeking structure in social organization: Compensatory control and the psychological advantages of hierarchy," *Journal of Personality and Social Psychology* 106, no. 4 (2014): 590–609.

20. C. Rice, "How blind auditions help orchestras to eliminate gender bias," *The Guardian*, October 14, 2013, https://www.theguardian.com/women-in-leadership/2013/oct/14/blind-auditions-orchestras-gender-bias.

21. H. Waleson, "Orchestrating gender equity," Curtis Institute of Music, 2022, https://www.curtis.edu/news/feature-story-orchestrating-gender-equity/.

22. C. Goldin and C. Rouse, "Orchestrating impartiality: The impact of 'blind' auditions on female musicians," *American Economic Association* 90 (2000): 715–41.

23. L. A. Rivera, "Hiring as cultural matching: The case of elite professional service firms," *American Sociological Review* 77 (2012): 999–1022.

24. A. S. Kristal, L. Nicks, J. L. Gloor, and O. P. Hauser, "Reducing discrimination against job seekers with and without employment gaps," *Nature Human Behaviour* 7 (2023): 211–18.

第12章　啟發人心的多元性和包容性

1. 這個故事是由多部紀錄片匯編而成，包括2021年的《洞穴救援行動》（*The Rescue*）與2022年的《受困13人：我們的泰國洞穴生還錄》（*The Trapped 13: How We Survived the Thai Cave*）。

2. S. R. Sommers, L. S. Warp, and C. C. Mahoney, "Cognitive effects of racial diversity: White individuals' information processing in heterogeneous

groups," *Journal of Experimental Social Psychology* 44 (2008): 1129–36; K. W. Phillips and D. L. Loyd, "When surface and deep level diversity collide: The effects on dissenting group members," *Organizational Behavior and Human Decision Processes* 99 (2006): 143–60; D. L. Loyd, C. S. Wang, K. W. Phillips, and R. B. Lount Jr., "Social category diversity promotes premeeting elaboration: The role of relationship focus," *Organization Science* 24 (2013): 757–72.

3. S. S. Levine, E. P. Apfelbaum, M. Bernard, V. L. Bartelt, E. J. Zajac, D. Stark, "Ethnic diversity deflates price bubbles," *Proceedings of the National Academy of Sciences, USA* 111 (2014): 18524–29; V. Hunt, D. Layton, and S. Prince, "Diversity matters," *McKinsey & Company* 1 (2015): 15–29.

4. N. Eagle, M. Macy, R. Claxton, "Network diversity and economic development," *Science* 328 (2010): 1029–31.

5. R. D. Putnam, "E Pluribus Unum: Diversity and community in the twenty-first century," *Scandinavian Political Studies* 30 (2005): 137–74; A. Alesina and E. La Ferrara, "Ethnic diversity and economic performance," *Journal of Economic Literature* 43 (2005): 763–800.

6. K. W. Phillips, K. A. Liljenquist, and M. A. Neale, "Is the pain worth the gain? The advantages and liabilities of agreeing with socially distinct newcomers," *Personality and Social Psychology Bulletin* 35 (2009): 336–50.

7. K. Duncker, "On problem solving," *Psychological Monographs* 58, no. 5, serial no. 270 (1945).

8. A. D. Galinsky and G. B. Moskowitz, "Counterfactuals as behavioral primes: Priming the simulation heuristic and consideration of alternatives," *Journal of Experimental Social Psychology* 36 (2000): 384–409.

9. S. Glucksberg and W. R. Weisberg, "Verbal behavior and problem solving: Effects of labeling in a functional fixedness problem," *Journal of Experimental Psychology* 71 (1966): 659–64.

10. W. W. Maddux and A. D. Galinsky, "Cultural borders and mental barriers: the relationship between living abroad and creativity," *Journal of Personality and*

Social Psychology 96 (2009): 1047–61.
11. J. G. Lu, A C. Hafenbrack, P. W. Eastwick, D. J. Wang, W. W. Maddux, and A. D. Galinsky, " 'Going out' of the box: Close intercultural friendships and romantic relationships spark creativity, workplace innovation, and entrepreneurship," *Journal of Applied Psychology* 102, no. 7 (2017): 1091–1108.
12. 同上，1091。
13. F. Godart, W. W. Maddux, A. Shipilov, and A. D. Galinsky, "Fashion with a foreign flair: Professional experiences abroad facilitate the creative innovations of organizations," *Academy of Management Journal* 58 (2015): 195–220.
14. J. G. Lu, R. I. Swaab, and A. D. Galinsky, "Global leaders for global teams: Leaders with multicultural experiences communicate and lead more effectively, especially in multinational teams," *Organization Science* 33, no. 4 (2022): 1554–73.
15. M. Crichton, *Travels* (New York: Vintage, 2012).
16. H. Adam, O. Obodaru, J. G. Lu, W. W. Maddux, and A. D. Galinsky, "The shortest path to oneself leads around the world: Living abroad increases self-concept clarity," *Organizational Behavior and Human Decision Processes* 145 (2018): 16–29.
17. B. Oakley, *Podium: What Shapes a Sporting Champion?* (Edinburgh, Scotland: A&C Black, 2014).
18. W. W. Maddux, H. Adam, and A. D. Galinsky, "When in Rome . . . learn why the Romans do what they do: How multicultural learning experiences facilitate creativity," *Personality and Social Psychology Bulletin* 36 (2010), 731–74.
19. W. W. Maddux, E. Bivolaru, A. C. Hafenbrack, C. T. Tadmor, and A. D. Galinsky, "Expanding opportunities by opening your mind: Multicultural engagement predicts increases in integrative complexity and job market success," *Social Psychological and Personality Science* 5 (2014): 608–15.

20. S. Gundemir, A. C. Homan, A. Usova, and A. D. Galinsky, "Multicultural meritocracy: The synergistic benefits of valuing diversity and merit," *Journal of Experimental Social Psychology* 73 (2017), 34–41.
21. B. J. Lucas, Z. Berry, L. M. Giurge, D. Chugh, "A longer shortlist increases the consideration of female candidates in male-dominated domains," *Nature Human Behavior* 5 (2021): 736–42.
22. C. S. Wang, G. Ku, A. N. Smith, E. Scott, B. Edwards, and A. D. Galinsky, "Increasing Black employees' social identity affirmation and organizational involvement: Reducing social uncertainty through organizational and individual strategies," *Organization Science*.
23. D. A. Thomas, "The truth about mentoring minorities," *Harvard Business Review* 79 (2001): 98–107.
24. F. Dobbin and A. Kalev, "The origins and effects of corporate diversity programs," *Oxford Handbook of Diversity and Work*, Quinetta Roberson, ed. (New York: Oxford University Press, 2013), 253–81.

後記　更具啟發性的明日

1. "The Nobel Peace Prize 2002," The Nobel Prize, https://www.nobelprize.org/prizes/peace/2002/summary/.
2. S. R. Kim, "Trump's new financial disclosure shows his number of business holdings has doubled since leaving White House," ABC News, April 14, 2023, https://abcnews.go.com/US/trumps-new-financial-disclosure-shows-number-business-holdings/story?id=98600900.
3. S. Hess, "Jimmy Carter: Why he failed," Brookings, June 1978, https://www.brookings.edu/articles/jimmy-carter-why-he-failed/.
4. B. Cuniberti, "Stars, athletes, politicians to boost drug abuse fund," *Los Angeles Times*, May 23, 1985, https://www.latimes.com/archives/la-xpm-1985-05-23-vw-8291-story.html.
5. "The Iranian Hostage Crisis," Office of the Historian, https://history.state.

gov/departmenthistory/short-history/iraniancrises.
6. C. O'Kane, "Jimmy Carter has a long history with Habitat for humanity – even pitching in on builds n his 90s," CBS News, February 28, 2023, https://www.cbsnews.com/news/jimmy-carter-habitat-for-humanity-history-the-carter-work-project/.
7. D. Jackson, "Donald Trump accepts GOP nomination, says 'I alone can fix' system," *USA Today*, July 21, 2016, https://www.usatoday.com/story/news/politics/elections/2016/07/21/donald-trump-republican-convention-acceptance-speech/87385658/.
8. K. D. Tenpas, "Tracking turnover in the Trump administration," Brookings, https://www.brookings.edu/articles/tracking-turnover-in-the-trump-administration/.
9. J. Filipovic, "If you work for Trump, expect to be 'thrown under bus,'" CNN, May 8, 2019, https://www.cnn.com/2019/05/08/opinions/stephanie-winston-wolkoff-thrown-under-bus-filipovic/index.html.
10. "From 'Crooked Hillary' to 'Little Marco,' Donald Trump's Many Nicknames," ABC News, May 11, 2016, https://abcnews.go.com/Politics/crooked-hillary-marco-donald-trumps-nicknames/story?id=39035114.
11. A. Taylor, "How Aung San Suu Kyi, arrested Myanmar leader, went from Nobel Peace Prize to pariah," *Washington Post*, February 1, 2021, https://www.washingtonpost.com/world/2021/02/01/aung-san-suu-kyi/.
12. J. Sudeikis, L. Lawrence, and B. Hunt, "Mom City," *Ted Lasso*, season 3, episode 11; May 24, 2023.
13. S. G. Rogelberg, L. Justice, P. W. Braddy, S. C. Paustian-Underdahl, E. Heggestad, L. Shanock, and J. W. Fleenor, "The executive mind: leader self-talk, effectiveness and strain," *Journal of Managerial Psychology* 28, no. 2 (2013): 183–201.
14. J. Pfrombeck, A. D. Galinsky, N. Nagy, M. S. North, J. Brockner, and G. Grote. "Self-affirmation increases reemployment success for the unemployed," *PNAS* 120, no. 37 (2023): e2301532120.

15. L. J. Kray, L. G. George, K. A. Liljenquist, A. D. Galinsky, P. E. Tetlock, and N. J. Roese, "From what *might* have been to what *must* have been: Counterfactual thinking creates meaning," *Journal of Personality and Social Psychology* 98 (2010): 106–18.
16. Carton et al., "How can leaders overcome the blurry vision bias?," 2106–29.
17. A. D. Galinsky, D. D. Rucker, and J. C. Magee, "Power: Past findings, present considerations, and future directions," in J. A. Simpson, J. F. Dovidio (assoc. eds.), M. Mikulincer, and P. R. Shaver (eds.), *APA Handbook of Personality and Social Psychology, Vol. 3: Interpersonal Relations* (Washington, DC: American Psychological Association, 2015), 421–60.
18. E. Anicich, F. C. Godart, R. I. Swaab, and A. Galinsky, "The Costs of Co-Leadership in Fashion Houses, Mountaineering Teams, Qualitative Reports, and the Lab," *Academy of Management Proceedings* 2017, no. 1 (2017): 11655.
19. J. Goodell, "Steve Jobs in 1994: The Rolling Stone Interview," *Rolling Stone*, https://www.rollingstone.com/culture/culture-news/steve-jobs-in-1994-the-rolling-stone-interview-231132/.
20. "Steve Wozniak," The Heinz Awards, 2001, https://www.heinzawards.org/pages/steve-wozniak#:~:text=Wozniak%2C%20who%20never%20did%20join,time%20for%20the%20past%20decade.
21. F. S. Fitzgerald, *The Great Gatsby* (New York: Charles Scribner's Sons, 1925).

作者與譯者簡介

作者｜亞當‧賈林斯基 Adam Galinsky

哥倫比亞大學商學院的保羅卡列洛（Paul Calello）領導力與倫理學教授。普林斯頓大學博士、哈佛大學學士。合著有《朋友與敵人：哥倫比亞大學×華頓商學院聯手，教你掌握合作與競爭之間的張力，當更好的盟友與更令人敬畏的對手》。

主要研究與教學領域包括領導力、權力、談判、決策、多元性與倫理學。研究榮獲科學界與教育界無數國際獎項。哥倫比亞大學聲譽卓著的「導師獎」得主（2022）。2016年實驗社會心理學協會「職業生涯獎」得主，該獎每年頒發給一位「創意出眾、學術生產力卓著，處於或接近科學生涯巔峰」的社會心理學家。Thinkers 50「50大商業思想家」（2015）、Poets & Quants「全球最佳50位商學院教授」（2012），以及西北大學凱洛格管理學院與普林斯頓大學的教學獎得主。

他為全球客戶提供顧問服務，主持領導力工作坊，其中包括《財星》百大企業、非營利組織、地方與全國政府。他發表過三百多篇有關領導力、談判、多元性、決策和倫理學的文章，於《紐約時報》、《金融時報》以及《經濟學人》等多家刊物中廣獲好評。

譯者｜林曉欽

臺灣大學政治學碩士，專事翻譯商管財經、自我成長、人文、心理學、報導文學及科普類著作，來信請洽 yorkelin@gmail.com

BIG 461
不施壓的領導力：哥倫比亞商學院傳授凝聚人心的領導技術

作　　者－亞當・賈林斯基（Adam Galinsky）
譯　　者－林曉欽
副總編輯－陳家仁
副　主　編－黃凱怡
行銷企劃－洪晟庭
校對協力－巫立文
封面設計－江孟達
內頁設計－李宜芝

總　編　輯－胡金倫
董　事　長－趙政岷
出　版　者－時報文化出版企業股份有限公司
　　　　　108019 台北市和平西路三段 240 號 4 樓
　　　　　發行專線－(02)2306-6842
　　　　　讀者服務專線－ 0800-231-705・(02)2304-7103
　　　　　讀者服務傳真－ (02)2304-6858
　　　　　郵撥－ 19344724 時報文化出版公司
　　　　　信箱－ 10899臺北華江橋郵局第99信箱
時報悅讀網－http://www.readingtimes.com.tw
法律顧問－理律法律事務所 陳長文律師、李念祖律師
印　　刷－勁達印刷有限公司
初版一刷－2025年5月16日
定　　價－新台幣500元
（缺頁或破損的書，請寄回更換）

時報文化出版公司成立於一九七五年，
並於一九九九年股票上櫃公開發行，於二〇〇八年脫離中時集團非屬旺中，
以「尊重智慧與創意的文化事業」為信念。

不施壓的領導力：哥倫比亞商學院傳授凝聚人心的領導技術 / 亞當 . 賈林斯基
(Adam Galinsky) 作 ; 林曉欽譯 . -- 初版 . -- 臺北市 : 時報文化出版企業股份有限公司,
2025.05
384 面 ; 14.8 x 21 公分 . -- (Big ; 461)
譯自 : Inspire : the universal path for leading yourself and others
ISBN 978-626-419-400-6(平裝)

1. CST: 領導者 2. CST: 組織管理 3. CST: 職場成功法

494.2　　　　　　　　　　　　　　　　　　　　114003882

INSPIRE: The Universal Path for Leading Yourself and Others
by Adam Galinsky
Copyright © 2025 by Adam Galinsky
Complex Chinese Translation copyright © 2025
by China Times Publishing Company
Published by arrangement with Harper Business, an imprint of HarperCollins Publishers, USA
through Bardon-Chinese Media Agency
博達著作權代理有限公司
ALL RIGHTS RESERVED

ISBN 978-626-419-400-6
Printed in Taiwan